寒地建筑理论研究系列丛书

FROM IMAGE TO CONSCIOUSNESS: THE ORIGINARY DECONSTRUCTION OF COLD LAND ARCHITECTURE

从图像到意识：寒地建筑的本原解构

史小蕾　梅洪元　著

中国建筑工业出版社

图书在版编目（CIP）数据

从图像到意识：寒地建筑的本原解构 = FROM IMAGE TO CONSCIOUSNESS: THE ORIGINARY DECONSTRUCTION OF COLD LAND ARCHITECTURE / 史小蕾，梅洪元著. — 北京：中国建筑工业出版社，2023.2（2024.2重印）
（寒地建筑理论研究系列丛书）
ISBN 978-7-112-28292-0

Ⅰ.①从… Ⅱ.①史… ②梅… Ⅲ.①寒冷地区－建筑设计 Ⅳ.①TU2

中国版本图书馆CIP数据核字（2022）第243968号

责任编辑：刘　静　徐　冉
书籍设计：锋尚设计
责任校对：张　颖

寒地建筑理论研究系列丛书
FROM IMAGE TO CONSCIOUSNESS: THE ORIGINARY DECONSTRUCTION OF COLD LAND ARCHITECTURE
从图像到意识：寒地建筑的本原解构
史小蕾　梅洪元　著

*

中国建筑工业出版社出版、发行（北京海淀三里河路9号）
各地新华书店、建筑书店经销
北京锋尚制版有限公司制版
建工社（河北）印刷有限公司印刷

*

开本：787毫米×1092毫米　1/16　印张：17¾　字数：289千字
2023年3月第一版　　2024年2月第二次印刷
定价：**79.00**元
ISBN 978-7-112-28292-0
（40748）

前 言

建筑师总在尝试通过探讨“建筑是什么”来回答“如何设计建筑”。这是两个极其相关却又大不相同的问题。“建筑是什么”关乎建筑的本原问题，是对“建筑如何成为建筑”的追问。本原问题往往意蕴一抹绝对的含义，象征人长久以来求索的永恒——无始无终，不生不灭，不增不减。从这一角度上，建筑的本原应当是客观的，且应先于现实中的建筑存在而存在。这也是建筑设计需要建筑理论奠基的原因。

随着计算性科学在认知领域的急速扩展，人开始尝试将计算性科学推上全知全明的位置并加诸万事万物之上，以获得一个当下的、“真”的结论。但计算性科学如其他术业一样，也具有内源的局限性，且建筑的“真”的概念和意义远超过“计算”所能揭示的。即使计算性科学终有一日会被用以回答建筑的本质，但是“建筑是什么”还有更深一层意味的追问——建筑本质的本质。该追问显然透射出建筑理论视野投向哲学的沉思，暗示出人除了对作为一般物的建筑通过技术层面上的操作去实现对自然的征服外，还需如柏拉图呼吁的那般，“离开”一般物的遐思，进行“近乎封闭式的纯思”，以突破在生活世界的实用经验中积累的“常态”对意识的占据。

建筑学从来都不缺乏纯粹的沉思，因为这既关乎生命体验，又反映了在建筑实践里无法忽视的人对精神超越的需求。对建筑本原的纯思是人通过描摹建筑价值与意义观视自我，是丢开“寻常看待事物的方法”遂即获得不同寻常的所在，以暂时摆脱实用主义的思想桎梏。关于寒地建筑的纯思，虽然无法直接提升其一般物的层面，但是人不能没有这样的思考——正如亚里士多德在《形而上学》中开宗明义："人类求知是出自本性"。这是强调，对于理论的追寻是出自人自由的本真，而不仅仅是为了现世生活的需要。也只有思想自由了，身体才能获得真实的自由。从寒地建筑设计实践来看，建筑师无法通过设计提供给使用者超越其对生活认识的深度与广度。所以，为了更好地设计"生活"，对寒地建筑的纯思必然需要从全然的"真"出发，回到原初。

本书以本人博士学位论文为坯底，内容涉及一些宏大又细碎的建筑哲学话题："宏大"，源自"本原"二字自身的分量；"细碎"，憾于本人并非哲学专业出身，即使每逢哲学与建筑学碰撞都倍感兴奋，但囿于有限的哲学积淀，致使文中不乏生涩或粗糙之处，部分阅读起来有矫揉之感。作为建筑师，我相信建筑学的核心最终应归于建筑观念，这个观念需要将建筑学置于更为浩瀚抽象的视域，先"悬搁"起一些当下的、具体的、表观的"规律"，把建筑设计归还给生活世界，归还给人本，而非全一统的技术或计算，以对抗日益滑向空间虚无化的建筑图像。本书文字间隙一定潜藏着一簇簇"理解者的偏见"，但我相信这一创造性条件会使对寒地建筑的理解产生出更丰富的意义。这也是我选题的初心。

目　录

前　言

第一章　绪论 …… 001

1.1　问题的提出 …… 002

1.1.1　当代建筑设计的本原危机 …… 003

1.1.2　我国寒地建筑创作所面临的困境 …… 006

1.1.3　哲学思辨下建筑意识的理性回归 …… 008

1.2　国内外研究发展 …… 011

1.2.1　国外研究发展 …… 011

1.2.2　国内研究发展 …… 019

1.3　解构寒地建筑本原的目的及意义 …… 023

1.3.1　目的 …… 023

1.3.2　意义 …… 025

第二章　基于图像意识的当代寒地建筑本原解译 …… 029

2.1　当代寒地建筑的本原思悟 …… 030

2.1.1　建筑本原的概念发展 …… 030

2.1.2　寒地建筑的本原展开 …… 036

2.2　图像意识的认知理论和方法 …… 042

2.2.1　图像意识的认知原论 …… 042

2.2.2　作为认知论的图像意识 …… 047

2.2.3 作为认知方法的图像意识 …………………… 053
2.3 图像意识在寒地建筑本原建构中的应用 ………… 056
2.3.1 建筑本原认知与图像意识的结构性关联 ………… 056
2.3.2 基于图像意识的寒地建筑本原分解 …………… 061
2.3.3 基于图像意识的寒地建筑本原重构 …………… 067
2.4 本章小结 ……………………………………… 072
第三章 直观图像下的寒地建筑材料呈现 ………… 075
3.1 叠合寒地图像的材料认知 ………………………… 076
3.1.1 材料本性与材料显现 ………………………… 076
3.1.2 表面属性与感性经验 ………………………… 081
3.1.3 物质返魅和觉知氛围 ………………………… 085
3.2 反映寒地界面的表皮建构 ………………………… 090
3.2.1 围合概念与表皮界定 ………………………… 090
3.2.2 多维分解与表皮流动 ………………………… 095
3.2.3 时空关系与表皮体验 ………………………… 100
3.3 适于寒地肌理的秩序原生 ………………………… 103
3.3.1 古典秩序与人文理性 ………………………… 103
3.3.2 感官经验与现实理性 ………………………… 107
3.3.3 文化图形与行为理性 ………………………… 110
3.4 本章小结 ……………………………………… 114
第四章 身体图式下的寒地建筑空间知觉 ………… 115
4.1 基于寒冷气候的感知空间 ………………………… 116

4.1.1 身体的知觉 …………………………… 117
4.1.2 感知的统觉 …………………………… 121
4.1.3 意向的显现 …………………………… 125
4.2 基于寒地环境的行为空间 ……………… 129
4.2.1 身体的定位 …………………………… 129
4.2.2 行为的结构 …………………………… 134
4.2.3 体验的再现 …………………………… 140
4.3 基于寒地文化的内化空间 ……………… 147
4.3.1 自在的秩序 …………………………… 147
4.3.2 自为的秩序 …………………………… 151
4.3.3 自立的秩序 …………………………… 154
4.4 本章小结 ………………………………… 158
第五章 本原存在下的寒地建筑场所精神 ………… 159
5.1 描述寒地现象的知觉场 ………………… 160
5.1.1 感知的奠基 …………………………… 160
5.1.2 联觉的体验 …………………………… 167
5.1.3 领受的相通 …………………………… 174
5.2 透视寒地知觉的行为场 ………………… 177
5.2.1 行为的结构 …………………………… 178
5.2.2 空间的秩序 …………………………… 184
5.2.3 意识的流动 …………………………… 189
5.3 延伸寒地意象的意识场 ………………… 194
5.3.1 行为的基础 …………………………… 195

5.3.2 联觉的展开 …… 200
5.3.3 想象的再现 …… 206
5.4 本章小结 …… 210
第六章 图像意识下的寒地建筑反思与启示 …… 211
6.1 基于感知的材料体验 …… 213
6.1.1 寒冷触觉的反思与理解 …… 213
6.1.2 寒冷身体的空间与时间 …… 220
6.1.3 寒冷行为的叙事与场所 …… 229
6.2 基于联想的身体启示 …… 236
6.2.1 寒地知觉的刺激与通感 …… 237
6.2.2 寒地行为的激发与叠加 …… 244
6.2.3 寒地意识的发散与返回 …… 252
6.3 基于意识的场所综合 …… 257
6.3.1 寒地知觉场的分解与重建 …… 257
6.3.2 寒地行为场的关联与延展 …… 263
6.3.3 寒地意识场的展望与迷宫 …… 267
6.4 本章小结 …… 271
结 语 …… 272
后 记 …… 273

第一章
绪　论

1.1 问题的提出

建筑身为“作品”，一直在为人提供认知世界的实在方式，并通过建筑体验参与到人认知世界的过程中，激励着物质和精神的依存统一和拓扑演进。正如哲学家莫里斯·梅洛–庞蒂（Maurice Merleau-Ponty）所言：“我们不是来看这个作品，而是要看这个作品所展现的世界”[①]。从工业时代开始，以技术为摹本的物质世界观抬头，造成了建筑实体空间与精神空间的撕裂及背道而驰：建筑图像成为可计算、可操作的视觉效果，建筑设计沉溺于眼花缭乱的形式语言；同时，图像信息在数字科技支撑下的迅猛裂变迫使建筑“阅读”大多滞留在表观层面，人与长久以来所追寻的建筑的意义与价值正背道而驰。建筑学作为一门学科，主要聚焦于人和建筑互构的开启与延异，该过程的实现必须通过人在生活世界（life-world）[②]的原真体验。同时，从社会发展形态上看，意识作为不同个体之间联系与交流的内容，具有可以穿越时空的能力。凝固意识的建筑，自出现以来就暗示了对“本原”思辨的实现（图1–1、图1–2），是人发现世界的宏观通道之一。其内涵构成了世界的互为关涉、不同模式的精神和物质，是无法摒弃“最初的原料”[③]而讨论其一的。只有重拾意义、与表象并肩，建筑的本原才能得以被追问。

在所有的艺术形式议题中，对本原的思考是最根本的，也是当表象坍塌时求索出路的主要途径。虽然计算机能够编制出非同寻常的、复杂的图案和形式，但是只有人的心灵、记忆和想象力才能为物质世界赋予意义。[④]显然，建

---

① MCGILCHRIST I. The master and his emissary: the divided brain and the making of the western world [M]. New Haven: Yale University Press, 2019: 409.

② 这里指胡塞尔对自然与精神之奠基关系的反思中，自然观点的世界在“经验世界”“（主观的）周围世界”“体验世界”“自为世界”等标题下获得了重要的含义，占据整个超越论现象学及其系统联系中的中心位置。倪梁康．胡塞尔现象学概念通释［M］．北京：商务印书馆，2016：291.

③ 维特根斯坦1921年在《逻辑哲学论》中提出：“客体处在其他事物的确定关系中，只有在一种陈述关系中，一个名称才具有意义”，其中该“陈述”被称为“最初的原料”。

④ 尤哈尼·帕拉斯玛．碰撞与冲突：帕拉斯玛建筑随笔录［M］．美霞·乔丹，译．方海，校．南京：东南大学出版社，2014：2.

图1-1 帕特农神庙（资料来源：CAMP J M. The archaeology of Athens [M]. Yale University, 2001: cover.）

图1-2 古罗马帕拉蒂尼山Romanum论坛（资料来源：作者自摄）

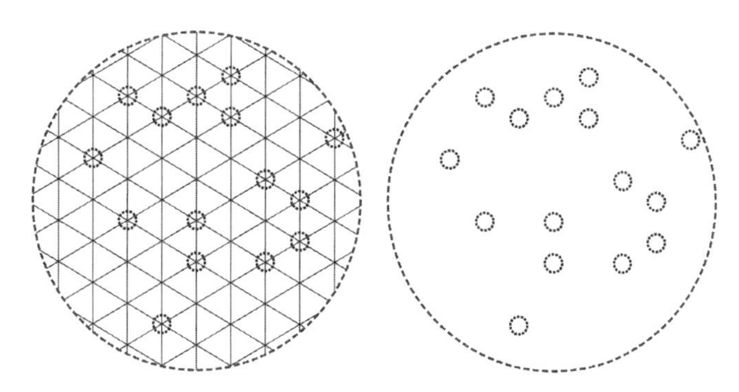

图1-3 罗素认为事物是一种关系的综合，客观事实可以由空间关系的网络和节点表达（左图），那么现实就是具有主观强调不同方面的关系群（右图）（资料来源：戴维·史密斯·卡彭. 建筑理论（上）：维特鲁威的谬误［M］. 王贵祥，译. 北京：中国建筑工业出版社，2007：176.）

筑本原作为功能与形式的奠基，并非在于土坯或钢筋。当被置于寒地建筑的语境中时，对寒地建筑本原的探讨也绝不该囿于面向寒冷气候的物理性抵御或是对寒冷文化的理想式遐思，而应是多种存在关系的综合领受（图1-3）。

1.1.1 当代建筑设计的本原危机

（1）认知迷失在图像中 20世纪二战后，理性主义宣告失败，建筑主流思潮开始与机械主义分道扬镳，建筑创作成为文化实践，一直被媒体所煽动，呈现出将奇观异趣与图像信息交织展示的新风尚。传统的基于图像的建筑设计及审美意趣，先随着工业浪潮的狂飙席卷而黯然褪色，后又随着技术泛滥而忸怩重生，进而引导出一种对更新颖、更精致的形式及奇姿异态感知的超越追求。所涌现出的缤纷的表象语言，实际是建筑自身的媒体化异变，不断激发着建筑师对诱人的渲染世界的热忱追捧。正如查尔斯·詹克斯（Charles Jencks）在《图像建筑，不可思议的力量》中的开篇宣言："一个幽灵正萦绕在地球村，图像建筑的幽灵"[①]。其所描述的正是当代随着视觉媒介的类型激增和数字技术的高歌猛进，人认知方式的转向及特征：表观的作用正在全球经济扩张的进程中被无限放大，同时意义的价值也被前所未有地稀释。建筑认知（understanding architecture）将"看到"视为"目的"乃至"追求"，从而构建起了"所见即为所得"的世界具身（embodiment）框架。建筑设计则从过往的"通过图像去启发意识的过程"，转而把"屈服于视觉的表层感知"作为设计目标的替代。由此，视觉的五觉优势使精神世界在设计过程中呈现出长期缺位状态。建筑审美沉浮在图像的汪洋中，短暂攫取了大众的关注，却长期失去了人本的沉思。图像，作为建筑师设计的思考工具及表达的呈现媒介，可以是建筑形式的起点，但绝不应是建筑存在的终点。

（2）存在迷失在技术里　技术，随着人对自然驾驭能力的显著提高及社会结构巨变，在建筑表达中取得不断突破，并渐而成为一种当代建筑的存在方式甚至是艺术倾向，追随而来的"高技派"（High-Tech）一度成为空前的全球化建筑"范式"。到20世纪70年代，曾经的"不可能建筑"被实现，现实和虚拟的界限开始模糊，人仿佛发现了一种全新的方式实体化政治和权力。但是在肯定技术对建筑理论及实践推动作用的同时，不应忽略技术滥用正使建筑沦为具有煽动性的科学万能论再现的工具。从曾经形式的支撑到形式本身，"技术优先"[②]所暗含的是一种以建筑建造问题的解决取代对建筑本原思辨的设计流

---

① JENCKS C. The iconic building: the power of enigma [M]. London: Frances Lincoln Publishers Ltd, 2005: 7.

② 20世纪50年代，尤根·约迪克（Jügen Joedicke）在《一种现代建筑史》中提出的现代建筑重要特征之一：技术优先。

向。此时，一并袭来的还有将“高技”盲目等同于“高级”的价值观发展，忽略并抛弃了建筑技术本原存在的意义前提。就这样，技术从建筑设计的幕后走向台前，与表象奇观综合，历经一系列理论膨胀，使建筑技术的意义渐而超越建筑自身的意义。由此，建筑成为技术的实在——建筑和技术已经在一些“时髦”设计中成为本末倒置的两端。

（3）思想迷失在物质里 建筑思想从未间断地从少数建筑师向大众输出：从建筑的秩序美到极少主义的形式简化，建筑设计始终围绕着通过对物质层面的操作实现人对美的理解及其意义在客观世界的“存放”。但是建筑从来不应是实践各色概念的工具——当思想匮乏，那么其形式也将一文不值。自现代建筑的后现代性转向后，非理性主义抬头，顷刻间建筑奔向了多元、异构的思想洪流。在时代的推波助澜下，许多建筑师成为“职业堕落的受害者”[①]，不断用物质裹挟思想，创造出层出不穷的新“主义”。一些主义迎合“思想”，另一些主义试图表达“感觉”，声称要完成弥合当代建筑思想和感觉之间原有鸿沟的任务。于历史轨迹中，建筑原本呈现出的“稳定与变化”，在科学技术跨跃式发展的拥簇下，转而成为“刺激与发现”。建筑本原在这些看似琳琅的“主义”中已渐行渐远，从原有的对“存在”问题的沉思转为游走于形式和功能的两端，摇摆不定。而建筑理论家和实践者畅想打破现有秩序以期实现追本溯源的“解构主义”运动，也只不过是在展示矛盾的登峰造极，最后的成果仅剩一味虚无地否定一切意义[②]。

在建筑认知中，依靠作为工具的图像和技术，对表象的观看已经取代了深层的阅读，人对建筑的“凝望”[③]仅仅成了被传播的事件，辗转于各种媒介之间，并不断地被翻译、被转录，从而创建出一个“超现实”的语境——一个无从寻其根源的、机械的、完全人工化的世界。在物质世界走向极致的今天，建

---

① 克里斯蒂安·诺伯格-舒尔茨. 建筑：存在、语言和场所［M］. 刘念熊，吴梦姗，译. 北京：中国建筑工业出版社，2013：45.

② 吉尔·德勒兹在《反俄狄浦斯》中概括“解构”心理为：“我们今天生活在一个客体支离破碎的时代，（那些构筑世界）的砖块业已土崩瓦解……我们不再相信什么曾经一度存在过的原始总体性，也不再相信未来的某个时刻有一种终极的总体性在等待着我们。”

③ 荷兰建筑师、建筑理论家尤哈尼·帕拉斯玛（Juhani Pallasmaa）认为对建筑的“观察”是一种抚触式的“凝望”。

筑师应该从中看到潜藏的思想坍塌危机。此刻，透过建筑外显去探讨建筑本原的意识存在是对过往表彰张扬物质化倾向的一种反拨，是对以建筑为摹本的人与世界关联的深度思考，是对建筑之所以成为建筑、称为建筑的追问，体现了当下建筑观念应当承载的社会责任及历史责任。

1.1.2 我国寒地建筑创作所面临的困境

（1）文化的意识缺位 我国寒地多处于内陆国土边缘，由于气候及地理原因，所在城市历史积淀较浅，并未孕育出深厚、系统的文化意识。一个世纪以来，东北寒地的城市建筑在经历“侵入式”的古典主义、“未成熟”的现代主义后跃进至今日的复杂多元。[①]作为基于在地人本需求的综合实在，寒地建筑目前所体现出的对寒冷的理解，大多集中在由于气候因素制导的生活不便利，鲜少从思想精神认同出发进行文化性塑造；同时，在地感的匮乏还体现在建筑设计所汲取的灵感较有局限性：除受到寒冷因素挟制的因势利导和反馈抵御外，总无法脱离对冰、雪等自然景观的符号模仿。对寒冷沉思的单薄导致我国寒地城市文化无法自立。长期以来，经济技术落后、对外交流闭塞、建筑意识盲从也严重阻滞了寒地建筑观念的多维发展。当代寒地建筑创作的物质环境已发生了巨大变革，世界性的文化思潮及先进技术瞬时涌入寒地文化的大门，从未完全自成体系的单一到遭遇井喷式外来信息的逼涌，寒地建筑文化跳过了系统梳理和重组，慌乱地编制出一簇簇基于舶来品对原有“文化锚点”的嫁接图像。同时，寒地建筑设计师也不乏受到奇观图像文化的影响，出现从环境契合的创作观转而投向审美图像化的现象。虽然寒地建筑的文化属性早已觉醒，但援引思潮溯源后仍只依赖图像去理解生活世界[②]，并未出现具有基于寒地本原的意识沉思。此外，人对寒地的情感意向模棱两可，对寒冷一味地拒绝和抵触是无法产生对寒地的深刻依恋的。以上困境共同造成时下寒地建筑文化尚处于

① 梅洪元．寒地建筑［M］．北京：中国建筑工业出版社，2012：20.

② 这里的“生活世界”是指人的“生活世界”，是一个具体的、历史的现实世界，是活的世界，而不是死寂的世界，这个“生活世界”是一个有“意义”和“价值”的世界，这个“意义”和“价值”，并不是纯精神性的，而是具体的、实际的，是“生活世界”本身具有的，是“生活世界”本身向人显现出来的。叶朗．美学原理［M］．北京：北京大学出版社，2009.

一片混沌、杂糅和模糊之中。

（2）技术的跨界置喙 在不断的技术置喙和超越的感官追求下，寒地建筑设计渐现一种刻意制造的倾向，在形式悖论的裹挟下难以前行，呈现出过度聚焦于建筑形式的思考现状：建筑师围绕着空间实体的展现而殚精竭虑。视觉的美感、功能的依赖、能效的质询一直萦绕在本原之上，寒地建筑成为综合目标体系下的工具，去追求一个又一个的新热点。与此同时，当代建筑审美受形而上学唯物主义的支配，陷入用物质来标定建筑意义的价值陷阱中。各种计算机模拟技术所带来的数字化进程创造出了一套新的评定、遴选建筑的范式，知觉世界中所有的现象正在逐渐成为电脑里的一串串代码。此时，寒地被归纳、抽象为在物理一维参数空间中可被无限延展的可拓信息。计算性技术的迅猛发展使世界实现扁平化的同时，也使寒地建筑的地域差异在内部空间被真实消解，寒地居民正将自己的日常生活世界推向一个完美的、与环境割裂的黑盒子。

北欧建筑大师阿尔瓦·阿尔托（Alvar Aalto）从年轻时就开始抵抗这种将图像与技术停留在形式层面的取向，他尤其鄙视那些越来越多地出现在美国类似先知先觉般的各种“形式主义”，实则只不过是洋溢着好莱坞味道的大众消遣；同时他也鄙视那种被他称作“技术的奴隶”的做法，因为在他看来，实在“不能无中生有地创造出新的形式”[①]。技术是建筑存在的骨骼，图像为建筑表面的蒙皮。但是只有骨骼和表皮的建筑是无法前行并成为真正的建筑的。一边是缤纷图像的倾泻，一边是大行其道的技术“泥石流”，人总是处于应接不暇的状态里。寒地建筑在盲从文化后又盲从科技，渐而在“时尚”的洪流中迷失自己。于是，建筑的本原在新设计、新风尚中被消解了。寒地建筑，是建筑所在寒地的场地气候、周边环境、地域文化以及经济发展等诸多因素的复杂综合的人本调和成果。大众和设计师对寒地建筑本原的“在地”理解和物质呈现的层析不相匹配的“矛盾”现已突显出来，前端思考的失控使后端寒地建筑设计处于被“工具化”和“审美化”的两难境地。

① SCHILD G. Alvar Aalto: the decisive years [M]. New York: Rozzoli, 1986: 226.

1.1.3 哲学思辨下建筑意识的理性回归

（1）伦理的召唤 英国诗人奥登（W. H. Auden）曾赞美犹如百花齐放的春天般的现代建筑运动初期，如同“改邪归正、重新做人”的时刻：在那个经济、技术飞速发展的时代，建筑功能作为基本需求已经得到最大化的满足，并且建筑追随着其他科学和学科不停地迈向更为精细化的度量。但之后的几个世纪，各种“主义”倾轧般袭来，造成的眼花缭乱的图像世界昭示着建筑对满足社会期待的承诺远没有实现。当代建筑师的想象力已经摆脱了墙面的画卷甚至电脑中的虚拟形象。那么从技术桎梏中解放后，束缚建筑意识前行的是什么，又该如何解决这一问题，都是对建筑本原的切实追问。显然，人的思想应该走得更深、更远。毕竟，只有突破一切表象才有机会达到事物的本质，从而获得下一阶段的新启示。

当下，建筑师正尝试通过设计重新召回人与自然的关系，这也是建筑理论家一直所探讨的建筑本原所在①：对建筑的本原认知是对建筑活动根本目的的极致解读。如此这般，所有物质外衣便获得了思想根源的奠基。同时通过物质所显现的精神也可合乎伦理，否则出现的将只是没有灵魂的建筑。人在这样的环境中生存（这环境本身也是人自己塑造的），也会脱离最为根本的思索，一切意识的发展也将无从谈起。伦理生态的维护需要思想的原初被不断开拓与回溯。

（2）感知的觉醒 长久以来，人面对伟大的建筑会由衷感到对心灵的震撼：某种处于意识深层的觉悟由此苏醒，既没有办法从“坚固、适用、美观、绿色”中找到对应的解释，也无法停止自身对这种源自石头、木材、混凝土的深切且真实的感动。从维特鲁威时代，建筑师们便开始尝试借助“理性”回答这种感知，但是很难完全对“轴线”“对称”既能产生“共鸣”又能感到信服。纯粹的经验主义和理性主义之争一直没有消失，这种情绪至今犹在。阿尔托认为：“凡事必追求理性这一做法本身并没有错，错误在于这个推理过程走得还不够深入……现代建筑运动在当前这个新阶段，我们需要做的是把理性的方法

---

① 科林·圣约翰·威尔逊．关于建筑的思考：探索建筑的哲学与实践［M］．吴家琦，译．武汉：华中科技大学出版社，2014：9.

从技术领域推广到人文领域和心理学领域。”同时，人一直在寻找恰当的语言对建筑感知进行描述，且将该描述停留在一幅尽量具体的画面：黄昏中的雅典卫城[①]；阿尔泰斯美术馆楼梯间的休息平台转弯处；嘉士别墅的平台上；柏林爱乐音乐厅的门厅里……[②]无法否认，人对这个世界的认知都是基于某种对于空间形式的感知体验，即使通过对比、分析、总结也难以获得建筑意识的真实规律。而对空间形式的体验不是纯粹的凭空而来，无法“无中生有”，它是建筑唤起的每个人从诞生那一刻便具有的最基本的情感。这种激荡自溢的体验领域，在人类产生语言之前便已经存在并被认知了。并且，这种体验的结构和语言的结构一样，都充满了意向的期待、记忆和互相交流的能力。该体验领域实际上是一种语言的最基本的起源，是人类普遍共有的特征。这种最原始的心理状态包括了空间的、情感的和心理的成分，并组合到一起形成密码后，再把镜像返回到人对建筑最基本形式的认知与体验上。而建筑“感动”人的正是其间那些能够共振内心，并唤起意识的“图像”画面，从而静态的石材有了动态的生命力（图1–4）。文丘里（Robert Venturi）认为，建筑应该是一种交流思想的工具，比诗歌更受到感受的摆布。拒绝谈论体验的意识与建筑的诗意，就像关上了通往建筑灵魂的大门。作为提供对社会可持续的承诺，建筑既是证明人类存在的人工产品，又反映了人对于“在世”（being in the world）的整体思考——作为载体，将瞬间凝固并在时间里流传。所以，理性地承认感知的意义是合理地看待、思考建筑本原并使其回归的前提。保尔·弗兰克尔（Paul Frankl）曾言：“视觉印象——由光和色的差异所产生的影像，它是我们对于房屋最为基本的概念。我们凭借经验将这一影像重新诠释为一种形体存在的概念，这就界定了房屋内的空间形式……我们一旦将视觉的影像转译为被实体包围的空间概念，我们即从房屋内的空间形式来解读它的目的。我们随之把握了它的内容，以及它的意义”[③]。他描绘了建筑意识的获取，往往始于外部图像，继而通过感知的延异，展开于个体的内心深处。

---

① 勒·柯布西耶在《走进新建筑》中描绘了自己在雅典卫城被感动的画面和情绪。

② 科林·圣约翰·威尔逊（Colin St. John Wilson）在其著作《关于建筑的思考》中多次描绘感动自己的建筑画面。

③ 比尔·希利尔. 空间是机器［M］. 杨滔，张佶，王晓京，译. 申祖列，校. 北京：中国建筑工业出版社，2008：3.

图1-4 汉斯·夏隆设计的别墅使人感受到如同米开朗基罗的雕塑作品《昼》对身体的凝练
（资料来源：JONES P B, SCHAROUN H. Hans Scharoun [M]. Phaidon Press, 1995: 85.
方华. 达·芬奇与米开朗基罗［M］. 济南：山东美术出版社，2005：110.）

（3）哲学的奠基 建筑，长久在“艺术”和“技术”之间徘徊，引发了其诸多关于“产品”和“作品”身份的探讨。法国哲学家吉尔·德勒兹（Gilles Deleuze）认为建筑像一束光，将哲学从“上学”的神坛投向“下行”的实践科学，使哲学成为一种呈现。[①]英国建筑理论家约翰·拉斯金（John Ruskin）也在《建筑的诗意》中言明建筑应该完全是思想的产物，并非直线和圆构成的科学，应该“感觉多于规则”“思想超越眼睛”，拒绝将建筑单一地视为“功能加上经济”的结果，而是用“迎合视觉偏见的程度，引发思想中的深度”，所以“建筑师都是形而上学家”。[②]当人尝试剥离表象，从建筑本原发现建筑的意义时，哲学层面的广泛性显然是解决该类问题的基础，并有条件体系化地给出答案，有机会找到艺术和技术的天然关系。同时，建筑学为哲学的概念具象化或意象形象化创造了实体通道。相对的，建筑实践也深受哲学理念引导。由

① 冯琳. 知觉现象学透镜下“建筑—身体”的在场研究［D］. 天津：天津大学，2013：1.
② 约翰·罗斯金. 建筑的诗意［M］. 王如月，译. 济南：山东画报出版社，2014：1.

此，建筑学与哲学之间的交互影响为彼此的发展都注入新的力量。

德国哲学家埃德蒙得·胡塞尔（Edmund Husserl）于20世纪初开创了现象学，被称为现代哲学的基本思想。[①]其中，图像意识作为现象学的开启概念之一出现在胡塞尔最初的研究之中，用以回答困扰欧洲哲学几个世纪的难题：所看和所感、感知和意识的二元对应关系，并以《睡莲》等世界名画为图像意识架构的哲学实践支点进行论述展开，另归结主要意图为：主、客体最终回归到意识的原初结构和原初发生，并通过分析表象来判断对象，进而得出意识产生的结构。依此基础，胡塞尔在1904年的讲座中指出："图像的表象构造表明自己要比单纯的感知的表象构造更为复杂……图像意识是一种想象，是图像感知的终极目标，也是原初客体……"这种对于图像意识发生过程的描述是对艺术品塑造后由表象向本原解构的理论依据。之后被海德格尔（Martin Heidegger）应用，辅以对艺术品的理解与分析。与此同时，德国著名的思想家、科学家歌德（J. W. Goethe）将建筑本质归为艺术品的化身，也正契合了当下的建筑审美追求和精神感召。图像意识的现象学对建筑的本原探讨提供了可能的哲学层面方法论。

1.2 国内外研究发展

1.2.1 国外研究发展

（1）存在与空间 现象学于1970年前后初入建筑领域，建筑的现象学研究始自人文地理学中关于人地关系的探求。段义孚（Yi-Fu Tuan）曾就人如何感知环境并赋予其价值进行了探讨[②]，通过现象学方法研究不同人群在不同地方

① 德国现象学家海因里希·罗姆巴赫（Heinrich Rombach）在其1998年的文章《现象学之道》中指出："现象学是现代哲学的基本思想，它有一个长长的前史，并且还会有一个长长的后史。"

② TUAN Y. Topophilia: a study of environmental perceptive of experience [M]. Minneapolis: University of Minnesota Press, 2001.

的体验描述，进而阐释了科学意义上的“空间”（space）与人文意义上的“地方”（place）、地方感（placeness）的关联与差异，并由此提出了人在地方中通过投射感觉形成知觉，最后内化为自身对于地方的观念本质：人需要通过对地方的体验，实现思想与情绪的共存（图1-5），力求在实存的物质空间经验与“暧昧”的感性空间体验之间构建起人本主义的联系。爱德华·拉夫（Edward Relph）则认为“地方”的本质是以人为基点的对“存在”的回应，多为一种“无意识的”意向[①]：地方的根本，不在于具体的地理位置，更不取决于事先人赋予其的功能，更不是源自平庸的世俗经验——即使这些都是一个地方可以成为地方的基础。地方的本质附着在广袤的自我潜意识上，是地方感使人切实感受到存在本身。[②]是意向使地方成为人存在的中心，并将所有的物质化的场所因素都指向了终极的存在。存在既是场所的起因也是场所的结果。

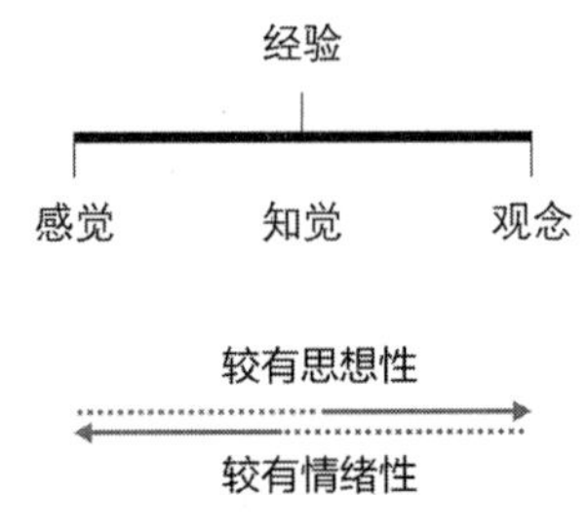

图1-5　段义孚对情绪和经验关系的描述

1980年前人文地理学中的现象学研究多集中在以场所、身体、体验为核心的人文主义领域，并基于现象学的哲学视野，探讨人类的地理经验和“在世”体验的互构关联，使地理学从干瘪、传统的物理信息范畴转向鲜活、丰富的人与环境——城市、区域、景观乃至建筑的互动感受。这种人本回归的倾向，并非只是将人抽象为一簇簇实践般的数据或是由现实提炼的规律[③]，而是真实地、深刻地将人置于空间之中、场景之中。这也使之后的人文地理学转向了人类学的意味，大体上具有语境论（contextualist）、反形式主义和相对化趋势。相关研究对建筑学中的建筑本原有相当巨大的启发意义，使接下来建筑理论家对建筑场所感建立的研究主体由一般认知的建筑转移到了更为根本的人的身体（body）。

在存在主义现象学的深刻影响下，诺伯格–舒尔茨（Christian Norberg-

① 沈克宁. 建筑现象学［M］. 北京：中国建筑工业出版社，2016：1.

② RELPH E. Place and placeness: research in planning and design [M]. London: Pion Ltd. 1976: 132.

③ 洛吉耶在《论建筑》中提出：“今天所有的人都不过是在给维特鲁威所传授的做法做注脚，但建筑真谛的面纱并未揭开。”

Schulz）提出建筑的本质是空间，并将建筑空间的存在直接归因于“人的存在”（existence），人在空间中的行为是以身体对空间进行“定位”（orientation）为目标。[①]建筑的真实空间并不存在于图纸之上，而必须通过人的行为去开启和发现。因此，人与空间的存在具有认知的统一关系，并以该关系的“图式”（scheme）[②]为建立基质（图1-6），另还需媒介的辅助以修正、加强。这种以结构性视角搭建空间认知的方式，是在试图全面阐明人类意识中世界形象发展的本质差异，较西格弗里德·吉迪恩（Sigfried Giedion）仍停留在笛卡儿的欧几里得空间内的、机械组合单位般的思考方式所得出的对建筑空间的理解更具深意。但吉迪恩将建筑理论研究的核心转向空间与时间的建构在当时极具启发意义。他指出，空间的概念是从描述空间物理形象转移到情绪领域的过程，目的是表明人与环境的关系，精神上表现出人类对峙世界的现实。[③]显然，诺伯格-舒尔茨接受了吉迪恩的观念，同时也注意到了其理论在哲学性上的不足，进而自发地对建筑空间的哲学意义展开了开拓式的探讨，并将焦点汇聚于存在主义、结构主义[④]及现象学学者都十分关注的建筑“存在”的展现和建筑“符号”的表达“意义”上。

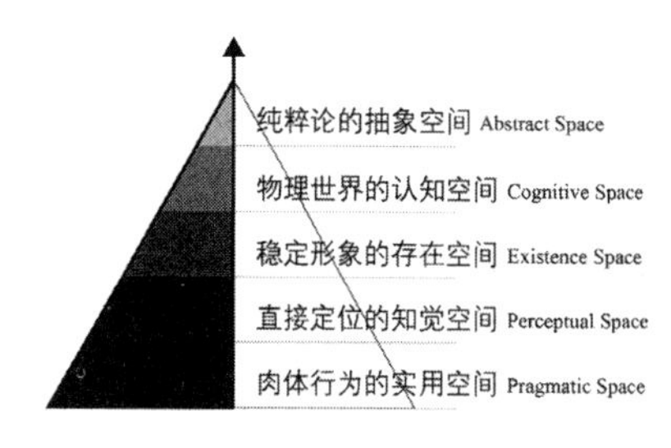

图1-6 皮亚杰提出的五种空间图式

由此，建筑的存在被理解为源自自然、人类以及精神的富有意义的、象征的形式，并与其他综合构成了存在的意义的历史[⑤]。这样，建筑便自然而然地成为人类历史与当下社会交融的实在，可以使人从这些“历史遗存”中还

① 诺伯格-舒尔茨. 存在·空间·建筑［M］. 尹培桐，译. 北京：中国建筑工业出版社，1990：1.
② 瑞士心理学家简·皮亚杰（Jean Piaget）提出了源自先天心理模式的认知拓扑结构。
③ 希格弗莱德·吉迪恩. 空间·时间·建筑：一个新传统的成长［M］. 王锦堂，孙全文，译. 武汉：华中科技大学出版社，2014：303-305.
④ 结构主义是发端于19世纪的一种方法论，由瑞士语言学家索绪尔（Ferdinand de Saussure）创立，成为20世纪下半叶及21世纪最常用于分析语言、文化与社会的研究法之一。
⑤ 诺伯格-舒尔茨. 西方建筑的意义［M］. 李璐珂，欧阳恬之，译. 王贵祥，校. 北京：中国建筑工业出版社，2005：5.

原出现象中蕴含的本质深邃的一部分[①]。建筑自身也是人在时间与空间中自我认知的一种现象。受到海德格尔等哲学家的启发，诺伯格–舒尔茨和凯文·林奇（Kevin Lynch）等建筑理论家尝试用“方向感”和“认同感”去描述人通过体验空间，进而与空间、时间建立连接，从而理解时间、空间的意义，进一步提出建筑空间的根本在于提供人精神空间的塑造与守护。这一建筑学领域内人地结合式的形而上讨论与段义孚在人文地理学中所发起的人文主义沉思不谋而合。并在此之后涌现出大量建筑理论学者对于人的存在、空间、场所，与城市、建筑、景观结合的讨论，都为揭示建筑本原奠定了思想基础，接续了对人本存在与空间意义精神召唤的不同时代的回应。

（2）诗学与伦理 这里的诗学并非安东尼亚德斯的“建筑诗学”[②]，而是建立在建筑语言上的、尝试通过对建筑原型的思想描述，实现建筑在抽象与现实之间的解放[③]。早在1957年，加斯东·巴什拉（Gaston Bachelard）便指出：建筑学是栖居的诗学，空间是人类灵魂的居所，而非纯粹容纳物体的容器。[④]其明确了将人作为认知建筑的主体，意识则为认知的结果，从而实现追溯设计思想与意义的建筑建造奥义。在其著作《空间的诗学》中多处通过描述寒风、冬季、冰雪等寒地要素，阐释建筑师关于家宅及空间意象对建筑诗学领受的直接与间接影响。此外，巴什拉在该书中运用了形象的跨主体性（transsubjectiveite），体现在对建筑本原的理解上，不仅依据对象性指称的习惯方式，还运用现象学通过个体来考察建筑形式图像的内在起源。其一再发起的空间诗学倡导，是将“自我”投射到物质的中心以及内部的尝试，以期获得空间体验的构造和意蕴。这种对“内部视觉”的求本，实际是当时欧洲热议的认知心理结构——回响，在超越心理及精神分析的同时，使人能感受到一种朴素的共鸣和情感的反射。即使没有物质作为介质，观者也能够产生切实的体会：

---

① 吉迪恩在《空间·时间·建筑：一个新传统的成长》中提出：历史并不是一成不变的事实的陈列，而是一种有生命、有过程，经常变化的态度与解释的模式，是我们自己本质深邃的一部分。

② 这里指安东尼·C. 安东尼亚德斯（Anthoy C. Antoiades）在其著作《建筑诗学》中所描述的诗学——一种建筑设计实现纪念、永恒价值的方法论，相似观点可参考该作者的《史诗空间——探寻西方建筑的根源》。

③ 郭屹民. 建筑的诗学：对话坂本一成的思考［M］. 南京：东南大学出版社，2011.

④ 加斯东·巴什拉. 空间的诗学［M］. 张逸婧，译. 上海：上海译文出版社，2009：6，101.

用诗学以表达存在的创造。此外，在探索建筑的意义和诗学关系上，建筑历史学家约瑟夫·里克沃特（Joseph Rykwert）在其众多研究中都以对建筑意义的探讨为核心，并在其所著《亚当之家——建筑史中关于原始棚屋的思考》中明确提出：现代人以求源为借口，却是为了进行对建筑本原的再思考[①]。该书对于当下大行其道的“理性”建筑思维提出了反向的精神追溯，强调建筑的意义在于人与所在场所之间的交流而非拘于物质，并极力促使深陷于“柯布新五点”潮流中的建筑视野重新投向关注伦理和诗学的“人学”。同时，在胡塞尔、海德格尔和梅洛-庞蒂思想的影响下，达利波尔·维斯利（Dalibor Vesely）又杂糅了伽达默尔（Hans-Georg Gadamer）[②]的思想，为现象学和解释学在建筑诗学与伦理研究中的发展与应用开拓出新局面，认为建筑中的诗学并非基于梦想或者即兴创作，其只能在广袤的综合中随着时间的流逝得以显现[③]。这需要建筑师能够从当下的生活实在“看到”生活世界，使建筑意义在日常经验中被建构出来。

伦理，被认为是人所以为人（人的本体）之所在，高于认识论中所对应和处理的现象界。[④]当“人学”走到台前之时刻，意味着个体自觉意识的到来。里克沃特和维斯利的人本建筑理论思想影响了后来的诸多建筑学者和建筑师，尤其是“艾塞克斯学派”（Essex School）[⑤]的成员。他们的思想在随后的半个世纪里，激荡着整个建筑学理论研究谱系，包括佩雷兹-戈麦兹（Alberto Perez-Gomez）、莱瑟巴罗（David Leatherbarrow）、莫斯塔法维（Mohsen Mostafavi）和彼得·卡尔（Peter Carl）等。[⑥]作为“艾塞克斯学派”最重要的成员之一丹尼尔·里伯斯金（Daniel Libeskind），在其1972年的课程里提出，在生活世界

---

① 约瑟夫·里克沃特．亚当之家——建筑史中关于原始棚屋的思考［M］．李保，译．许焯权，译校．北京：中国建筑工业出版社，2006：198.

② 伽达默尔，德国哲学家，哲学解释学的创立者之一。

③ VESELY D. Architecture in the age of divided representation: the question of creativity in the shadow of production [M]. Massachusetts: MIT Press, 2004: 389.

④ 李泽厚．人类历史本体论（上卷）：伦理学纲要［M］．北京：人民文学出版社，2019：10.

⑤ 1968年到1978年之间，里克沃特和维斯利首次在艾塞克斯大学开授建筑历史及理论课程，其目的在于通过对西方虚无主义危机征兆的描述挑战当时对建筑技术的持续热度，使建筑设计重新恢复对意义的关注。

⑥ BEDFORD J. Dalibor Vesely and Joseph Rykwert: University of Essex [EB/OL]. https://radical-pedagogies.com/search-cases/e10-university-essex/.

里的虚构现实再现中，人能够开启建筑内在的历史维度，并且可以获得意义的连续，使其意义得以解蔽。佩雷兹-戈麦兹自1987年便开始进行关于建筑再现的研究，并将当时社会普遍性的建筑纯粹物质化复制解读为一种机械空虚，而真正的建筑再现应是诗意的翻译而非平凡的抄写。[①]在2008年，其更直指出“人对于建筑的心理需求的复杂性远远凌驾于技术和物质之上，真正的建筑并非形式或功能意义上的房子，栖居的渴望和情感的被满足才是人和建筑真正的关系，伦理和诗学对于深入建筑精神意义探寻、回归建筑本原有着至关重要的意义”[②]。同受海德格尔影响的卡斯腾·哈里斯（Karsten Harries）也非常认同这一观点。

同时，亚洲建筑师坂本一成在其建筑理论发展和设计实践中，一直尝试探寻诗意建筑空间中的伦理呈现。在他的创作观中，诗学对比的是光怪陆离的生活现实和蠢蠢欲动的社会欲望。强调人日常的朴素经验是理解生活与生活所在建筑的意图的前提。人只有在日常的“亲切”中才能获得和“我”相关的切实感，并提出，只有将建筑视为身体的一部分的时候建筑才能被赋予意义。[③]此刻，建筑的伦理是身体的存在需求。

（3）在场与具身　苏格兰哲学家托马斯·卡莱尔（Thomas Carlyle）和英格兰建筑师A. W. N. 普金（A. W. N. Pugin）分别预测了19世纪后半期的精神和文化的空虚与不满，空前高涨的技术与物质也无法回应“建筑是什么”的终极哲思。深受普金影响的约翰·拉斯金将建筑怀疑精神发挥到了极致，在其1853年出版的著作《威尼斯之石》中热烈讨论了社会文化及人文经济情况对建筑的影响。肯尼斯·弗兰姆普敦（Kenneth Frampton）作为拉斯金建筑人本主义的拥趸，在其著作《走向批判的地域主义》中谈道：现代化如天启一般席卷地球，虽完胜了本土曲折的文明，但却“无法归至本原”。更于《建构文化研究——论19世纪和20世纪建筑中的建造诗学》一书中，通过对听觉和触觉体验的描述，探讨身体的意义，引出“必须身临其境才能感知存在”的结论。

---

① 佩雷兹-戈麦兹，贝雷蒂耶．透视主义之外的建筑再现［J］．吴洪德，译．王飞，校．时代建筑，2008（6）：70-77.

② PEREZ-GOMEZ A. Built upon love: architectural longing after ethics and aesthetics [M]. Massachusetts: MIT Press, 2008.

③ 郭屹民．建筑的诗学：对话坂本一成的思考［M］．南京：东南大学出版社，2011：9.

这种建筑思想带有强烈的移情概念色彩，且该移情是以人类对世界的心理和情感认知为前提的，因而也体现了一种身体和情感甚至是观念和思想的立场。也正是移情化的形式感知和物质表现使弗兰姆普敦主张，设计应该包括被人忽视但更为基本的感知层面的意义层次，并最终实现对建造、场所和个体感知的串联。[①]身体在建筑体验中的重要性已经从对建筑空间的经验描绘，直接链接到了建筑的本质问题。拉斯姆森（Steen Eiler Rasmussen）和查尔斯·摩尔（Charles Willard Moore）都在自己的著作中明确强调了在建筑认知过程中身体（body）的概念及身体体验的重要性，为身体在场的建筑哲学观念的提出埋下了伏笔。[②]与此同时，弗兰姆普敦的好友、芬兰建筑理论家尤哈尼·帕拉斯玛（Juhani Pallasmaa），在《碰撞和冲突：帕拉斯玛建筑随笔录》中谈到建筑在场的意义，否定了抛弃传统的标新立异，提出建筑的目的不是关于理解，而是具身投入到建筑现象中。同时他肯定了在设计伊始，通过创作者的想象使建筑作品预先获得存在于世的实在性，而在场的具身自省是建筑再现的终极目的。[③]这种根植于建筑本原的身体观早在其著作《肌肤之目——建筑与感官》中就有了充分的展现。书中有意通过建构"触觉建筑学"强调"身体感知"是综合的建筑体验的具身过程。该书表达大量借鉴了梅洛-庞蒂和巴什拉对建筑空间的诗意玄思，更在行文第二章提出"运动的形象"这一概念，指出是身体与场所的紧密结合、共同"丈量"并"形象"于建筑，使其二者可以以此为契机，将建筑与其他艺术形式分离开来。帕拉斯玛共发表了百余篇关于建筑本原启蒙论的文章，他令人瞩目的研究成果得到了斯蒂芬·霍尔（Steven Holl）的认同和回应。事实上，霍尔早前的"实验住宅"正是对海德格尔的存在主义现象学的建筑践行成果，并于20世纪80年代末完成了相关理论著作《锚》（*Anchor*）。可是随后受到梅洛-庞蒂的知觉现象学理论影响，霍尔的设计思想又发生了"知

---

① 肯尼思·弗兰姆普敦. 建构文化研究：论19世纪和20世纪建筑中的建造诗学［M］. 王骏阳，译. 北京：中国建筑工业出版社，2007：14-18.

② 查尔斯·摩尔和肯特·布鲁姆（Kent C. Bloomer）合著的《身体、记忆与建筑：建筑设计的基本原则和基本原理》（*Body, Memory, and Architecture*），将身体作为体验建筑和理解建筑的基础，这种认知紧随"建筑是什么"的设想。

③ 尤哈尼·帕拉斯玛. 碰撞与冲突：帕拉斯玛建筑随笔录［M］. 美霞·乔丹，译. 方海，校. 南京：东南大学出版社，2014.

觉唤起”转向。在日本《A+U》杂志特辑《知觉的问题：建筑的现象学》中，佩雷兹-戈麦兹、帕拉斯玛以及霍尔共同探讨了人的身体知觉、体验与建筑认知的关系。在此后，霍尔的建筑理论与设计中也越来越多地立足于身体与知觉的现象学思考[①]，并于2000年出版了标志着其后期诗意体验建筑创作观的著作《视差》(*Parallax*)。

此外，马可·弗拉斯卡里(Marco Frascari)[②]受符号学和现象学双重影响，其研究大量关涉身体、感官及记忆。彼得·埃森曼(Peter Eisenman)通过其建筑话语中的“痕迹”——不在场的在场，坚持不断持续地解构自身——强调将建筑知识和意识打散在建筑体验里，以追求在不稳定的平衡中的建筑具身。彼得·卒姆托(Peter Zumthor)在其著作《思考建筑》和《建筑氛围》中，就人的感知与对建筑认知的互构关联展开了系列讨论。他强调“身体的记忆”是人体验建筑的出发点，气息和触觉更容易引发曾经的在场联想。[③]关注建筑哲学和建造诗意的建筑师普遍认同应该从人体出发去感知实在的建筑，并由此建立人与建筑要素的认知投射。

经回溯，诺伯格-舒尔茨虽受海德格尔的现象学理论影响，但仍缺乏对建筑更深层次的哲学性理解与思辨。虽然他提出建筑本原是人存在于世的体验方式，并可以通过提取“存在空间”要素来构建“建筑空间”，但其论述的“人的存在”与海德格尔理论中的“人的存在”有本质上的区别：前者剖析了体验本身对于在场存在感的获得，但是忽略了经验和想象在存在认知结构中的作用；而后者的“存在”基于人在世、在场，认为“在世”是“在场”的前置，建筑对于人存在的方式应始于建筑体验，显于建筑场所。在伦理与诗学领域中开展建筑研究的学者和实践家，当面对理性主义话语权威下的建筑精神瓦解时，应如巴什拉在《空间的诗学》中运用大量片段式场景中的人本解构叙述一般，强调建筑除功能外，需同时回应人性与情感的呼唤。但在建筑创作里，由于建筑师惯于委婉地采用“隐喻”的表达方式，使其所传递的信息过于晦涩，

---

① PALLASMAA J. The eyes if the skin: Architecture and the senses [M]. 3rd ed. London: John Wiley & Sons, 2012: 54.

② 马克·弗拉斯卡里，加拿大渥太华卡罗顿大学建筑学院院长、教授，著有《从模型到图纸：建筑中的想象与再现》(*From models to drawings: imagination and representation in architecture*)等。

③ 卒姆托. 思考建筑［M］. 张宇，译. 北京：中国建筑工业出版社，2010：36.

可读性的缺乏直接导致观者的困惑，并难以产生预期的共鸣。于是，建筑师所要借助场所感传达建筑精神的诉求也就此失败了。里克沃特也曾直指：建筑中“隐喻”的解蔽基础应该是人与建筑的“照面式”交互，即对于人性的象征，无法建立在空想式的不在场中。在西方建筑思想研究中，建筑空间和场所一直是主要的研究对象，其探讨一般围绕形而上的诗学、伦理、具身、在场等层面展开，最终回到建筑的存在之所在。

国外寒冷地区多为经济发达的港口城市，建筑设计过程中显现的问题与我国有诸多不同，并没有学者或建筑师将寒地建筑的哲学理论作为独立的课题进行研究。此外，如芬兰等北欧国家一直是后现代文化与艺术思潮的创作前沿，“斯堪的纳维亚设计运动”后更逐渐形成了特有的“北欧设计风格”（Nordic Style），尤其建筑观念与创作都独具国际引领性。近二十年里，更是涌现出大量优秀建筑作品并自成风格，发展为独特的地域建筑景貌，影响着诸多相关设计事务所及建筑师对人的建筑在场性深刻的解析与探索，他们的设计图纸中充满了人本场景感知的描绘与回响。

1.2.2 国内研究发展

（1）现象学与建筑 20世纪60年代以来，我国的建筑理论界也从西方哲学中汲取了大量的营养，从而重建了本土建筑学理论框架。尤其是借鉴解构主义、后结构主义本体论后，文化哲学和文化理论已经成为建筑学理论发展的核心思想。[①]80年代中期，现象学先逐渐被引入国内建筑理论研究领域，之后才被哲学界所注意并发展其相关理论研究。1992年，《建筑现象学导论》由季铁男编辑出版，包括“本论”“地方”“建筑”“环境”四个部分[②]，并附有第一届建筑现象学研讨会摘记[③]。“本论”中翻译了多位现象学学者的重要哲学文献，如胡塞尔、海德格尔、梅洛-庞蒂等，其余部分是对应不同现象学应用领域的学者论文，如段义孚、托马斯·希斯-埃文森、朱文一等。该文集将建筑现象

---

① 彭怒，支文军，戴春．现象学与建筑的对话［M］．上海：同济大学出版社，2009：8.
② 季铁男．建筑现象学导论［M］．台北：桂冠图书股份有限公司，1992：18.
③ 第一届建筑现象学研讨会在台北东海大学建筑系举办。

学脉络中的主要文献进行了学术整理，是我国早期经典的现象学及建筑与现象学研究的书籍。受其影响与鼓舞，建筑现象学在20世纪90年代后期短暂地成为国内建筑理论研究的前沿热点，为当时剖析建筑本原提供了新的方法论。2008年于苏州召开的“现象学与建筑学研讨会”上，与会建筑学者和哲学学者就海德格尔的存在主义思想发表了相关主题演讲和文章，围绕建筑存在论将建造意义视为人的基本存在方式，并提出现象学中强调通过个体直接体验、在反思中直接观视可以实现对建筑创造活动的本质直观。在此，经验反思的建筑学成为建筑现象学的精髓。同年，沈克宁编著的《现象建筑学》问世，该书系统地梳理了存在现象学和知觉现象学的发展和其投向建筑的光影效果，分析了多位建筑师在设计中对于建筑现象学的探索及沉思，论述了建筑的场所与生活世界的关系及建筑知觉与生活体验的关系。21世纪初，国内的建筑现象学研究主要建立在对国外相关哲学家及建筑师的理论著作的翻译和整理之上（图1–7），并

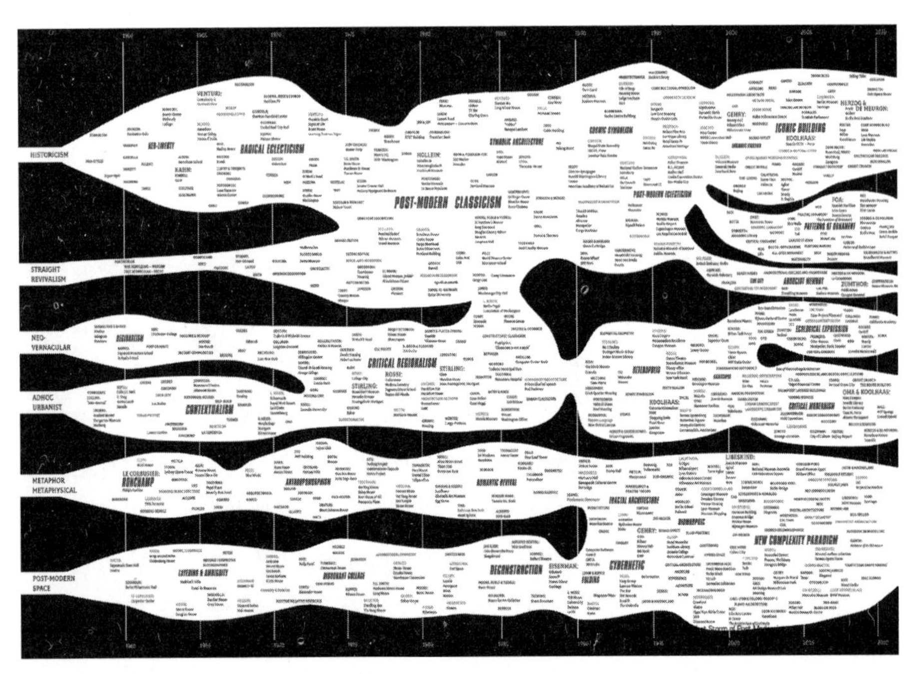

图1–7 后现代建筑思潮进化树（资料来源：JENCKS C. In what style shall we build [J/OL]. The Architectural Review, 2015 (3). https://www.architectural-review.com/essays/postmodernism/in-what-style-shall-we-build.）

由此发展出大量相关探讨。汪坦、尹培桐、施植明、孙周兴、沈克宁、王骏阳、方海等人，是当代中国建筑学与现象学交互的第一批学者，促构了中国建筑现象学先驱化的认识。

在我国建筑理论发展历程中，建筑现象学一直既是一门用以解释建筑行为的方法，也是一种启发设计的视域，针对建筑空间、建筑体验、建筑意义都有相关较为具体的展开式研究。1999年，由刘先觉主编的《现代建筑理论》集结了当代悄然兴起的多种思潮、理论及设计方法，以西方建筑史为切入点娓娓道来，并在其中的西方现代建筑设计方法中，详尽介绍了当下的科学哲学设计方法。2017年，中国建筑工业出版社推出“给建筑师的思想家读本”丛书，提供了一系列建筑师视角的哲思典范。其中，《建筑师解读海德格尔》作为系列首作，由系列编辑亚当·沙尔撰写，探讨了海德格尔作为现象学家的建筑思想。至2022年1月，该系列已涵盖13位哲学家的洞见及其对建筑设计的影响讨论。

回溯现象学进入我国建筑理论视域之初，海德格尔的存在主义和诺伯格-舒尔茨的建筑现象学共同奠基了理论堂奥；步入21世纪后，梅洛-庞蒂的知觉现象学与建筑学相碰，迸发出当下围绕身体—空间的理论探讨发展方向，如受此启发下周凌撰写的《空间之觉：一种建筑现象学》、汪原在《边缘空间：当代建筑学与哲学话语》中运用现象学的维度对当代建筑文化现象进行阐释。同时，对现象学相关的建筑理论大师的研究也逐渐增多，如陈洁萍对霍尔，刘东洋对卒姆托、莱瑟巴罗，贺玮玲和胡恒对约翰·海杜克等。此外，现象学在我国建筑实践中的运用也渐显，如刘家琨、王澍、张永和、章明等建筑师的作品均有体现。

（2）本体论与艺术 自20世纪30年代以来，西方建筑理论已经从“主义”之争逐步转向建筑本体论和其艺术性的解义。随着这种思潮传到我国，“对建筑有全面本质认知为前提”的将建筑的艺术性融入建筑意向并厘清“建筑的内在认知结构”，现已成为建筑创新的当务之急。①20世纪90年代初期，郑光复发表的《建筑是美学的误区》系列文章，引发了一场建筑与美学、与艺术的论辩。②

---

① 杜文光．建筑本体论［J］．华中建筑，2003，21（1）：15-17.

② 陈谋德．面对21世纪的建筑本体论——读《建筑的革命》等书后的认识与思考［J］．新建筑，2000（3）：45-48.

随后，其在《建筑的革命》中补充了大量的建筑哲学内容。布正伟在《自在生成的本体论——建筑中的理性与情感（上）》一文中总结："建筑作为生活的容器，不仅由物质所构成，而且为精神所铸造，建筑的本原或本性问题是架构现代建筑理论桥梁的重要基石"。[①]对建筑理性与感性、物质与精神的彼此拆解构成的建筑本体论探讨成为20世纪以来，中国建筑学界最为复杂的哲思议题。正如齐康院士所言："建筑理论要研究和探讨建筑的'本体'。人类的建筑活动存在一种共同的本体意识"。[②]

在我国，关于建筑与艺术的关系具有四种倾向：建筑是艺术、建筑是一门实用艺术、建筑既是科学又是艺术，以及建筑不是艺术。[③]对于建筑本体论而言，建筑的本质无法剥离其艺术的实在。从梁思成先生的"艺术综合体论"[④]，到吴良镛院士的"科学、艺术不分主次"[⑤]，再到戴念慈院士、齐康院士的"建筑学是技术和艺术的结合"，都表达了建筑科学和艺术密切相关、相互促进，且二者对建筑学的发展是相互作用的。所以，对于建筑本原理解，离不开建筑艺术性的本体分析。但是我国的建筑理论和实践发展是相对割裂的。新中国成立以来，大量西方的建筑技术及设计思潮涌进国门，并未经历技术和艺术彼此激发的自然过程，而更多的是实现艺术和技术的分立而治。尤其经过全球科技飞跃式发展，我国人文科学的开展相对而言是欠缺的，建筑学科也面临同样的问题：在盲目追求更高、更快、更强的同时，急需将艺术本体论融入现有的技术本体论，以实现对我国建筑理论的现有系统结构认知的弥合。作为现象学的探讨草本，图像意识的妙处是其源于对艺术作品的评述和对艺术作品表达发生的结构离析。近年学界以此关涉艺术本体论和本原求索的文献纷涌。其中，王岳川的《艺术本体论》、成中英的《本体与诠释：美学、文学与艺术》、严昭柱的《哲学和美学的根基》等著作均诞生于近五年，无一不强调了人与艺术间

① 布正伟. 自在生成的本体论——建筑中的理性与情感（上）[J]. 新建筑，1996（3）：10-17.
② 齐康. 思路与反思：齐康规划建筑文选[M]. 北京：科学出版社，2012：106-107.
③ 同①.
④ 梁思成先生早先提出："建筑虽然是一门技术科学，但它不仅仅是单纯的技术科学，而往往又是或多或少（有时极高度的）艺术性的综合体。"梁思成. 凝动的音乐[M]. 天津：百花文艺出版社，2009：229.
⑤ 吴良镛院士说："建筑既是科学又是艺术，对此显然无争论。"

的主客体关系。

艺术最大的意义所在为其主题性对人的映射影响，所以对艺术本原的深耕无法脱离人的先验及感受。近二十年是我国艺术和建筑学理论蓬勃发展的二十年，我国艺术理论家们将目光转向了艺术的本质核心问题。同时，作为八大艺术之一的建筑学①，也在国际化语境的推动下，呈现出从原有对质料—形式的思考向建筑本原反思的转渡。

1.3 解构寒地建筑本原的目的及意义

1.3.1 目的

（1）补充现有寒地建筑理论框架 我国国土的二分之一都处于寒冷地区及严寒地区，且具有特殊的经济条件及文化背景。随着建筑科研深耕的技术创新转向，寒地建筑的设计研究大多集中在防寒、御寒技术及应用策略层面。但是，技术从来不能孤立地回答任何建筑问题，其需要奠基于结构和形式之上，更无从代替意义与诗意（图1-8）。

我国的建筑认知理论已经走过了三十余年，但是还未曾对寒地建筑的殊性进行反思与沉淀，以致寒地的建筑实践呈现出技术和艺术双轨并行的现状，未产生有机的交织。即使部分研究涉及寒地建筑创作及关联的理论研究，也无法对“寒地建筑是什么”这一核心议题作出明确的回应。这致使一些建筑项目虽矗立在寒地，但是却难以谈及“根植”于寒地，建筑学学者对此现象的发生与发展也呈现出模糊难辨的态度。在技术过度的乱流下，对寒地建筑原本的关注和沉思已渐而隐匿。本书提出探讨寒地建筑本原解构，也正是基于近年来出现的“理性”盲从、实践盲目之后却无从回应“何为设计”“设计为何”等境况的反诘。同时，在建筑研究中对寒地建筑本原的刻意回避，也导致了建筑认知

① 八大艺术，主要指用形象来反映现实但比现实更有典型性的社会意识形态，包括文学、音乐、舞蹈、绘画、舞蹈、戏剧、建筑、电影。

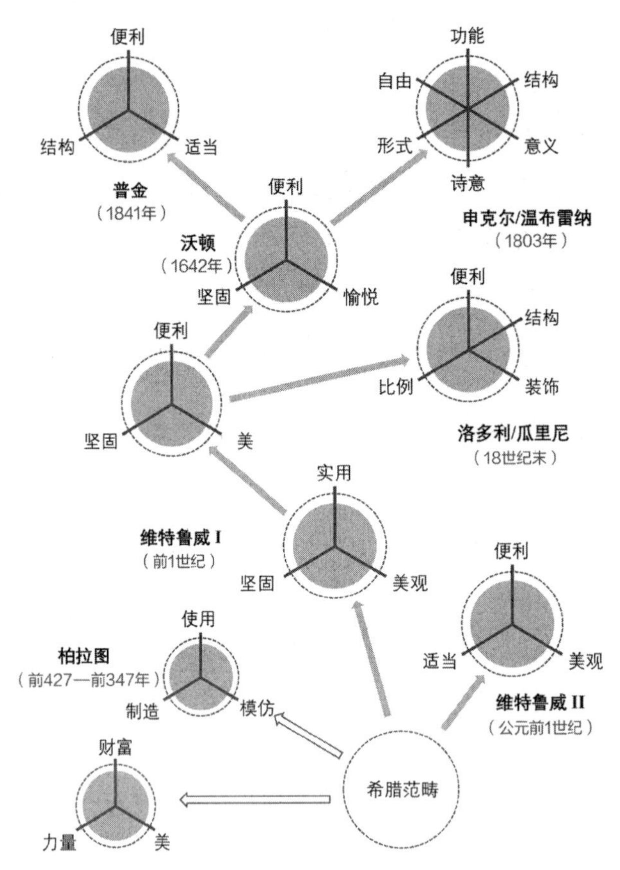

图1-8 后建筑发展诸范畴变化（资料来源：戴维·史密斯·卡彭. 建筑理论（上）：维特鲁威的谬误［M］. 王贵祥，译. 北京：中国建筑工业出版社，2007：20.）

中主体混乱下“明星建筑师”作品不断涌入寒冷地区的现象，其形式标签化的风格成为被大众审美追捧的对象，但此过程中，寒地建筑中“人为”和“为人”的身体性，不应被建筑学者视而不见或丢弃。

（2）呼唤寒地建筑观的人本思考 当下中国社会正面临着深刻的文化转型：视觉符号凌驾于语言符号之上成为主导的意识形态，图像取代语言成为文化主因，这就是19世纪30年代被海德格尔等哲学家预言即将到来的“世界图像时代”。与此同时，在经历近四十年的建筑大制造中，视觉狂欢引发了图像危机，审美泛化成就了大众潮流，从其盲目性可窥当下浮躁的建筑观一二，而本原缺位所导致的建筑精神空洞的严峻性也日益显著。所幸，一批建筑师及学者已从图像湮没中觉醒，开始尝试通过溯回始基去重构建筑的意义，正视人与场地关系才是建筑理论与设计中的核心。在此值得警惕的是，在技术思潮的背后，潜藏的是技术万能论。尤其在寒地建筑的实践中，暗含了一种寄生活世界于人工调控的、物理环境理想的“无境之地”的观念。长此以往，这种对建筑的单薄解译会无形地削弱人的在地通感诉求——失去地方依恋（place attachment）与地方认同（place identification），人的精神困于无从着陆的匮乏感。于是，那些已然成为惯常的技术将消除地理隔离、时间隔离，但同时也使人失去了因不同而保留的庞大形态库，以及因差异而激发出的调和式前进的发展机会。

建筑，不仅作为人存在的物质性实存，更有承载时代的社会及历史观念的作用。对于寒地建筑本原的沉思与自省从来不是一时兴起的文化空想，而是在寒地建筑研究中需要贯穿始终的线索。作为人工制品的建筑是人类自检的镜子，一切反思在任何时间都是必要的，且应与实践并行。本书从作为“凝结的意识形态”的建筑出发，通过寒地建筑显现去解构寒地意识的建构过程，从而昭示回归人本求原的认知才可以理解生活世界。

1.3.2 意义

1.3.2.1 理论意义

（1）对寒地建筑意识的形成进行了方法层面的补白 建筑作为一门最早的艺术[①]，在当下，对其艺术性的获取已不可避免地被图像文化所影响：图像成为建筑被认知、理解的开端。而对观看寒地建筑图像时的意识结构的探讨和揭示不仅是理解寒地建筑图像深层意义的关键方法，也是分析寒地建筑图像意识产生的重要环节。图像意识在哲学语境下的理论探讨，以及对艺术品鉴赏的方法实践，都为本书提供了较为完备的意识产生的基本结构和拓展逻辑。通过图像意识这种方法路径求索寒地建筑本原，可获得寒地建筑中建筑、人及环境的

① 黑格尔．美学：第三卷，上册［M］．朱光潜，译．北京：商务印书馆，1981：28.

意识形态之间的深刻关联，从而使作为一种视觉化信息载体起点的寒地建筑材料，以“带宽”向人传输场所的意义与时代的精神。

（2）对寒地建筑文化的建构进行了逻辑层面的梳理 寒地建筑作为寒地文化载体，令人瞩目的建筑现象会从不同方面折射出时代意象，从社会文化背景出发考察当代寒地建筑是深入理解寒地建筑现象的重要途径。无论是希腊古典建筑美学中的“视觉矫正法”，还是现代主义中阿道夫·路斯（Adolf Loos）的“装饰即罪恶”、密斯的“少即是多”，无一不是始于对图像的关注，驶向图像背后的意识。对源自图像的寒地建筑意识的梳理本身，就是对寒地文化现象的深刻挖掘，使对寒地建筑的思考可以拓展与延异于哲学、社会学、美学、比较艺术学、符号学、传播学等多领域。

（3）为寒地建筑创作的思考提供了理论层面的支撑 面对当下审美泛化、精英文化萧条所引发的图像泡沫，建筑师应以此为契机思考奠基于寒地建筑自身的设计发展与创新模式。这种思考并不是抛弃时代的溯本求源，而是基于认识论的框架对寒地建筑本体论的解译。面对大众文化和主流意识几乎决定建筑最终呈现形式，又同时放大建筑师个人价值取向的今天，基于哲学层面的寒地建筑本原解构是具有广泛意义的——既不是忽略时代，盲目回归传统，也亦非随波逐流地迎合当下，而是尝试将寒地建筑置于一个较自身更为宽广的理论维度，将寒地和建筑作为对本原问题思考的独立又杂糅的着力点。同时，也应该认识到我国寒地建筑设计发展需要不断超越原有的理论空间和视角，以获得架构物质需求和精神需求平衡模式的依据，为探索全球化语境下的“中国式”“寒地式”提供一定的助益与遐思。

1.3.2.2 实践意义

（1）提供一种叙事般的创作框架 在建筑设计中，往往会出现一个相对模糊的思考过程：从抽象需求出发到具象建筑形态的演进。这一被“灵感”把握的环节成为不同的建筑师在相同的设计任务下会提出截然不同设计方案的原因所在。本书通过探讨始于图像的寒地建筑意识形成的过程，实现了从具象的寒地建筑材料、空间和场所中搭建寒地建筑认知的物质锚点和意识回响结构，提供了寒地建筑观者理解建筑的叙事性结构和逻辑，可以作为寒地建筑创作的逆向参考：将寒地建筑设计过程中对于物质层面的操作，转移到对于观者意识形成的叙事操作。在这样的一个创作框架下，“事—物”取代了纯粹的“物”，可以有效避免建筑创作陷入一种固定的风格化的图像陷阱。

（2）提出一种人—地的创作基点 建筑的本原是人的在场关系，寒地建筑的本原应体现寒地居民在寒冷地区的环境观与生存观。因此，对寒地建筑本原的解构实际上是对寒地居民与寒地互动关系的探讨，并应提供一种始终围绕着人—地的寒地建筑创作视角。这种创作视角对于寒地建筑而言是本原的，因为寒地建筑依据环境对建筑加以分类及限定，以“寒地”立意，建筑是寒地居民对环境的思忖和意识显现的实在，是将环境内化于身体后投射到外部世界的具体现象。这样的创作基点下所呈现的寒地建筑实践是从建筑观者的主体性出发，实现真实的地域性，而非“取材”自建筑师的主观臆想。

随着科技发展和计算机图像技术的日新月异，人的意识受表观图像的侵袭日益严峻。在大众生活中，“图像”的空间—时间化“间隔”通道已向人打开，“图像意识”作为思维方式的转变已对当代建筑设计产生了巨大的影响。我国寒地建筑理论及实践长久以来受到环境因素及审美潮流的双重冲击，已经呈现出一面适寒调和、一面紧随时尚的非理性展开①：设计方法裹挟着眼花缭乱的跨学科理论席卷而来，并冠其以思想创新之名，致使寒地建筑创作正在从一种局限走向另一种局限。思想诞生本身并没有任何值得苛责之处，但是如若只衍生出一批时尚的盲从者却是值得深思的。本书希望通过认识论的解意方法，建立寒地建筑意识的本体结构，从而梳理从客体建筑的物质外显到主体观者的身体内部的意识建构，提供一种回归事物本原的寒地建筑理论及实践的思考路径。

---

① 梅洪元．寒地建筑［M］．北京：中国建筑工业出版社，2012：20.

第二章
基于图像意识的当代寒地建筑本原解译

2.1 当代寒地建筑的本原思悟

建筑的建造研究属于科学技术范畴，建筑的意义探讨属于哲学思想范畴[①]。一直以来，建筑从观念到实体的所有问题都呈现出科学和哲学的双重构造。当下建筑学所亟待思考的，一方面是如何使近乎无限的建造力与自然生态的承载力相协调，也就是如何用建筑来平衡人的存在方式，以物的管理代替人的管理；另一方面是如何摆置所谓人民、社会和生活的极度物质的反主流价值，以尝试回应信念与意义的质询。这些抽象、深入的思考并非为了反抗而反抗的“反抗再现”，而是近乎“强迫式”的解构主义反思以实现人内心秩序的“着陆”。但这种“一次性”“彻底”的“追本溯源”直接导致了当代寒地建筑研究显现出对技术近乎偏执的专注以及对寒地文化的盲目扁平化分解。显然，割裂式的分析并没能使寒地建筑的轮廓更为清晰，反而带来了新的问题：目的成为包裹技术的外衣，而原本作为建筑内核的意义被形式占据，人本精神无处栖居。格伦·穆科特（Glenn Murcutt）曾总结并倡导，已经被风格和主义抽空了意义的当代建筑，应该重新从自在的文化、环境和社会因素中生长出来[②]，体现出一种综合的、人与环境的互涉状态。建筑本原是人在世的一种存在方式。

2.1.1 建筑本原的概念发展

2.1.1.1 建筑本原的基础内涵

本原，从米利都学派开始，被希腊早期哲学家用于描述组成万物的最基本元素，希腊文为arche，旧译为“始基”。对“本原”的研究被称为本体论的先声，并且逐步逼近于对“存在”（being）的探讨，是将世界的存在归结为某种

---

① 回答人生体验的本性问题，回答人的意义世界和价值世界的问题，只有靠哲学。叶朗．美学原理［M］．北京：北京大学出版社，2009.

② DREW P. Touch this earth lightly: glenn murcutt in his own words [M]. Sydney: Duffy & Snellgrove, 2000.

物质、精神的实体，或某个抽象原则。在巴门尼德的理论中，本原为唯一不变的；在亚里士多德的思想中，本原是探讨本质与现象、共相和殊相、一般与个别等的关系所在；在笛卡儿的研究中，本原是对象为实体或本体的“形而上学”。在之后的17～18世纪，先验哲学、唯心主义都加入到对本体论（本原）的批判和补充之中。而现代西方哲学，经历实证主义、分析哲学、科学哲学等流派对任何形而上学和本体论的反对后，胡塞尔、海德格尔、哈特曼（Nicolai Hartmann）等人纷纷尝试借助超感觉和超理性的直觉，去重新建立关于存在学说的本体论。

黑格尔之后的本体论，肯定了本体论是研究一般“是”的问题。[①]那么依此，建筑本原即为“建筑一般是什么”。对“建筑一般是什么”的求索，是对建筑终极目标的抽象式综合描述，不是建筑作为事实的起源或经验的起源，而是其意义的本源。海德格尔提出“建筑是人存在于大地的方式”；诺伯格-舒尔茨认为“建筑由于人的存在而存在”；在吉迪恩的阐述中，“建筑是人意识形态差异的体现”。建筑学者回答这一问题用以佐证设计的意义和目的，而对于哲学家，建筑作为客观世界实体，其本身是哲学概念“存在”在实践中的一种实在，即“存在者”。从哲思出发的寒地建筑的本原，可以通过“回问”被重新“激活”，最终实现剥离具体的建筑形式去映照在时间维度上以建筑为介质，对人“此在”的本质性“纯思”。

值得注意的是，在探讨建筑本原时，建筑原型和设计理论往往与之并置出现，但是显然这三者的概念是截然不同的：建筑本原是关于建筑是什么的沉思，先于建筑实践，而建筑原型和设计理论则是如何成为建筑的具体方式和方法，往往需要通过大量建筑实践凝结而成或以之佐证，是一种形而上学。前者对后两者有立义的意义，这三者共同构成了建筑的精神和肉体，具有内在彼此支撑与同构的关系。遂在本书讨论寒地建筑本原的过程中，加入了原型和理论的探究以强化本原的概念与范畴。

---

① 黑格尔在《逻辑学》中提出本体论是研究“一般的恩斯（Ens）”的学问，Ens是拉丁文，相当于英文的being，即“是”。

2.1.1.2 建筑本原与建筑原型的伴随关系

建筑原型是一种通用的布局和结构技术手段，旨在实现建筑的本原，其特征是无条件性、无装饰性。[①]几乎每个时代的建筑运动都是以对建筑本原的当下化思辨而引发的原型讨论为伊始。1753年，洛吉耶（Marc-Antoine Laugier）在《论建筑》（*Essay on Architecture*）中提出，建筑思考需要从最原朴的茅屋开始，不应该墨守律条般地去摆放每一根柱子。[②]这是建筑学学者首次直面建筑本原的哲学性，明确用哲思去指引创作，并且宣称不应只有一个推导原型生成的理念。这本书在建筑理论界的奠基意义使洛吉耶被后世评为“当代第一个真正的建筑哲学家”[③]。该书封面就诠释了建筑本原与建筑原型的关系（图2-1）：建筑女神左手扶着散放着的柱头，顺着她右手所指的方向能看到用树干搭建起的构筑物，仿佛在向一旁的小天使讲解最原始的结构原型——暗示了隐喻建筑形式的柱头应在思考、理解建筑过程中被“后置”；首先需要通过直面最原初的构造来思忖建筑的意义与目的；建筑原型并非基于大量建筑实践后的抽象总结，而是先于建造的、概括性的建筑最基

图2-1 《论建筑》封面插画，由法国艺术家查尔斯·艾森所绘，洛吉耶用于书中表示建筑原型的发生过程（资料来源：LAUGIER M. A. An essay on architecture [M]. 2nd ed. T. Osborne and Shipton, 1755: frontispiece.）

---

① 王小东. 建筑“本原”与形式消解［J］. 建筑学报，1998（4）：18-24.

② 马克-安托万·洛吉耶. 洛吉耶论建筑［M］. 尚晋，张利，王寒妮，译. 北京：中国建筑工业出版社，2015.

③ 约翰·萨默斯（John Summerson），伟大的建筑历史学家，称赞道：“Marc Antoine Laugier can perhaps be called the first modern architectural philosopher”（洛吉耶或许是当代第一个真正意义上的建筑哲学家）。

本的特征；本原隐蔽在原型之中，需要对原型进行深刻地反思才能将之解蔽。就像插画中，用于建筑原型搭建的木料直接取自人物所在的森林，体现了人对环境的在地改造。从建筑本原到原型是从抽象到具象地实现建筑精神的物质依存，是建筑设计的必经历程，从根源上决定了建筑的多样性。但是，即使洛吉耶已经向世人掀开了关于本原—原型的建筑图景，仍有大部分建筑学者将原型与本原混为一谈，或者以一种既有的原型奉为先行的标准并以之开展设计。

1914年，柯布西耶依据框架结构承重体系提出了“多米诺系统”（Domino），取代了原有建立在承重墙结构体系下的建筑空间组织方式，使建筑师可以相对更为自由、灵活地划分室内空间，实现空间的连通流动以及建筑室内、外空间有机交融。在此基础上，1926年柯布西耶在《走向新建筑》中提出了“新建筑五点”，一种新的建筑原型——网格式结构随之出现了。受到了“新建筑五点”启示的密斯·凡·德·罗（Mies Van der Rohe）随即提出围绕玻璃和钢的建造优先论，由此“国际式”作为高技派（High-tech）的建筑原型诞生了。之后密斯的追随者们争相将这种巨型玻璃盒子照搬到世界各地。建筑不是空间的集装箱，无法抛弃作为背景的环境随意搬动后仍能够感动一方土地，融入一种文化。这种连续、过度沉湎于某种风格化泥淖的流向终于再次将建筑界推至舆论的风口浪尖，新一轮席卷全球的文化恐慌随之而来。虽然作为建筑原型，“新建筑五点”的创作灵活性高度适配当时工业化的社会价值趋向，使其在建筑设计发展史上占有重要一席，但是其带来的另一种极端的设计桎梏也引发了接下来的后现代建筑浪潮，并受到了强烈地反对。之后近五十年的建筑理论与实践发展，虽意在反拨极端工业化的后遗症，但也无非在反对旧有的原型和再树立新的原型间往复，不停循环着从破坏旧偶像到塑造新偶像的循环历程。从柯布西耶到密斯，再到扎哈·哈迪德（Zaha Hadid），人们已经习惯用尽量简洁的标签去概括一个时代、一种现象抑或是一门学科，包括建筑。可是，由于忽略了最初的、作为奠基的对建筑本原的沉思，当人去反思建筑并尝试从具体的现实图景抽象为意识时，被粗糙剥离掉的往往正是建筑最为本质的东西。于是，时代图像取代了时代精神，建筑师和学者们急于塑造原型的同时，建筑本原被无言遮蔽了。

建筑本原不同于建筑原型，本原一定是“无型”的。即使本原内含的目的性使人很容易联想到现代主义中如“形式追随功能”般的口号，但是该口号的片面性显然无法回应当代人对于栖居及存在的多重精神需求的困顿。对建筑本原解构必然是复杂且复合的，对原型的极致追求也最终将归于本原。柯布西耶在晚年，避而不谈深谙多年的原型创作模式，开始发散形式各异、功能各异、精神各异的设计维度，显现出一种对建筑本原回溯般的神思。古希腊学家赫拉克利特（Heraclitus）[①]有一句名言：“人不能两次踏进同一条河流”，意指河水永恒持续着湍流不息的状态，当你每次踏进河水，流过你的脚下的河水，一定不是曾经流淌在那里的河水，都是从别的地方向你奔赴而来，并经过你再离你而去。如果说“过河”是建筑本原，那么人“踏进河水”就成了原型：“我们走下而又没有走下同一条河流，我们存在而又不存在”。对于建筑原型的诠释必然需要基于对建筑本原的深刻理解，而建筑原型则需要“过河的人”对河水的某个“时间位置”的实践。那么，建筑原型无法是固定的、具体的形式，建筑本原则是由一系列充满外部条件包裹的综合描述[②]，蕴含着原型可能流动的方向。

2.1.1.3 建筑本原与设计理论的推动关系

梁思成先生曾指出：建筑源于需求，受制于自然，无意于形制，更无所谓派别。结构系统、形式派别皆因材料环境所致。古代原始建筑，无不产生于其环境之中，先洞胚胎，粗具规模，继而长成，转增繁缛。建筑的建造在无形之中受地理气候、物产材料、风俗文化、思想制度、政治经济等影响，更受当下文化、艺术、技术、科技水平的牵制，可见建筑与民族文化的发展息息相关，互为因果。[③]林徽因也将建筑初步认为是学习建筑最重要的课程，因为这是一门建筑学初学者可以“去理解建筑本原，并可以从本原思考建筑设计的课程”。建筑本原，是建筑的伊始也是理解建筑设计的起点。通过对建筑本原的

① 赫拉克利特，古希腊哲学家，艾菲斯学派代表人，宗教哲学化的先驱，主张“是差异使世界充满生气”。

② 这与黑格尔的逻辑开端相吻合：“是”不是一个包容一切于自身的、全能的“是”，以便从中演绎出其他种种所是来，而是一个“没有任何更进一步的规定”的“是”。俞宣孟．本体论研究［M］．上海：上海人民出版社，2012：20.

③ 梁思成．中国建筑史［M］．天津：百花文艺出版社，1998：11.

探索可以获得对建筑的系统性意志，从而将所认知的抽象信息搭载于对实体的操作之中，实现拓展所在时代的建筑设计理论的视域。

建筑本原是人与世界的和谐精神的存在，建筑设计理论将这种和谐通过数的关联和对应体现出来。早在古希腊时期，亚里士多德的哲学体系就通过“和谐的数与秩序”把人和建筑联结在一起，并提出“当建筑的尺度与人体相和谐时，建筑就是美的”。古罗马建筑师维特鲁威继承了古希腊思想，在思忖建筑设计法则时，以人的使用需求为起点，认为对人类本身的关注和研究是建筑设计的前提，并凝练出设计原则“实用、坚固、美观”，完成了其经典著作《建筑十书》。在漫长的中世纪里，社会政治结构发生巨变，本原认知逐渐从意识主体转为精神主体，强调人天生具有人性和神性，神的存在就是人本的升华。对建筑本原的理解从出于功能使用的需求跳跃到超验的还原之所，建筑和城市转为“为神服务”，催生出可以体会人性和神性、黑暗与光明、模糊与清晰等多重情感、将矛盾过渡为表达主题的宗教建筑，和以之为核心的城市规划理论。到了文艺复兴时期，阿尔伯蒂《建筑论》以“人的美学”为基础，提出“实用、坚固、美观”的建筑艺术论调。然而文艺复兴运动的内核是自然科学裹挟身体对神学发出挑战，所以其开创的赞美身体的建筑路线并没有得到长足的发展，很快沦为单纯的建筑图像的机械模仿和复制。对身体、自然的追问式设计演变成了形制的重复并被枯燥地扩展。之后，巴洛克、洛可可等设计潮流此起彼伏，城市结构、建筑形态、空间尺度、材料运动等都被导向另一个极端，再次偏离了“人”的坐标。①

建筑的实现，需要它成为一种现实。它不像画框中的画、舞台上的戏、屏幕上的像那样虚幻，而是关乎确切的生活着的人和当下化的存在。如果建筑作为一种人为秩序，注定被揭示，那么对于其本原的思考势必成为揭示实现过程中重要的环节。美国诗人埃兹拉·庞德（Ezra Pound）曾经对读者发出这样的警告：“离开舞蹈太远，音乐就会枯萎；离开音乐太远，诗歌就会枯萎。”舞蹈、音乐、诗歌具有相同的渊源，正是这种渊源使其彼此羁绊并互相成就，建筑亦如此——如果离开自身的渊源愈行愈远，建筑也会失去效用。建筑本原像

① 孟建民. 本原设计观［J］. 建筑学报，2015（3）：9-13.

是设计理论的起始点，提供了建筑发展的方向与原动力。通过深刻理解建筑本原，设计理论的丰富性得以拓展，其间的联动性得以考察。

2.1.2 寒地建筑的本原展开

海德格尔在存在主义现象学中，将物之物性视为物的本原，认为是人对物的相关解释贯穿着整个西方思想的全过程。[①]他提出物的本原的三个透视层面：①纯粹的物——草、木、金、石等自然存在的物质；②用具——因功能所呈现的非物质的空间分布；③艺术品（作品）——以上诸多因素汇聚的启示。[②]这种层析方式所描述的是一个“物”可被认知的三种客体状态，并且暗示了所呈现的物性特征：①纯粹的物性，是未经主体“加工”过的物的特征，所以其不以认知主体的变化而变化，是人可以直观获得的感知，且不存在个体差异所导致的绝对差别，如人描述一块石头时，石材作为一种材料的物性符号，很难被理解成别的对象；②作为用具的物性，是物被主体理解且被使用的性质，物的用具性是普遍存在的，除非幻想中的物，否则人很难说某个现实的物是绝对没用的，但是同一物的用具性，在不同主体的不同认知过程中可能是存在差异的，所以用具性的存在不随主体的变化而变化，但是用具性自身与主体紧密相关；③作为艺术品的物性，也就是艺术性，需要被主体认知才能发生，物自身不具有，只有经由作品敞开了世界，作品才使纯粹的物性第一次现出。用具固然也使用了质料，但质料自身被消解在用具性中。相反，艺术品让自身的质料物性在作品中闪耀。[③]

作为物的寒地建筑，其物性可参照上述的展开结构性解构。在本书中对应为“材料”“空间”“场所”三个层面。[④]首先，材料是指寒地建筑中可直观呈现的纯粹的物。其自明性不因在建筑中的建筑行为发生而改变，其物性也不因

① 海德格尔．艺术作品的本源［M］．孙周兴，译．上海：上海译文出版社，2004：32.

② 陈嘉映．海德格尔哲学概论［M］．北京：商务印书馆，2019：223-249.

③ 同上：233.

④ 在宾夕法尼亚大学戴维·莱瑟巴罗教授的《建筑发明之根：场地、围合与材料》（*The Roots of Architectural Inventions, Site, Enclosure, Materials*）一书的结语中，材料、空间和场所也被用于归纳建筑展开的三个层面。

观者主体的变化而变化，如玻璃、木材、钢铁，不会因为其在建筑中的形态或位置的差异，使人对其属性或材质的理解产生偏移。其次，空间是寒地建筑作为用具的载体，完成了建筑作为人工遮蔽及承载活动之场所的建造目的，使建筑在寒地生活世界中的功能得以实现。同时，空间的用具性需要在特定的建筑场景里被知觉和开启。虽然用具性的存在是毋庸置疑的，但用具性的存在方式并非绝对的同一，如窗、门、墙，在不同观者眼中具有显著的偏差，有时又可融合为一体。最后，场所是寒地建筑艺术性的栖居之地。显然，并非每个建筑都可以被称为艺术品，因为艺术品的"认定"并非源自艺术家的创造性行为，而是需要观者通过共鸣以解蔽艺术品性。所以，建筑的艺术性并非与生俱来，必须通过被使用、被体验，才能被沉淀。作为物的寒地建筑的三层物性对认知主体的依存性逐层加深（图2–2）。该结构还可用于理解建筑中"别的因素"，继而再解构那些"层"。值得注意的是，层化的物性彼此不能割裂地审视，因为其存在必是彼此融合、边界模糊的，不同物性提供的是直观物的不同视角。此外，寒地建筑的三层物性都存有寒冷特殊性：材料呈现中有作为纯粹之物的冰和雪；空间知觉中有体现工具之用的取暖和避寒；场所精神中有蕴含艺术之灵的寒冷认同和寒冷文化——这种具有"背景"观念构造的寒地建筑本原的解构，可实现对寒地建筑的认知结构的梳理，是对寒地生活的建筑化认知，是实

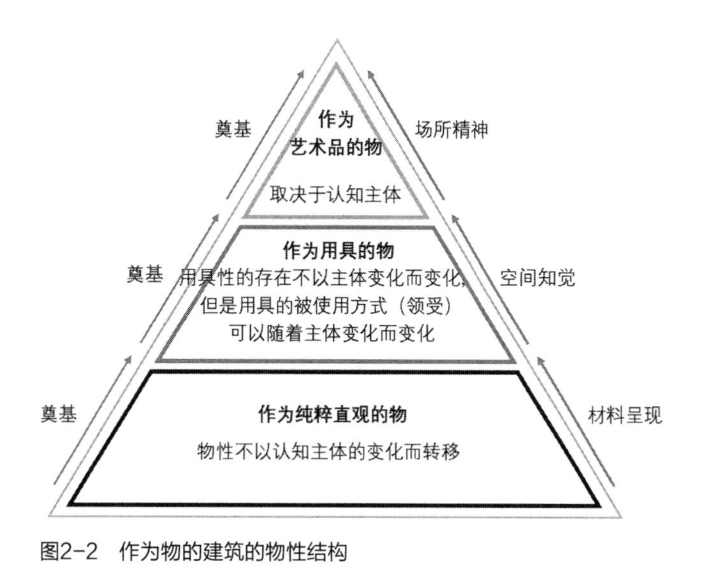

图2–2　作为物的建筑的物性结构

在性与虚构性、动态性与静态性、物质性与精神性的多重综合。

2.1.2.1 材料呈现

材料是建筑的一个基本问题。由于其源属于自然，在建筑意识构建中，材料向观者提供了与世界关联并引发联觉的最直接通道。作为被感知的对象（客体），建筑本原中的材料呈现可向下继续解构为：材料属性的认知方式——体验与联想；材料阻抗的组织方式——建构及秩序；材料在地的理解方式——文化与延异。一方面，对于观者，材料是建筑物质的存在基石和提供认知建筑的基质；另一方面，对于设计者，材料是用于模仿日常生活并用于连接与自身平行的实存。这两种视域都是基于材料的在地的先验式想象，进而形成当下化的内向投射，是对难以自明的自我存在的发现方式。在建筑图像时代，材料呈现已然成为建筑的第一表观形象。对其理解是被个体经验统觉的，无需力学、史学或美学的专业背景，也许是无意识的，但需要可引发纯粹现象的直观对象，是所有建筑精神意象的前置。

由于在建筑本原认知中的奠基作用，材料呈现在近代建筑学理论研究中占据了重要的地位。从森佩尔（Gottfried Semper）在《建筑四要素》中对装饰本原的探究到路斯的《饰面的原则》，再到当代莱瑟巴罗的《表面建筑》（*Surface Architecture*），材料一直承载建筑原型和设计理论中建筑的第一属性的要务。但是主要论著大多聚焦于以审美为目标的图像构成或以空间为目的的建造方式，材料存在的时间向度总是处于被视而不见的状态，更无从谈及材料呈现在建筑本原认知中的结构相位。材料，恒久地存在于建筑场所中，但其并非绝对的静止，时间在建筑材料上留下了清晰的痕迹：从采石场的原始状态到附着在门厅地面，大理石的表面总是被一次次修整抛光，直至最后建筑化为废墟，这才是被认为标志着建筑“被完成”的最终事件。材料呈现伴随建筑始终，使观者从中获得了对于建筑的直接体验并奠基了建筑意识，从而体验、联想到时间感。但是这种具身化认知却总被理所当然为材料物质性的附属。是材料选择了意识，还是认知的实现依托于材料的运用？材料属性并不会消灭于形式之中，其保持的自我封闭性，使自我闪耀。显然，建筑本原与其在建筑材料的研究（属性）和实践（形式）中的显现往往被本末倒置。

在视觉主导意识的今天，寒地建筑本原展开被图像钳制最为直接的当属材料。因为材料首当其冲为浅层阅读提供了直观图像：形状、颜色、纹理……并且，材料呈现研究多集中在通过“层析”材料使体验—联想和建构—文化以切片的形式被摆置在建筑的认知结构中。[①]所以，建筑本原中材料呈现的研究提出了抗表观的、结构化的解构任务。在寒地语境下，由于特殊气候，建筑材料层析过程中自动加注了冰与雪，并提出视觉意象综合的需求：当一种熟知的材料覆盖了一层冰或者雪，抑或是透露出冰、雪时间性的侵蚀痕迹，材料的展开便丰富了——增加了色彩、温度和时间的向度，并因此拥有了自我的地理属性（图2-3）。观者对材料的认知也会发生复合般的联觉。此时的建筑材料呈现的是自然的材料属性、人工的建造技艺，以及时间和环境“加工”后的综合图像。

（a）雪覆盖的原木，拉普兰德　　（b）雪覆盖的建筑立面，拉普兰德

图2-3 被雪覆盖后的材料呈现（资料来源：HEARNE D. Winter in Swedish Lapland [DB/OL] The Future Kept, 2016-12-23. https://thefuturekept.com/blogs/news/photo-journal-winter-in-swedish-lapland.）

① 史永高. 材料呈现：19世纪和20世纪西方建筑中材料的建造-空间的双重性研究［M］. 南京：东南大学出版社，2008：11-24.

2.1.2.2 空间知觉

在建筑认知过程中，空间被观者通过身体行为二次构造，脱困于物理意义，空间的诞生与身体知觉有着最紧密的关联。意大利建筑理论家布鲁诺·赛维（Bruno Zevi）于1934年发表的著作《建筑空间——如何品评建筑》中首次明确建筑被感知的主体是空间：“人在建筑物内行动，并以连续的视点观看建筑物。也就是说，是人的这种活动创造第四度空间，并赋予了其完全的实在性”。[①]沃尔特·纳什（Walter Netsch）在其著名的建筑观点“场的理论”（Field Thoery）中提出：组织建筑空间的关键不在以几何学为基础的展开构架图式，几何学对于建筑空间的描述只能够起到“修饰”的意义。空间的目的是承载观者的身体，空间的本原包含物理空间和身体空间。物理空间是对身体的现实假设，身体空间是身体在场的实在。另外，实际上身体空间的产生大多数情况下并不需要身体与空间真实互动，更多是基于身体经验的联觉而使人对其身处的物理空间产生空间知觉，如空间深度。所以，空间知觉暗含了观者与环境的关系，精神上体现了人类与环境对峙的现实。

寒地建筑本原的空间观大多是和寒冷气候及寒冷意向的相关知觉综合，需要通过调动空间中的身体以完成体验、量度，进而领受、沉淀。如人在只有寒风的旷野中，空间知觉是压抑的；被落雪覆盖的无声中，空间知觉是寂寥的；冰封万里的光洁中，空间知觉是丧失方向感的。寒地建筑空间在展开时，往往需要以寒冷气候为背景、观者为主体，探讨被激起的一系列身体感应，并将其抽象、沉淀至综合。寒冷确切了寒地建筑空间知觉的温度和硬度，为观者的建筑体验前置了意向性内容，进而使模仿寒地生活的建筑空间得以被身体构造。体验空间就此成为观者过往寒地经验摹像及复现的经历，观者结合先验并使知觉、感受和精神一并当下化，成为此时此地寒地建筑本原的工具性载体。

2.1.2.3 场所精神

诺伯格-舒尔茨通过多年对建筑本原的现象学研究做过如下总结：“建筑

① 布鲁诺·赛维. 建筑空间论：如何品评建筑［M］. 张似赞，译. 北京：中国建筑工业出版社，1985：11.

为人提供了一个存在的立足点；其目的在于探索建筑精神上的含义而非实用上的层面”。[①] 所构成建筑实用性与“机能”的尺度是某种“综合性系统”（comprehensive systerm）的一部分。环境对人的影响，意味着建筑的目的超越了早期机能主义所给予的定义。那么，“建筑是一门严谨的科学”这一观点，显然是不能够成立的。世界是由人的意志创造的，人用自我规则搭建了一种秩序，秩序的目的无法单一确立在物质上，应该是精神层面的需求导致了该规则的出现，而规则的实现依靠物质。人需要象征性的东西，使“情境”获得真实反映存在的载体，实现不同个体同时在场的情感交流，不能仅凭科学理解所得的一个立足点便试图解释全世界。建筑场所使抽象的存在概念得到了“具现”（concretization），并还原了人性基本需要的建筑的精神追求。

场所精神，是以物化世界为底座的意识金字塔的最顶层，也是建筑的本原所在——人的在场关系。建筑理论研究的哲学性是不言自明的，否则只具实用主义的建筑应该双脚完全站在科学的纯粹化路径上。建筑场所凝固物质的同时，也凝固了人与环境的互动及意识，兼备客体环境与主体身体的双重“认同性”。而对于寒地建筑的场所精神，海德格尔曾尝试用乔治·特拉克（Georg Trakl）所作的《冬夜》来诠释其中寒冷意识的构成，诗文中的雪、窗棂、房舍、树木、门槛、面包、酒等生活要素和情境充满了释放般的外向自然意象与内向人文氤氲，通过场所现象中一般性和地方性的彼此搀扶使存在的基本特质具体化。在此，具体化表示使一般可见的事物被融入并成为一个生动、翔实、充满此在性的情境。建筑中的科学道路是不断地将日常现象纯粹化、工具化，从而获得一个“完美”的、独立于生活世界的规则。所以，理解寒地建筑本原中的场所精神需要朝着与科学思忖的相反方向前行。科学离开了“既有的物”，精神便可以引领人重返具体的物，解蔽存在于生活世界的深刻意义。当代寒地建筑对工具性的过分强调无疑加速了建筑的物性的多层面展开及综合，致使空间知觉体验的褪色乃至消失，由此，寒地建筑作为“物”的存在意义被空间研究中盛行的功利主义对话所掩蔽。

---

① 诺伯舒兹．场所精神：迈向建筑现象学［M］．施植明，译．武汉：华中科技大学出版社，2010：3.

2.2 图像意识的认知理论和方法

现象学是一门追求自身明证性和彻底性的学问，其产生源于个别与普通之间的思辨，或者说是现象和本质的关联。现象学的词源可上溯到18世纪法国哲学家兰伯尔以及德国古典哲学家黑格尔的著作，但其含义与胡塞尔的用法不同。在胡塞尔现象学中，“现象”是指意识界种种经验类的“本质”，并对意识的探讨贯穿始终，其所有的理论最终都还原到对意识的解构上。现象学不是一套固定的学说，而是一种通过“直接的认知”描述现象的研究方法。它所说的现象既不是客观事物的表象，亦非客观存在的经验事实或马赫主义①的“感觉材料”，而是一种不同于任何心理经验的“纯粹意识内的存有”。倪梁康曾概括意识在胡塞尔现象学中的地位与作用道：“意识生活之所以为哲学的必然出发点，因其是构造所有现实意义的基础。”②胡塞尔的图像意识现象学提出“意识”的根本是意向性，用以表明“意识的方式”就是对象之间的意向关系。“图像”作为认知体系中的第一直观对象，是认知构造中的始基。图像意识反映了图像当下化的意向，是认知过程中个体通过感知一个实在对象，将其以图像的方式奠基意识的意向行为，具有逻辑上的依赖，隶属于本体论的命题。对意识问题的讨论是为了把握本原，并通过悬搁“自然态度”使本原得以留存并显现。那么图像意识现象学就是沉思与图像相关联的意向的建构，沉思出如何拥有世界和世界呈现的意义，是从图像出发的领受意识的本原研究。

2.2.1 图像意识的认知原论

2.2.1.1 意识与图像意识

意识在现象学中被视为关于对象的表象，划分为知觉和统觉。意识的含义更偏向意向体验，在胡塞尔研究中，提出了关于意识的三个定义：①在表观层

① 马赫主义（Machism），亦名“经验批判主义”，强调经验的重要性，把感觉经验看作是认识的界限和世界的基础，指出作为世界第一性的东西既不是物质也不是精神，而是感觉经验。

② 倪梁康．胡塞尔现象学概念通释［M］．北京：三联书店，2007：88.

面，意识作为经验自我的所有实在现象综合，通过身体内化形成统一的心理体验交织；②在建构层面，意识是对本己心理体验的一种内知觉，使所有感知和体验在身体内部搭建并完善；③在意向层面，也是胡塞尔认为的意识的最核心特征，意识是所有“心理行为”或“意向体验”的总称。关于意识的定义，胡塞尔明确了意识的研究范围是对具象现象的外体验，进而内化为自我抽象现象的内体验，从而实现对意识内容和含义的整体把握。对意识的研究就是对意识体验的结构性进行解构。显然，意识体验包括具有指向意义的意向活动和意向行为。意向活动需要前置的经验与记忆作为奠基，被称为“意向相关项”，而之后的意识行为则是当下化的现象。意向相关项需要实项的意识内容和意向的意识内容，实项的意识内容又是由实项的内在材料和被内意向构成的内在两部分组成。意向活动的基本含义是思维的行动，可以看作意识行为所具有的活动功能（图2-4）。当意向相关项的材料来自嗅觉、听觉、触觉等一些非意向的感觉时，其自身就具有意向性，那么此时的意向活动和意向行为是叠合的。在图像意识的讨论中，意向相关项的材料锚定于图像，作为意向行为的观看由此不再纯粹。观看的对象不是被本体般地感知，而是通过将意指对象图像化的方式在其特殊的层级结构里被把握[①]。厘析这种把握过程的层级结构就是图像意识的现象学方法实现对本原的认知。

图像意识就是与图像相关的意识，其研究聚焦在观看图像时所产生意识的结构，从而揭示图像的深层意义。胡塞尔在其现象学研究的早期便提出了图像意识的概念，并且其相关理论研究也伴随现象学的不断展开而呈现出流变。本

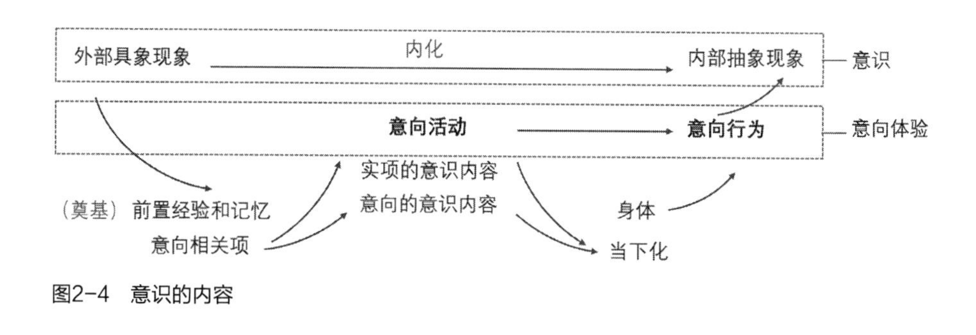

图2-4 意识的内容

① 马丁·海德格尔. 时间概念史导论［M］. 欧东明，译. 北京：商务印书馆，2009：111-112.

书中所探讨的图像意识理论和方法，由于以解构为目的，所以并非完全狭义的胡塞尔学说中的图像意识，而是还借鉴了部分德里达的解构主义思想，提出以图像为中介的意识行为包括图像的直观当下化及非在场的现象语境。并且，图像意识脱坯于意识体验，根本上就存有不同的立义穿插，并在互相叠合抑或互相蕴含中被建构起来，具有可追溯的结构性。这意味着图像意识的过程中可能存在多重的对象，整体是去中心化的。此外，在观者意识体验的过程中，注意力（感知对象）会发生变化，体现出个体偏好，同时指向相应的对象。

2.2.1.2 图像意识的结构

胡塞尔的图像意识的构造包含三种客体。第一种是图像事物，又称为物理客体或物理事物（physical thing），如画像上的色块、画作的纸张、泥塑用的黏土等。第二种是图像客体（image object），即展示性的客体，在当下被显现出来，如油画中色泽饱满、栩栩如生的向日葵。胡塞尔认为图像客体与第一种图像事物具有对应的关系，称之为精神图像。第三种是图像主题（image subject），即被展示出的实在客体，也就是第二种客体所描绘的目的性、目标性客体，如梵高在《向日葵》中意指客观世界中实在的向日葵，胡塞尔也将其标记为实事。精神性的图像可以被物理性的图像唤醒，此外还能表象出图像主题。[①]所以，作为物理图像的第一客体是直观的输出，而精神图像的第二客体需要奠基于第一客体并且被唤醒，而作为实事的第三客体并不一定会出现在图像意识的构造中，只是作为一种“此外”出场。这一完整的图像意识体验过程由该三个客体及对应的三重立义构成，缺一不可，只是在不同的图像意识过程中分别呈现度上有所区别。这三种立义本质上是三种意向行为，从形式上区别可分为：图像事物对应感知立义，图像客体对应感知性想象立义，图像主题对应想象立义。首先，在感知立义中，图像事物是真实存在的感知对象，是图像意识过程中的物理支撑，在图像意识结构中作为一种基质，引发并唤醒了其他图像。其次，图像客体的立义是基于感知的图像形象的想象立义，欠缺了图像事物立义的现实性特征，因此并不是被直接感知到为存在的，而是显现为一个

① 倪梁康．图像意识的现象学［J］．南京大学学报（哲学·人文科学·社会科学），2001（38）：32–41.

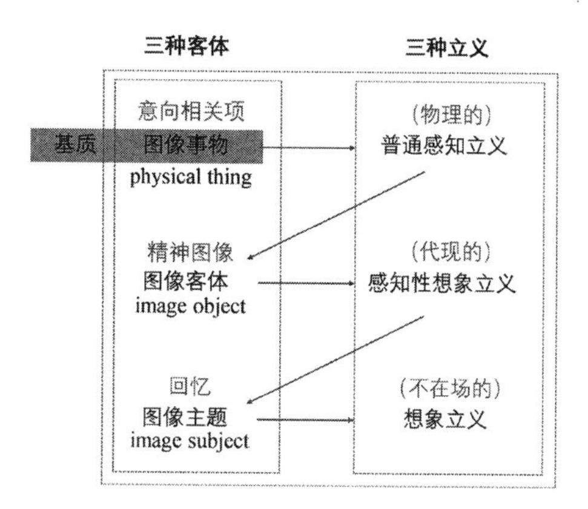

图2-5 图像意识的结构

感知的想象图像。此时的立义对比感知立义发生了变化，离开在场的纯粹直现而进入一种需要想象当下化不在场的代现，这种代现奠基于感知，进而意向行为发生变异。所以胡塞尔将图像客体称为精神图像，正是图像客体的立义给予了图像意识意义。最后图像主题的立义被划分在想象立义中，因为图像主题是图像意识所对应的现实之物，但是观者在图像的意识体验中并没有对其的直接感知（图2-5）。图像主题没有独立立义，出现的可能仅仅是一个回忆，因为一旦图像主题的立义完全显现出来，图像意识便不会存在。[①]图像主题可被视为再造性的想象，这种想象在图像意识里不会自行显现，但并不是完全的不显现，其体现在图像事物和图像客体之间相似摹像的代现。

在图像意识的构造过程中，三种客体和三种立义并非绝对依从顺次出现。图像事物和图像客体具有相同的立义内容，但是作为物理图像和精神图像的立义，是既无法同时显现的，也不能彼此分开显现，或许能够交替出现。图像主题在直观感知的图像事物基础上，对获得的图像客体进行进一步想象，并通过摹像与其他两种客体反复共振。在实际图像的意识体验中，观者的注意力会在三种客体的立义中随意切换，但是无法只集中在一个客体上。因为任何一个图像客体都无法自在自为地被构建起来，那样便不会有图像主题或图像客体，更

① HUSSERL E. Phantasy, image consciousness, and memory (1898—1925) [M]. Brough, trans. Netherland: Spring, 2006: 31.

不必说完整的图像意识。[①]这也是德里达在解构主义中所关注的超越主体性的自身构造和世界构造的相互关系。换句话说，本原的解构并非绝对的静态结构，而是具有发生性的。

2.2.1.3 图像意识的本质特征

通过以上对图像意识三种客体和三种立义的梳理，显然图像意识具有结构性，且该结构性使图像意识体验活动的本质是基于相似性进行复现，具有一定意向的特征：在复现的过程中，观者对感知行为中被原造的对象再造，并表现为两种形式，即在图像意识发生之中的复现以及图像意识后续意识的复现。第一种复现，是指在图像意识中图像客体与图像主题立义之间发生摹像，拥有模仿的意义。其中，摹像是立义作为一个特殊的想象行为而具有的功能特征。摹像着的客体与被摹像着的客体之间的摹像功能之所以能够产生并完成，是因为客体之间具有相似性。继而，客体之间通过相似性与实事相联系。[②]摹像行为建立在图像意识三客体的内在关联之上。通过摹像，图像客体与图像主题的立义内在地交织在了一起。第二种复现，是指图像意识后基于图像三客体的联想，是记忆的再现。

同时，图像意识除了上述提到内在的结构性和意向性导致的复现外，其客体构造中所呈现的“冲突”也是图像意识得以完整的重要因素，暗含了图像意识中反思性的意味，被胡塞尔解释为“图像意识的基础是显现物与经验需求物之间的冲突，逻辑上是间接相似而绝非单纯的感官相似”[③]。图像意识中的冲突可以分为三种：①在图像事物的立义中图像事物与观者感知对象之间的冲突；②在图像客体的立义中图像客体显现与当下在场知觉之间的冲突；③图像客体与图像主题之间的冲突。第一种冲突发生在真实事物和物理图像之间，本质上是意向相关项中实项的意识内容和意向的意识内容的冲突，如大多数建筑中都无法使一种材料以其真实的面貌复现。但这种矛盾并不影响观者对图像的意识

---

① HUSSERL E. Phantasy, image consciousness, and memory (1898—1925) [M]. Brough, trans. Netherland: Spring, 2006: 31.

② 耿涛．图像与本质：胡塞尔图像意识现象学辩证［M］．长沙：湖南教育出版社，2009：39.

③ HUSSERL E. Phantasy, image consciousness, and memory (1898—1925) [M]. Brough, trans. Netherland: Spring, 2006: 55.

体验，甚至可根据个体先验对矛盾的理解将接下来的意向行为引向观者的偏好。第二种冲突发生在对象的表象图像与物理图像之间，本质上是理念世界与被感知世界的冲突。因为在图像意识中，观者通过物理图像的呈现建立表象图像的世界，因为“看”起来的真实是最易于操作的信息。但是由物理图像建立的世界并无法和外部真实世界完全统一，所以图像只是图像，并不真实。就像在平面纸张上绘制三维空间。三维空间是无法真实地被摹像于二维介质上，但是观者确实可以通过图像意识从画作上领受到空间感，即使被描绘的空间与现实世界的空间体验相矛盾。第三种冲突发生在图像主题和实事的感知之间，这种冲突存在是必然的，因为图像主题的本质是想象，想象对照实事可以产生摹像般的联系，甚至是信息的替代，但无法等同于实事。从这一角度，图像主题的获得也具有显著的个体差异性。

2.2.2　作为认知论的图像意识

2.2.2.1　认知科学的范式发展

认知科学是哲学认识论的延续，也因一些新出现的经验主义问题而得到扩展。自20世纪60年代，认知科学主要存在计算主义（Computationalism）、符号主义（Symbolism）、表征主义（Representationalism）、认知主义（Cognitivism）等范式。每一种范式都有其特定的所对应的认知哲学思想，但是其所有的本质都是对人类认知活动或智能活动最恰当的理解，是将其视为心智中的表征结构以及在这些结构上进行操作的计算。①其中，计算主义的认知核心是“认知的本质就是计算的”；符号主义的认知核心是“知识是一系列的信息，认知是信息的逻辑系统”；表征主义的认知核心是“认知过程是观念的内化”；认知主义的认知核心是“认知需要非机械地发现”。随着近代科学的发展，以计算主义为代表的传统认知科学范式取得了广泛认可。但同时也应注意到，虽然对心智的计算—表征理解是迄今为止最成功的理论和实践探索范式，可并不适用于所有的领域。并且随着对世界现象研究的不断深入，科学将解释学的基点定位

① 何静．身体意象与身体图式［M］．上海：华东师范大学出版社，2013：18.

在独立自在世界之上的认知范式正暴露出越来越多的问题。如无法对最简单的生物性智能进行模拟以及充分解释认知的生物性起源。那些将概念（concept）与直接知觉紧密联系起来的心理学家，受到胡塞尔、海德格尔等影响的哲学家们，以及对人工智能中传统路线不满的机器人学家们，开始指控传统认知科学范式将思维局限于发生在心智中的计算加工过程，而忽视了人的身体与其所处环境之间的密切交互对思维的影响。在此，现象学家认为，简化或经济原则无法探究更深层次的现象结构，正确的出路应以一种宽容精神来扩充人的直接经验范围，从而帮助科学克服所深陷的理论危机——在提升对自然控制的同时降低了自身的可理解性，反而无法达到认知的彼岸。而现象学正是通过直观现象回归本质，从而恢复人深切关怀的事情间的联系。

2.2.2.2 现象学作为当代具身认知科学的研究范式

长期以来，人习惯理解自身时将自身分为意识和身体，其二元关联孕育出相应的意识哲学和身体哲学。意识哲学的概念最早由笛卡儿提出，但其思想可以向前隐秘而曲折地追溯至柏拉图。二者本质上都是将精神、意识和身体对立起来：意识是人的决定性要素，身体不过是精神及意识活动的障碍，只有摆脱身体才能获得自由的思考。[①]意识哲学对身体的一味贬低是因身体的暂时性和局限性与意识不朽相对立，在此身体成为剥离表象追寻一切现象背后的隐而不现的阻碍。其间所引发的对身体的诘难，反观则是对灵魂和神明的赞美，最终超验世界成为思想的尽头。即使从中世纪后期开始，自然真实抬头，神学与自然的相悖动摇了古代哲学的基石，但在科学裹挟身体对精神进行鞭笞的所谓对自然真实探索中，身体也只是意识的工具，并未获得真正的自由。身心分离在笛卡儿传统哲学中占据核心地位，在建筑的比喻中则形成了普世性理性主体的观念。[②]从文艺复兴伊始对身体及自然万物的艺术性复刻，到对比例的精妙把控，再到去身体化的功能主义，“理性”成为当时哲学观的实在现相（图2–6、图2–7）。

---

① 汪民安．身体、空间与后现代性［M］．南京：江苏人民出版社，2006：3–5.

② CRARY J. Techniques of the Observer: On Vision and Modernity in the Nineteemth Century [M]. Cambridge, MA: MIT Press, 1992: 7.

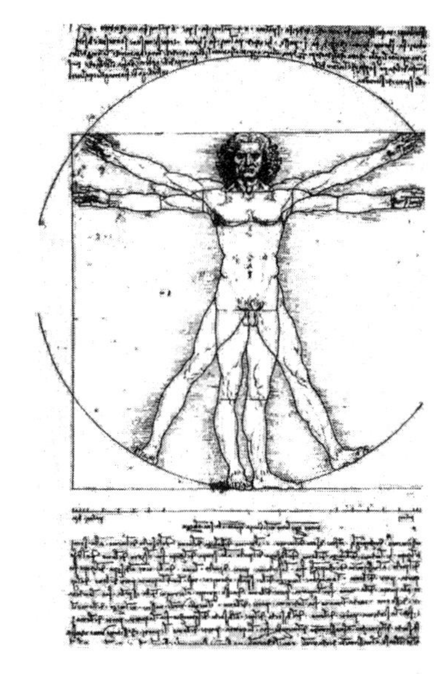

图2-6　维特鲁威人（资料来源：方华．达·芬奇与米开朗基罗［M］．济南：山东美术出版社，2005：11.）

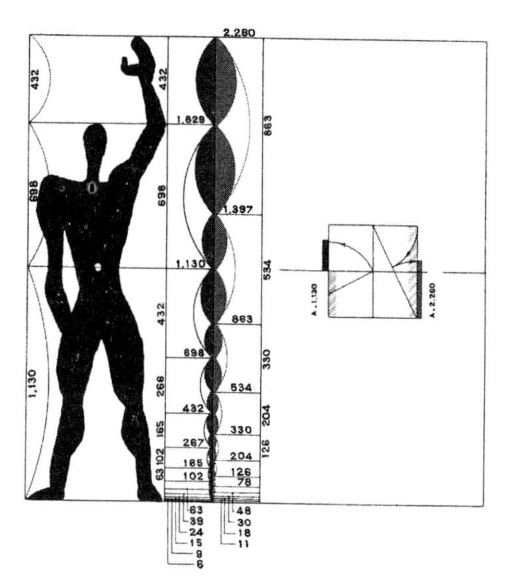

图2-7 《模式》中的比例人（资料来源：CORBUSIER L. (1956). *Le modulor* [The modulor] [Painting]. Fondation Le Corbusier.）

笛卡儿始终无法走出身心二元论的本体框架，在身体与心灵间左顾右盼却又难以自拔。但终究人类的心灵无法在构想心灵与身体的差别的同时构想两者合而为一，这是荒谬的。[①]胡塞尔创立的现象学开始尝试将本体论拉回由表（外）及里（内）的认知范式，倡导“一切认知从现象开始”，“直观地看”。该理论被后来的追随者们不断地发展、补充，直接和间接地影响了之后多种哲学理论与西方人文科学中本体研究里的现象学原则和方法体系。早期现象学运动主要是通过对意向结构进行先验还原分析，分别研究不同层次的自我、先验自我的构成作用，其根本方法是反思（reflection）。胡塞尔的学生海德格尔在20世纪20年代末改变了现象学的研究方向，由意识现象学转向了存在现象学，存在问题的新思潮走上时代的舞台，并持续到20世纪50年代。海德格尔认为反思的意识固然重要，但应首先研究意识经验背后更基本的结构，并提出了“前反思”“前理解”“前逻辑”的本体结构——此在的结构。受海德格尔的影响，

① 笛卡儿1646年6月28日致伊丽莎白公主的信，载于*Descartes: Philosophical Letters*, Clarendon Press, 1970: 142.

梅洛-庞蒂将现象学引向本体论，他强调认知应该回到事物本身（一定程度上返回了胡塞尔的现象学），人的身体是一切认知的主体，始终嵌入在环境中无法与世界剥离。由此，现象学实现了对传统哲学中忽略的身体在认知论中作用的重现，并统领了整个20世纪的哲学思潮。当代的现象学研究综合了不同阶段的思想及方法（表2-1）。

现象学发展的三个主要历史阶段[①] 表2-1

<table>
<tr><td rowspan="3">1900—1920</td><td rowspan="3">胡塞尔
现象学
时期</td><td>胡塞尔
意识现象学</td><td>第一时期
从个人特殊经验向经验的本质结构还原的“描述现象学”；
第二时期
实在性问题都存而不论，侧重意识本身的“纯粹现象学”；
第三时期
以先验意识从主体特殊视界到生活世界的“先验现象学”</td></tr>
<tr><td>舍勒</td><td>对意识中的情绪及价值结构进行现象学描述</td></tr>
<tr><td>哥丁根与
慕尼黑小组</td><td>运用现象学描述法去探求本体论、伦理学、美学、法学、心理学、自然哲学等本质问题</td></tr>
<tr><td rowspan="2">1920—1950</td><td rowspan="2">存在论
现象学
时期</td><td>海德格尔
存在现象学</td><td>“此在”的本体结构是意识经验背后的逻辑，用于了解意识和先验自我的可能性及其条件。又被称为解释学的现象学</td></tr>
<tr><td>梅洛-庞蒂
知觉现象学</td><td>意识结构是哲学的基本问题；
现象学还原的是先验性的知觉世界；
知觉世界是人与世界的原初关系</td></tr>
<tr><td>1950—1970</td><td>综合研究
时期的
现象学</td><td></td><td>全世界范围内对现象学的研究；
与分析哲学、实用主义、结构主义、精神分析学、解释学、西方马克思主义等的比较研究进一步加强；
作为方法论的现象学，较为广泛地应用于历史学、社会学、语言学、宗教学、精神病理学、文学理论等</td></tr>
</table>

① 赫伯特·施皮格伯格．现象学运动［M］．王炳文，张金言，译．北京：商务印书馆．2011．

现象学中的认知结构启示了人和机器的本质区别并非理性或灵魂，而在于身体。机器和人之间的沟壑存在是源自机器不可能具备人的身体，因此无法真正具备人类认知中的理性和意识。同时，现象学认为，高级的、确定性的、逻辑的和概念的智能必须从低级的、不确定的、非逻辑的、非概念的身体能力中衍生出来，这就是所说的本体认知结构性。并由此延伸出两点重要认知可供认知科学使用：知觉的背景性理论和身体性理论。关于前者，德莱弗斯[①]（Hubert Dreyfus）认为，在人的知觉中起关键作用的是不确定性，“存在一种基本图形—背景现象（figure-ground phenomenon），而这对任何一种知觉来说都是必不可少的：我们经验中是某些不确定的背景使确定的东西拥有统一、有边界的面貌，并影响这个确定事物的面貌”[②]。这也是梅洛-庞蒂提出知觉的某物总是在其他物体中间，始终是“场”的一部分。关于后者，身体性理论提供的身体模式识别是人类认知的一项基本技能，指对表征事物或现象的各种形式的信息进行描述、辨认、分类和解释的过程。因为是身体把内化的意义投射到它周围的特质环境并传递给其他具体化的主体[③]，所以是身体使知觉成为可能，意识是围绕着身体内部知觉展开到外部的场。

当代现象学认知科学语境内的研究正经历着从非具身到具身的研究范式的转变，其强调身体为主体、身心合一的意识观。认为是由身体接受外部世界的信息形成的知觉，并通过在场的内化，建构起基于本体的认知语境从而清晰本体。在本研究中，当代寒地建筑本原问题讨论隶属于本体论范畴，是对具体的建筑现象的认知意义与意识建构的发问。图像意识现象学所包含的认识论的原则和方法从认知科学的角度为该发问提供了方向与视野。

2.2.2.3　现象学中的图像意识

胡塞尔现象学的逻辑起点是基于本质直观的现象还原，而现象学还原是将经验性还原为本质性，事实性还原为可能性。还原是通过清晰而细微的意识分

---

① 休伯特·德莱弗斯，美国哲学学会会长，被誉为海德格尔工作的最精准和最完整的解释者。

② DREYUS H, DREYUS S. What computer still cannot do [M]. Harper and Row: MIT Press, 1992: 238-241.

③ 莫里斯·梅洛-庞蒂．知觉现象学［M］．姜志辉，译．北京：商务印书馆，2001：255.

析，判断表象行为和逻辑行为，获得在意识中被构造的对象的特征。图像意识属于其中的表象行为，既为直观行为（感知、想象），又是非直观行为[①]——这种认知的领受必须通过具体的直观材料的在场才能进行，而且并非所得到的直观感知都能代表最原本的意识，必要时需要对直观材料进行不在场的回溯，以使本原（本体）认知结构完整。显然，图像意识除胡塞尔在《逻辑研究》中提出的第二性的意识外，也存在宽泛意义上的第一性。海德格尔继承了一部分胡塞尔意识现象学的观点，并在此基础之上提出了存在现象学。用感官材料替代了直观的材料，图像成为感官对象的一种，强调感官体验源自身体的不同部分。在海德格尔的现象学中，材料的领受主体已经呼之欲出，本原观认为意识的“尽头”是存在，存在的主体结构是意识、经验背后的逻辑。人是“通过在场景中身体移动带来感官刺激，从而意识到身体与场景的关系进而认识到存在”。在海德格尔看来，建筑物需要根据场所及使用者的特性被建造，参照自然地形与人文地貌塑造形式，其目的是栖居而并非抽象物。[②]梅洛-庞蒂继承了胡塞尔意识论的同时也受到海德格尔的影响，指出意识结构是本原展开的本质，身体是一切意识的主体。身体既是肉体的又是思维的，是不可分割的存在。这使得世界与人的彼此认知关系是暧昧的、模棱两可的。到此，身心分离的二元论被彻底推翻，以身体为主体的认知方式提供了身心一体的系统性思考指导。此外，梅洛-庞蒂进一步将身体感官所有的领受称为知觉，并提出知觉现象学。由此，所有的认知客体包括图像都不再独立存在，而是完全地和身体联系了起来。

图像意识在现象学发展的过程中，综合呈现出如下特征：①图像作为直观的材料，其感知的主体是身体；②身体在情境中移动，可获得连续、变化的知觉意识；③身体永远存在于“场”中，这种存在的领受通道就是意识；④意识具有意向性和结构性，直观图像并非总是本体结构的源头。

---

① 倪梁康．图像意识的现象学［J］．南京大学学报（哲学·人文科学·社会科学），2001（38）：32-41.

② 亚当·沙尔．建筑师解读海德格尔［M］．类延辉，王琦，译．北京：中国建筑工业出版社，2017：7-11.

2.2.3　作为认知方法的图像意识

2.2.3.1　图像感知具身化

在胡塞尔的图像意识现象学中，最核心的部分是对三种图像客体的立义，是基于不同客体的多对象的意识行为。但是这种纯粹的主客体观作为认知方法显然忽视了身体，认为身体附属于超验意识，使认知描述并没有完全跨出传统哲学的窠臼。但是胡塞尔显然已经在其现象学中尝试回答身心分离的矛盾，提出了意识的形成是直观图像的身体内化过程，是对意识和身体之间微妙关系的探讨前哨。梅洛-庞蒂继承了胡塞尔的学术思想，明确了身体的意识主体地位，并提出了在意识建构过程中，身体作为结构方式的三个主要功能：①对图像的动态化处理；②身体的运动神经活动、运动习惯及运动模式是身体作为结构方式的基础；③身体奠基了本体感受和其他知觉形式之间的流通。[①]首先，视觉可分为视觉本体感受（visual proprioception）和视觉运动知觉（visual kinesthesis）。在一般情况下，图像被视为是静态的，是视觉本体的直接领受，但是图像自身包含了大量的身体信息，如观者的高度、与实项间的距离、与环境间的交互等。特别在讨论建筑图像时，建筑并无法像画框中的画作一般将人置于旁观的位置，而是直观的身体在场。并且，身体通过位移使视觉图像的透视不断发生变化，图像意识的客体同时不断发生多重转移。其次，身体运动具有先天本能和后天习得两种图式模式，是身体获得意向相关项后做出的意向行为的输出层面，会根据无意识地重复和有意识地练习得到强化或是转移，继而意向活动发生变化。此时，本体感知的信息会随着身体图式的变化也做出改变。所以说图式成为图像意识的基础。最后，身体的本体感受是具有模块性的，模块之间的信息具有转化机制。如吉迪恩认为视觉是触觉的一种延伸，帕拉斯玛称凝望远方洁白的墙面是人的目光在对其抚触。视觉模块的信息与触觉模块的信息在建筑体验中形成了通感，身体是其发生的场所及基质。值得一提的是，这种转化需要经验和回忆作为前提，也就是说没有寒冷经验的人是无法通过冰、雪的图像而获得由冰雪带来的寒冷体验的，更不可能理解寒地的建筑意志。

---

① 何静．身体意象与身体图式［M］．上海：华东师范大学出版社，2013：18.

图像意识下寒地建筑的本原认知构造需要以寒冷的身体作为前置的条件，没有具体的身体，先验和回忆便无从谈起。不具有寒冷意识的观者并不是本书讨论中具有地域属性的认知主体，无法提供主要的研究视角。当把所有的建筑图像材料都加诸于一个具有寒冷意识的身体后，那么意识的结构和意识场都会发生相应的源自本体感受、行为图式与模块交互的转移。

2.2.3.2 图像认知结构化

结构化是胡塞尔现象学中认知的主要特征之一，也是重要的现象学解构方法，在对图像意识的研究中尤为显著——指明了认知具有清晰的路径性和层析性：①首先，确立客体层级。图像意识中的客体是图像意向体验过程中的“素材”，在图像意识的方法中，客体之间的关联结构构成了意识获取的框架。②其次，确立立义关系。在确立结构的同时，是对所有确定对象本原的内在逻辑的梳理，是从客体视角理解结构化的体现。在厘清所涉及的客体后，需要通过意识的意向，建立客体之间的联结关系与客体之间的立义关系。③最后，梳理意识流向。与图像事物和图像客体之间的关系相比，尽管双重对象也存在于图像的主客体之间，但只有图像客体能显现出来。然而，图像客体也并非纯粹地显现，其出现还可能会附带图像主题。正如胡塞尔所言，“毋宁说，这里是两个立义相互交织在一起”[①]，但这里也绝非两个显现，确切地说是一个显现具有两个功能。在此意义下，图像主题和图像客体的立义彼此联结、交织、依赖、蕴含。也正因如此，图像主题之立义也被胡塞尔称为是“对一个在显现者中的未显现者的再现意识”。如此，图像主题意识就区别于非图像的、纯粹再造性的再现。

寒地建筑意识在建构过程中，具有基于图像客体的“在进行展示，在进行再现，在进行图像化，在进行直观化”[②]。虽然图像是对于直观材料的泛指，尤其在观者的建筑体验中具有显而易见的弹性，但是意识的形成是依从显著结构

---

① HUSSERL E. Phantasy, image consciousness, and memory (1898—1925) [M]. Brough, trans. Netherland: Spring, 2006: 27.

② 同上：30.

性的。通过对以寒地建筑图像为伊始的意识结构的梳理，可以对建筑所能传递的价值与意义的可达性作出判断。

2.2.3.3　图像复现在场化

图像意识现象学作为发现事物本原的方法，更多地强调从经验出发的意向在场化的复现。首先需要确立图像意识认知下的主体和场。虽然观者的注意力起始于图像事物，这个事物是在场真实显现的，但是却通过构建的认知结构使观者的意识转向不在场的联想甚至想象，所获得的图像主题也不会拘于原初图像事物的纯思。从进入图像意识的过程起，观者就默认了一个基于感知的图像场域，或者说感知场域，并且每个场域都存在一个中心的主体。观者，作为正在进行图像意识的主体也正是这个图像场域的主体，通过想象进入其中，面对图像，基于先验结构将感知材料立义为客体。所以在通过图像意识的方法探索本原结构时，只能获得框架、方法和意识的意向，难以得出具体的结论，因为复现的并非真实的物理世界，其本质上反映的是场的不同的意识层面。

此外，主体与场之间的意识流向也是图像复现的中心。在现代哲学中，笛卡儿首次将自我意识原则引入本体论，提出“我思故我在”。其中“我思”是第一图像对“我”——客体和主体的关联方式，也就是对客体的“思”形成“我在”的自我意识。“在”的形式多种多样，所产生的“思”是因个体而异的。赫尔巴特（Johann Friedrich Herbart）[①]又在笛卡儿理论基础上完善并强调了主体和客体的彼此依存性，宣称“感觉就是一个存在方式”。在以图像主题为目标的寒地建筑本原认知的研究中，如果剥离了感受、想象、意志、情思，抛弃了作为材料的知觉、生命活动和行为方式，那么只会剩下虚无[②]。身体作为人认知世界的原点，在基于图像意识的本原建构中，其主体性与意向性紧密相连，是对三个客体及其立义结构构建的锚点。在此，不应采取回避（epoché，悬搁，存而不论）的态度，而需以主体意向——身体为出发点去架构整个意识的认知逻辑。

---

① 赫尔巴特，19世纪德国哲学家、心理学家，科学教育奠基人。

② 马西莫·卡奇亚里认为，建筑中的虚无主义是建立在理性主义基础上的极致表现。

2.3　图像意识在寒地建筑本原建构中的应用

“寒”，本指一种气候特征或身体感受。寒地，在我国代表了一年超过四个月采暖期的地区，且由于不同的地理位置、历史演进成就了众多类型的“寒冷文化”。其中，东北严寒地区的“冷文化”①以粗犷、洪荒、奔放、豪迈的印象尤为著名。“寒”，不止于环境，还和人本、精神一道，共同构筑了我国寒地建筑的内核与外延，是寒地建筑区别于其他地区建筑的关键所在。在对寒地建筑本原解构的过程中，寒冷的图像和意识是启发观者认知寒地建筑的重要锚点，同时，图像意识作为还原认知构造的理论方法，可以将寒地建筑本原的认知从意向体验的角度有机地分解并重构起来。

2.3.1　建筑本原认知与图像意识的结构性关联

寒地建筑本原聚焦于寒地居民的在场关系。在当下图像时代，在场的第一建筑认知就是建筑带给观者的视觉综合，继而观者可以通过寒地建筑图像感知和体验建筑空间，并在形成的完整统觉基础上实现对寒地建筑本原的认知。从寒地意识附着的寒地建筑图像出发，寒地建筑本原可以从材料呈现、空间知觉和场所精神三个方面展开。并且，寒地建筑本原被涵盖于建筑本原之下，寒地是对建筑施加地理上的范围限制，提供了以气候条件为基点的可拓地理信息系统。所以在寒地语境下，建筑本原在物性展开的层面上不会有所变化，但是从图像和意向两个层面展开的内容会由于限定而更为具体，继发视觉化沉思及身体化融合，遂呈现出寒地建筑本原的渐进式认知结构。

---

① 画家于志学于2001年提出，我国东北特有的“冷文化”是由于气候感受不同而形成的寒冷的文化特征现象，泛指面对寒冷环境所创造出的物质和精神总和。其特点是粗犷、洪荒、奔放、豪迈。其中“冷”具有净化心思、储存生命、凝固喧嚣、升华精神的巨大作用，同中国山水画追求的“逸”结合起来，就构成了冰雪画崭新的审美内涵——冷逸之美，诠释表现的是冰雪世界的壮阔之美、粗犷之美和崇高之美。

2.3.1.1　图像与建筑外显之间的辩证关系

传统认识中的“图像”意在“再现实在之物”，并非复制，而是一种模仿，且被作为艺术真理确定下来（图2-8），被赋予人性中的意义。显然，这种“自然主义”无需实现当然也无法实现对自然事物完全真实地复现，但伽达默尔仍认为这种艺术形式找寻到了本体功能：沟通了理想与现实的鸿沟，体现了鲍姆嘉通（Baumgarten）的美学定义“ars pulchre cogitandi”——善思的技巧[①]，即便现代艺术亦非以对象性的形式表达自身。因此，在西方建筑史上，图像与自然、事物及实在之间的相似性构成了建筑艺术性的基础。在东方建筑图像中，相似性的表现形式则由形似与神似共同构成。其中，形式上的相似性只是基础，建筑图像必须让观者能够识别出对象、题材。否则，其与建筑的艺术性就无法彼此构造。虽然后现代建筑艺术依然沿着建构图像与实在间无限相似性的甬道延伸，但当杜尚将马桶作为艺术品展示出来时，抽象艺术以对生活世界陌生和晦涩的姿态横空出世，原有的相似性关系在此处骤然失去了解释力，呈现出另一种反经验的暧昧（图2-9）：超出对象在既有生活经验中的面貌或特征，颠覆了传统符号的意象，从而激起观者对建筑与图像的相似性乃至经验性的反思。当代建筑特征之一的抽象精神表达的是“完全非再现性艺术，或把显示中、观察到的形式变为图案的艺术，观者通常不会想到他们源自何处，只是把其解读为一些独立的关系而已”[②]。所以说，图像与建筑外显之间的辩证关系强调从实在角度揭示艺术作品，不论相似的再现和不相似的非再现，都需从具

图2-8　柯林斯柱式上的茛苕（资料来源：王文卿，西方古典柱式［M］. 南京：东南大学出版社，1993：封面.）

---

① 伽达默尔. 美的现实性：作为游戏、象征、节日的艺术［M］. 张志扬，译. 北京：三联书店，1991：24.

② 爱德华·露西-史密斯，范景中. 艺术词典［M］. 殷企平，严军，张言梦，译. 北京：三联书店，2005：1.

图2-9 Chiat/Day商业楼（资料来源：大师系列丛书编辑部. 弗兰克·盖里的作品与思想［M］. 北京：中国电力出版社，2005：82.）

象的经验走向抽象的体验，其中暗含着主体性的认知角度。

图像与建筑外显的辩证关系源自建筑被感知的过程。不像艺术品，建筑需要绝对的在场而非旁观。当不需要图像主题般的联想时，建筑和图像是相似的，这种相似是以人为认知主体所构造的。材料需要显示和表达其自身，空间需要拓展其现有的“存储”内容，场所需要集合所有材料和空间。在很多建筑中，观者很难在其中获得意向体验甚至精神栖居。但是另一些建筑，显然是希望实现作为艺术作品一般的思想价值。此时，图像成为建筑外显的一个切片，建筑的全况和本原都在无限的切片之间“绵延”[①]。

2.3.1.2 图像与建筑实在之间的相似关系

作为建筑设计的思考工具，图像体现了数学与几何法则在西方建筑学中的引领地位，并使其具备了“科学”的理论基础[②]，这在阿尔伯蒂、帕拉第奥和

① 法国哲学家亨利·柏格森曾在《绵延性与时间性》一书中提到了真实与图像之间的关系：图像就像是时间中的秒，或者是人类可以发现的时间的最小单位，看似可以精准地描述时间，但是却无限地无法接近真实生活：因为即使再为细小、精确的单位之间都存在无法描述的空隙，且空隙是无限大的；人存在于节点之间无限“延绵”的空隙之中。

② 佩雷兹-戈麦兹在《建筑与现代科学的危机》（*Architecture and the Crisis of Modern Science*）中指出，这种（运用数学和几何学法则来理解建筑的行为）过于简单的解读忽略了意图（intention）的问题。

维尼奥拉等的著作中可见一斑[①]。并且，建筑中的数学美发展也从未脱离过艺术实践的范畴。从文艺复兴到18世纪末，不论是与数字韵律相关的理性美抑或是体现宇宙自身奥义的主导美，建筑始终作为范式图像的一个分支，与主体图像世界分享人类理解世界的方式。显然，图像不仅是建筑表达的流通，其作为披盖在建筑物外在的实项，更使建筑通过“形”的实体上升到“学”的抽象，犹如拉斯金所言：“建筑师都是形而上学家”。

但随着18世纪末科技的发展，信仰与理性与真实的生活渐行渐远。19世纪初，建筑中的数学彻底沦为单纯的形式和工具，“计算性科学”成了一切的判断准则，机械主义的思想同时也蔓延到了绘画领域。19世纪50年代英国建筑电讯学派（Archigram）提出了机械美学与结构美学结合的思想，较现代主义第一代机械美学偏重强调逻辑性流程、机械设备、技术与结构，现代主义第二代机械美学在理念上则更注重形式的运动性（流动性）并强调超感官的理念，形式上比起第一代机械美学在更轻巧、更灵活，风格倾向于外骨架效果。从费尔南德·莱热（Fernand Legar）[②]（图2-10）到伦佐·皮亚诺（图2-11），从马列维奇到扎哈·哈迪德，流派、思想在不同领域里不断旅行，并显现出三个特征：①艺术思想的变革最先出现在绘画领域，因为绘画更容易被呈现出来，同

图2-10　三个女人，1921年（资料来源：BERESFORD A H. The performance of art: Picasso, Leger, and Modern Dance, 1917—1925 [D]. Seattle: Washington University, 2012: 187.）

图2-11　蓬皮杜艺术文化中心模型，1977年（资料来源：大师系列丛书编辑部. 伦佐·皮亚诺的作品与思想［M］. 北京：中国电力出版社，2006：50.）

① 如阿尔伯蒂的《阿尔伯蒂建筑十书》，帕拉第奥的《建筑四书》，维尼奥拉的《五种柱式规划》。
② 费尔南德·莱热（Fernand Legar），法国画家，最早的立体主义运动领袖之一。

时可以被每个人独立解读，进而成为一种思想影响建筑；②建筑作为客观的三维实存，可根据认知主体的超验转译为二维或多维从而被领受，与此同时，绘画虽为二维的作品，却可辅以三维的视觉效果及多维的意识体验；③绘画或建筑都反映了一定超脱于其本身客体价值的人本经验与意义。由此，图像成为建筑表达的呈现，使建筑和图像被合而为一地思考：图像对建筑外显有着不言自明的推动作用，且建筑的意境联想无不源自图像般的想象联想——在当下和非当下、直观与旁观中切换并综合。

在当代艺术世界里，对“感觉”的追求往往是堂而皇之的，但在建筑中却总是遮遮掩掩。实际上，处于设计过程中的建筑师也是在追求“感觉”、跟随“感觉”，但是由于“感觉”总是被冠以“不理性”，即使被使用也不被尊重。因为极少有理论支撑“感觉”由来的踪迹。现代本体论中，人认识到“感觉”无法“绝对自由地存在”，需要建立在人的本质基础上，择清此在与他在的关系，并将一切本体都建立在人对人本质的此在层面的理解。这样一来，绝大多数人工作品的认知结构便得以解译，这里也包括建筑。苏珊·朗格（Susanne K. Langer）[①]在《艺术问题》中明确提出：“一切艺术都是创造出来以表现人类情感的知觉形式。”这里点出了艺术中主体与客体、本质目的与表象呈现的关联，也正遵循了“艺术结构与生命结构具有相似之处，艺术作品是一种生命的形式”这一论调。图像，由此成为一种建筑的抽象的反思工具，其在当代作为艺术作品包括生活产品的不断自我模仿及自我认知的过程实践，暗含了人思想进化的必要性与必然性。建筑作为艺术品和产品的本体认知历史性变迁也正符合这一大的脉络，对其本原的解构势必需要从表象低维的物性走向生命多维的神性，从而回应时间维度上人的自我认知。

2.3.1.3 图像与建筑内涵之间的关联

图像分为图和像，“图”是广义的视觉内容，是实体所凝练出的物理性质，是西语中的image；而“像”在胡塞尔的图像意识概念中更接近于“想象”一词：imagination，或是一种纯粹的精神图像。在一些胡塞尔中著作中也被释

---

① 苏珊·朗格，德裔美国人，著名哲学家、符号论美学代表人物之一。

义为幻想（phantasy）。不同的语境下关涉的对象不一，想象的对象也有所差异。可能是指一种物质的图像，也可能暗示源自图像但并非构造事物本身的图像。意识构造概念下的图像，并非是被人所熟悉的一种客观的具象，而是指涉了一种具有多层结构的构造。所以复杂的事物认知，可以从图像中建立起来。

在胡塞尔题为“想象与图像意识”的讲座中，就图像意识的复杂结构进行了阐述：“对比图像表象和单纯的感知表象构造后会发现，前者的复杂性远胜后者。而看似相互叠加、蕴含的立义，实则本质不同；但当其贯穿图像意识中时，会随着注意力的偏好而暴露偏好性的意向。”对建筑而言，不同于电影、画作等艺术作品观视的非在场，建筑图像的获得都是以对材料的直观为基点，建筑体验需建立在永恒的此在之上。但建筑材料由于被加工所暗含的人工性都是非在场的，只有观者通过对直观图像的非此在想象才能获得。从这个层面上看，所有的建筑材料都是符号般对建筑本原的代现，因为都需要“回望”以获得对于材料的建筑生产性及应用性本源解蔽，以及继续进一步“回望”其本源的本原。此时，建筑的认知过程可以如图像意识的结构般被建构起来，建筑的本原便自然而然地内含于这一构造行为之中。

2.3.2 基于图像意识的寒地建筑本原分解

2.3.2.1 认知客体

自笛卡儿起，人认识到视网膜上的图像是信息的一种截取，而不是感知本身，因此无法通过纯粹的图像获得真实对象的意志。罗宾·埃文斯（Robin Evans）曾言明，“建筑的基质不会存在于具体化的物体之中，只会存在于大脑的意识里”[①]。建筑以形式被认知：在建造未完成时设计图纸是建筑被认知的形式，在建造完成后建筑图像是建筑被认知的形式，但是起点并无法直达意识的彼岸。寒地建筑意识的形成需要经历理解建筑的必然结构，在图像意识下，其认知客体在结构中也在不停变化，相关认知的意向行为也始终处于流变之中。

首先，建筑材料作为直观的图像事物最先以意向相关项被观者领受，并且

① EVANS R. The projective cast: architecture and its three geometries [M]. Cambridge: The MIT Press, 2000: 358.

对其本性（nature）的把握成为主要的感知范式。色彩、形状、纹理等图像要素被第一时间获取，继而观者可以推导出材料的属性（是石材还是木材）、材料的触感（是光滑还是模糊）、材料的真实性（加工过还是未加工）等，并依此获得具有牵连般的建筑材料感知信息基础。此外，寒地建筑材料图像中自然而然地前置了对冰、雪等自然元素的体验和认知。自此，色彩要素被加入了对白色和透明性的关注，形状要素被加入了对锋利和连绵的体悟，纹理要素被加入了对粗糙或是光滑的触动。从而，观者直接通过建筑图像与寒地环境相连接（图2-12、图2-13）。

图2-12　中国木雕博物馆（资料来源：MAD建筑事务所）

图2-13　哈尔滨大剧院（资料来源：MAD建筑事务所）

其次，建筑空间作为感性的图像客体还是建筑用具性的体现，是承载具体建筑活动的场所。自现代主义开始，建筑诸问题都聚焦于对建筑的空间观的把握方式，并且随着身体—空间理论的拓展，对建筑空间的描述早已脱坯原有图纸般的物理空间表达，空间不再被认为是可以独立于认知主体的纯粹客观实在。从用具层面出发的建筑空间，若无视使用者的身体空间营建规律将瞬间失去意义。所以在寒地建筑空间的图像意识解构中，始终应围绕作为认知主体的身体，甚至可以说身体才是空间得以被展开的始基——是身体的部分标记了空间尺度；是身体的整体赋予了空间的结构；是身体的行为定义了空间的位置、方向和某种动力学机制。在对建筑空间的认知构造过程中，身体不仅是认知的主体，还是认知的媒介，在代现般的感知性想象中不断丰富着原本纯粹的建筑空间，使其作为图像客体的立义。因此，身体与空间意识是无法割裂且彼此佐证的，具有偶发性、不确定性和开放性的特征。此外，寒地建筑的空间知觉中，充满了始于皮肤并穿透皮肤的感知把握，使空间在三维认知的同时还在时间维度上使冷暖变化被加载、体悟，也由此，感知的层次丰富了，并由身体在空间中的行为串联起来（图2-14）。

最后，建筑场所作为想象的图像主题是建筑纯粹的物性和用具性的升华、建筑的精神载体和艺术性的所在。虽然纯粹的物性和工具性都无法传达建筑关于世界的真理，但是这种传达需要纯粹的物性和工具性的主动参与，建筑场所正是基于前二者之上，从而使建筑的存在变得不同寻常并蕴含、改变着人看待世界的习惯方式，收束人的行为、认知、评价与眼界。海德格尔认为所有的认知都是围绕着具有中心性的场展开；舒尔茨认为建筑精神需要在建筑场所中才能被体会；卒姆托将建筑场所精神称为建筑的氛围，是建筑的品质所在。由

（a）森之舞台，吉林（资料来源：王硕，张婧. 森之舞台［J］. 建筑学报，2018（1）：43.）

（b）市政厅，珊纳特赛罗（资料来源：大师系列丛书编辑部. 阿尔瓦·阿尔托的作品与思想［M］. 北京：中国电力出版社，2005：82.）

图2-14 随着身体在序列空间中的连续体验，寒地意识被强化

（a）哈尔滨工业大学建筑设计研究院科研楼（资料来源：韦树祥 摄）

（b）札幌街边建筑（资料来源：殷莺 摄）

图2-15 建筑的纯粹物性、空间及环境综合成了建筑场

此，寒地建筑的不在场的图像主题，需要在探索内含的认知主体中心性以及结构性的过程中被立义。寒地建筑的场意识中，对于寒冷的印象奠定了整个认知体验，需要综合其他两个物性方面，并转向一种抽象的情感描述，从而获得建筑作为艺术品的葆真[①]（图2-15）。

2.3.2.2 客体结构

综上，寒地建筑作为认知客体，从物的三层面物性出发以图像意识的构造方式可进行进一步结构化细分：①纯粹的物性的物质属性与建构——质料、组构、技艺；②用具性的定位与功能——基于身体外部、基于身体外化、基于身体内化的身体—空间互构；③艺术性的形式与意义——被知觉、被开启、被意识。这种多重分形般的结构使不同客体可以同时出现在不同的认知细分结构中，使不同结构之间彼此关联，但又无法相互完整替代。应注意到，细分结构和主体结构的第三层物性也就是作为艺术性显现的图像主题，视情况显现或隐而不显或无法完成。这种建筑的物性展开和建筑认知的图像意识建构间的对应关系，可综合成图像意识下的建筑本原认知的客体结构（图2-16）。其中，

① 海德格尔在《艺术作品的本源》中提出："让作品作为作品存在，我们称之为作品的葆真。这同时又是说，保存作品的独立性。是葆真者站在作品所敞开的真理中去，而不是作品为某一或某些主体服务。所以不可把葆真降低为单纯体验而同时把作品降低为体验的激发器。使作品葆真这回事不把人个别化到他们各自的体验中去，而把人一道推入到对……真理的归属中去，从而奠定了一种互为相共的存在。"

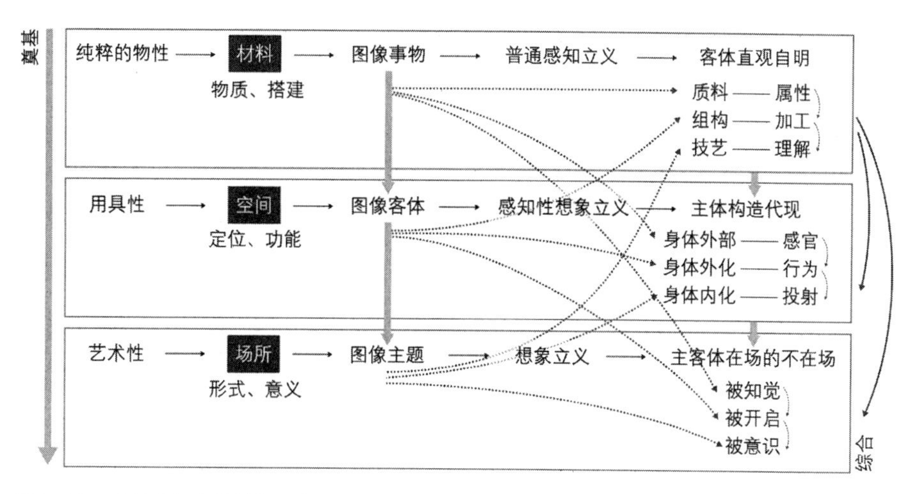

图2-16　建筑认知客体结构示意图

建筑材料对应图像事物，具有客体自明性，是客观的实在，通过纯粹的直观可以被观者感知，属于普通立义；建筑空间对应图像客体，具有主体性间性，是呈现于知觉之下的，通过代现的身体构造才可被观者领受，属于感知性想象立义；建筑场所对应图像主题，并不是在任何情况下都出现，没有建筑场所的体悟，并不影响形成完整的建筑意识。奠基于建筑材料和建筑空间的领受之上的建筑意识，具有在场的不在场和不在场的在场意向性。

在寒地建筑本原解构中，材料作为纯粹的物是寒冷体验的意向相关项，奠基了寒冷意识的本体建构。其所引发的意向活动和意向行为在积年累月中甚至已然形成了一种感知立义范式，至于观者对建筑的当下化在认知结构中被“跳跃”式忽略，形成寒地意象的理解呈现出不假思索的二元映射。这种经验般的意识主体性并非只存于寒地建筑本原的第一层展开中的领受，而是存在于所有已经脱坯于原有自为的自然状态的加工之物，进入一种几乎传统化的认知体系中，这便是在地记忆的塑造过程。空间作为建筑的用具性所在是寒冷行为的发生场所，需要建立在身体的在场之上。无论是取暖或是避寒，都是基于身体对建筑的诉求代现。如果对于寒地建筑的认知止于用具，那么建筑将丧失和人日常生活中很多其他工具物的本质区别，也无法被称为建筑（architecture），而只能是房屋（building）。正是图像主题般存在的场所精神使寒地建筑获得了可以脱离形式的意义内核，使人的建筑意识可以脱离建筑延伸向更为广阔的寒地世界。

上述释义寒地建筑的构造只从操作对象的客体层面完成了对寒地建筑本原的解译。但建筑之为建筑的基质在于作为主体的人的存在，是“人”才使建筑以其特有的方式开启并得到回应，且这种特有的方式仅发生在建筑场所中。而开启，也许仅仅是人目光触及建筑的那一刹那，建筑即刻将人从其外部世界融入其内，给予人切实的存在感及时间感。同时，寒地建筑又呈现出一种仅在其情状中存在的意义，这里的呈现是寒地特质向建筑的投射，与建筑自身意义并无瓜葛。无论意义为何，这一特质都能使寒地建筑无法脱离其情状，进而避免被纯粹地概念化。这是寒地建筑有别于其他地域建筑的关键所在，亦是本书探讨寒地建筑本原的重要视角。

2.3.2.3 立义关系

在物质世界，客体都以一定的形式实存，建筑本原的研究依存于作为客体的建筑的实在被主体在生活世界开启。在此，客体的形式与主体的观看构成了互证般的立义关系：有了主体的“看”，客体的“形”才有了自我阐述与表达的理由；有了“形”的实在，“看”才具有了意向性行为的判断，从而在意识形态上有了辨别与区分客体与周围世界的依据。“形”在视觉艺术上的重要性在于人主要通过视觉去解读图像背后的深层内涵。英国形式主义美学家代表克莱夫·贝尔（Clive Bell）认为，艺术的本质就是“有意味的形式”。形式在此指的是艺术品由线条和色彩以某种特定的方式排列组合起来的关系和秩序。[①] 形式的目标是可以激起情感，以实现形式的另一面——意味。对于建筑中的形式，威廉·米切尔（William J. Mitchell）[②] 为其下了一个相对清晰的定义：“一个建筑物的形式即是它本身的内在物质结构”[③]。这里的物质结构并非使建筑具有物理结构性的结构，而是建筑物性内在搭建性结构：从单一元素、单一性质

① 汪江华，张玉坤．现代建筑中的形式主义倾向［J］．建筑师，2007（4）：20-24.

② 威廉·米切尔（1945—2010），美国建筑师、城市学家，曾任麻省理工学院建筑和规划学院院长。

③ William J. Mitchell. 建筑的设计思考：设计、运算、与认知［M］．刘育东，译．台北：建筑情报季刊杂志社，1995：17.

的细分结构到逐层级结构复合的整体结构。

此外，作为视觉艺术中的建筑，同样需要关注视觉艺术中最重要的核心内容——形式，因为这是任何视觉艺术存在的唯一基础和合理解释[①]，也是建筑学的基本问题之一。虽然，视觉形式是建筑外化的最终呈现，并必须杂糅多种用具性因素，绝非纯粹艺术般的个人意识与情感的表达。但在视觉追求盛行的当下，人对建筑视觉形式的狂热往往凌驾于建筑本原之上。这种追求建筑形式美的最朴素的逻辑就始于建筑进入观者视野的瞬间，从而触发精神共振的那一刻。[②]一边，人对于超越先验的体验期待也在暗流涌动，表现为对日常感知内容的视而不见。这种对新奇、突兀、夸张、怪异等奇观般的意趣，标志着对建筑的认识已经从功能阶段向当下化的意象可能性散射转移。另一边，人开始尝试通过形式之下的动因和形式之上的意识组构出更为完整清晰的形式——背景图式，渴望能从一片图像和意识的汪洋中收束出一个形而上的观念，这个观念正是建筑的本原认知。

在寒地建筑的本原认知结构中，作为物性的诸层面客体形式是观者唯一可以确切把握的实在。建筑通过形式统一了外部造型和内部空间的整体，使从建筑材料到建筑场逐层把握寒地建筑本原成为可能。在意识建构的过程中，寒地环境和寒冷体验成为观者意向活动的前提，使寒地和建筑的诸因素在不同阶段与主体人不停地彼此影响，并延绵出寒冷意识。

2.3.3　基于图像意识的寒地建筑本原重构

2.3.3.1　建筑表观的视觉综合

当下的后现代主义文化是以经济模式为起源的全球性社会文化。在这一场以“消费”为主要特征的文化浪潮中，随着电影、电视、多媒体、网络等电子大众传媒的革新和普及，以“语言”为中心的文化向以“图像、影像”为中心的视觉文化转变。图像叙事逐渐成为这个时代最直接、最直观的信息传播方式

---

① 王岳川．艺术本体论［M］．上海：生活・读书・新知三联书店，1995：17.

② ALBERTAZZI L, TONDER G J, VISHWANATH D, ed. Perception beyond inference: The information content of visual processes [M]. London: The MIT Press, 2010: 91.

和表达方式。生活世界被图像、模拟、幻想、拷贝、再现包围。美学意义与社会学意义并持的建筑，也不可避免地被卷入到时代的洪流之中，并受此影响开始呈现出“图像化”视觉转向。建筑创作的此在表达被归类为一种以图像为蓝本的复制、粘贴，并辗转于机械化进程里。这种将视觉归为一阶逻辑的形式操作本身就是对建筑的误读。真正地理解建筑需要穿透表观，将意识延伸至完整的建筑全体且突破建筑。显然，这也是当代建筑视觉传达的新议题：在建筑的图像意识结构性延展中，如何在表观视觉与建筑意象与意向相关项之间提供尽可能多的包容性。

对于建筑的一切理解大多都从外部图像开始，一旦发生图像意识，建筑的理解就从原有的单一图像消费走进了图像叙事，其核心是围绕观者对环境的认知实现自我反思，而非建筑的自立、自治、自洽。这种观念转向也促使建筑迅速从工业革命机械主义的束缚中挣脱出来，并在20世纪后半叶伴随着模糊理论、混沌学、耗散结构理论等对经典科学体系的质疑与颠覆，建筑实践呈现出突变、多元的态势，思想流向也不断发生分裂、转移和替换。由此，建筑意识的连续性断裂了，建筑意识只能凭当下所接收到的图像，审美当下的建筑内涵及意义。

在寒地建筑的意识本体结构中，建筑材料作为第一表观客体，奠基整体的建筑意识，其发生不是只在整体的材料层面，材料层面也是空间和场的始基。所以基于图像的视觉综合贯穿意识建构始终，关于三个客体的立义内部也是无法截然割裂的，必然是交融的、客体身份不断转化的。如观者从远距离的观看开始，然后通过身体为主体与建筑客体之间距离的缩短，建筑图像的信息在不断变化并且更为丰富，并在建筑认知形成的过程中产生基于先验的通感，以完成基于图像的统觉。就像《空间的诗学》中所描绘的人在寒冷雪地中蹒跚，忽地看到远处的灯光，从而想象出家宅中的温暖。这是处于冷环境的身体对色彩拓扑的一系列暖的意象。其实身体的温度和所处的空间并没有发生变化，通过图像的意象联想也是视觉综合的一部分，具有不言自明的意义。

早在完形心理学（Gestalt Psychology）阶段，人就已经将“图式”作为个人与环境相互作用、形成物理与心理的平行空间作为事物认知的基础。而建筑图像作为最基本的媒介物料，是形成建筑意识的物理与心理空间的基础。同时，皮亚杰曾指出人的“空间意识”是基于操作的图式，亦是基于事物的体验。对于生活在寒冷地区的人，漫长冬季的图像奠基了该环境下建筑意识的一般与特殊。这种通过长期此在的环境因素和社会因素协调出的映射关系积累成的“图式”，是具有稳定性和无意识性的，即使主体会通过新的经验使图式在生活世界中蜿蜒变化。所以，建筑的意识一定是动态的。

2.3.3.2　建筑情景的我思体验

从梅洛-庞蒂知觉现象学思想中得到启发的建筑本原认知，重回人日常生活中对场所、空间和环境的感知及经验。在此，经验和感知相比，是不在场的记忆不停地被当下在场的感知积累并更新。所以，现象学倡导下的直观建筑是耦合了不断变化的瞬间知觉和联想，形成人意识中的建筑情境，并非纯粹的物性呈现，而是在用具之上抽象的艺术品质的领受与共鸣，是观者对身体的外部呈现投射到身体的内部回响。在笛卡儿的认识论哲学中，认为主体意识是认知世界的中心，人作为感知建筑存在的主体，建筑由于“我思”而存在[①]，一切对他者的感知都是“我思”的所在，“我”不在了，“我思”就不复存在了，建筑也就无从谈起了。所以建筑情境是“我思”的体验还原对象，具有独特性。但同时，所有个体的独特性终将构成群体的普遍性。依照笛卡儿的理论，建筑体验对于观者是绝对的服从和深刻的沉淀。主体得到感性存在的同时，图像意识便成为“我思”与建筑互为佐证的所在，体验与“我思”构成了映射的关系，意识在“我思”的建筑情境中被体验。诚如海德格尔所指出的：“我们所探讨的哲学是要与我们自身相关的，触动着，并且是触动着我们本质深处的东西”[②]。由此，“我思”建筑应为对建筑与“我”关系的存在之思，是基于人感悟行为的建筑本原议题，使建筑的抽象本原通过观者与建筑情感、体验中透显出来，从而反思观者自身的感思世界。

在寒地建筑情境的“我思”中，所有体验都是多维度的沉淀。因为身体作为体验活动的主体，具有解构的一体性及感知结构自相似性的图式，并且对于感知的终点都含有对寒地风土理解的延伸。在此讨论寒冷地域建筑，并非为了

---

① 笛卡儿的“我思故我在”是笛卡儿全部认识论哲学的起点，也是他“普遍怀疑”的终点。

② 李鸿翔. 图像与存在［M］. 上海：上海书店出版社. 2011：26.

实现地域主义，诚如沙夫茨伯里的安东尼伯爵（Anthony Earl of Shaftesbury）在《人、习惯、判断与时代的宣言》中直接有力地表述："我为自然的秩序和她所创造的玩物而赞美，我为融于你身上的美而赞美，为这所有美好的源泉和法则而赞美……你的存在是无所拘束的、不可探知的、不可思议的。在你的浩瀚中所有的思考都似乎迷失，幻境不再无尽地飞扬，想象亦近徒然，令人疲倦。你的大海浩瀚无垠……在这无垠的浩瀚中翱翔，所掠过的每一个痕迹都更接近他的无际……啊，这朴拙之美……我们凝视着你，你带给我们的欣喜，远多于那些人为的迷宫和虚伪的壮丽"①。地域的独特之美总是容易被广泛地接受，如果尝试摒弃文中民族沙文主义的部分，其表达了地域感获取的意义是人对"此在"产生认同的根源，也是对"此在"感到由衷赞美的"我思"之源。帕拉斯玛也在《感情的几何学》一文中提出，建筑情境的获得需要回溯到对环境的体验中去。建筑体验的本质是人的觉知从环境延伸至建筑，从而逐步获得建筑的材料、空间以及场所的立义，进一步将回忆和想象投射到"此在"并形成"我思"。由此看来，体验结构应是立体的、多维的、丰富的。同样，在寒地建筑创作中，建筑师将"我思"融入了建筑情境的塑造：柯布西耶和理查德·迈耶倾向于用视觉表达建筑形态（虽然后期有强烈的触觉漫游倾向）；门德尔松（Erich Mendelsohn）和汉斯·夏隆更偏向于在设计中揉入对于肌肉力量与触觉以展现建筑的可塑性②；阿尔托的建筑则以对具体环境和隐藏在人潜意识中的多种本能反应的完整认知为其设计的基础思考。

2.3.3.3 建筑内在的情感描摹

人与建筑之间的联系建立在物质载体中一系列遭遇般的活动和体验之上：观者靠近并面对建筑，引发和引导主体的图像意识活动，同时对其产生基于身体构造的联系。但是对于建筑实在，除了作为物质载体，更多表达了被加载的思想。这里的思想或者是情感，来源于建筑师以及建筑本身。而图像意识的过

① LEVIN D M. Modernity and the hegemony of vision [M]. Berkeley & London: University of California Press, 1993: 6.

② 门德尔松的大部分设计都使用曲线去处理建筑或者构建的转角。即使在"严肃"的城市图底关系中，也留存了建筑的喘息机会。

程是将建筑内在情感通过“我思”的映射挖掘出来，形成内在情感的“我在”，是建筑内在情感的摹本。之所以为摹本是因为主体的个体存在普遍差异，我们很难确保每一份映射而得的建筑内在情感都是完全相同的。其实通过图像意识所得的摹本是建筑本原情感的“赝品”，但我们不能否定该“赝品”的价值。因为当主体“我”通过图像意识读取建筑的时候，读取的并非单纯的建筑，更多的是源自先前经验的情绪记忆缓存。就像贝聿铭的作品苏州博物馆。作为一般“人”，苏州博物馆的原址狮子林，是贝聿铭先生儿时的住所，狮子林作为建筑承载了他儿时的回忆，最后反馈于苏州博物馆这栋建筑设计时，其他人是无法找到他儿时游玩生活的感思情绪的。但是由于设计师的儿时回忆在新建筑中得到续存，游客的体验感受会更为深刻，因为设计师用内在情感和记忆浇筑了新建筑，这种“回馈”机制正是本书所聚焦的话题的精妙之处。

在寒地建筑本原认知中，寒冷感的建立是获得寒地归属感的重要方式，因为感知从来不孤立——对于寒冷的描述是在与温暖、酷暑的紧密关联中建立的，是在一系列的冷风、雨雪、日光中积累出的身体经验。如，从寒冷的室外步入温暖的居所，或是从室内的窗帘后掠到对面街道被积雪覆盖的同一的世界。此刻，寒冷不止停留在物理气温的数值上，更建立于感情上，发展为思想，对寒冷的理解会加强“我在”的觉知。就像赫尔德[①]所推崇的人类精神风土结构（图2-17），寒冷始于客观环境，但却不止服务于客观环境，其存在需要身体的“此在”加以证明。在寒冷中寻求温暖是源自生存的本能需求，对于与温暖相关意向的追寻也是对于本原存在的探索方式。在寒地建筑设计中常常

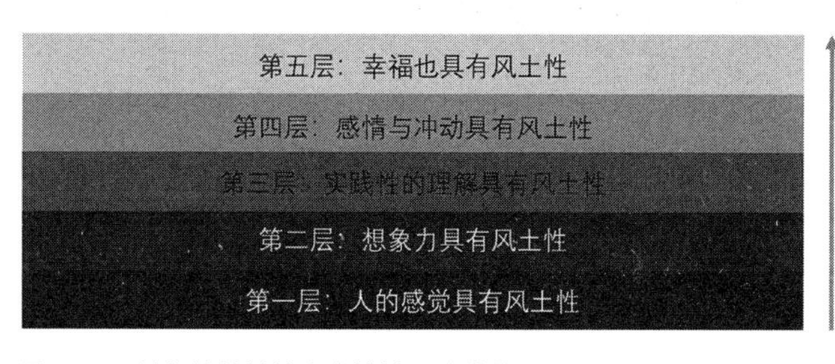

图2-17　赫尔德总结的人类精神风土结构

① 哥特弗雷德·赫尔德（Johann Gottfried Herder），德国哲学家、诗人，著作《论语言的起源》成为狂飙运动的基础。

伴随着基于温暖联想的意象：光照的暖色与相对粗糙的材质，冷峻的色调与灰暗的光影。这种对比的实现，难以在同一空间、时刻获取，能够使观者获取内心场所认同的是对过往记忆的召回、强烈的叠印或是对立的强调：上一刻的寒风凛冽和走入一扇门后的温软柔和。建筑，并非提供了一个阻隔外在自然环境的“空间”，而是营建一种与寒冷相联的方式。这种带有人文地理主义色彩的解译，在非寒地建筑设计中往往体现于自然环境与人工环境相互融合、紧密联络的提案。但实际上，不同表象操作都是为了加强人对于自然环境的认知程度。阻隔并非切断，而是深化归属的意义。

如果说对于寒冷的拒绝，是出于生存本能的动物性，那么这种本能应该只归于赫尔德总结的风土结构的第一、二层，是物理性的直观感知。但是显然，人作为寒地建筑行为的主体，寒冷感知的层次——特别是在寒冷地区有广泛生活经验的人，可以实现高级的寒冷精神的构造。这种现象正如人与环境彼此构建与影响的伦理关系一般：即使将寒冷作为风土的一部分，阻隔于皮肤之外，也无法将其拒绝于思想之中。而寒地建筑的外围护结构，就只是人感知寒冷风土的一层皮肤罢了。这种对于寒冷的理解方式也出现在日本禅宗关于环境与人的关系的描述中：人在环境中才能获得内心的平静，然后得以体悟到环境中真正的寂静。该结构第五层次的“幸福也具有风土性”，在日本的庙宇设计中有着高度的显现。位于京都的大原三千院即使在四季分明的山林中，也保留了檐下的行走空间：即使在寒冷的冬季，人也不拒绝在建筑与环境之间的“过渡空间”廊下去体悟内心的“幸福感”。在此，人工的建筑开启了自然的“光明”与“纯净”。此建筑没有像一般寒地建筑着重强调室内的亮度与温暖，这种对“界面”的刻画更本质地反映了自然与人工的对话与思考，体现了“非拒绝式”的寒冷环境观，是高级的人类感知层次的达成。

2.4 本章小结

建筑的认知，并非图像的单帧转译或是物质的简单堆砌，而是人从个体到整体人类的世界认识图景中去建立多重感知综合，并使众感知在其过程中不断被激发并延展，从而回缩建构完整的个体世界观。建筑是人与环境交流的“皮肤”，连接起个体身体外部和内部两个世界才是建筑的意义所在。在寒地建筑中，寒地既是建筑的认知基质，也是与建筑并置的场所，使不同的“实在”于时空中相遇，使个体获得在世的“肉身”，免于陷入自我重塑般的、无限的视觉构造中。基于图像意识的认知范式为寒地建筑提供的是以寒地为背景的建筑认知路径，使其本原结构的建构成为可能，并结合作为物的寒地建筑的物性结构：纯粹的物性、用具性和艺术性，可对应为建筑的材料直观、空间知觉和场所精神三个层面，在作为认知背景的“寒地”中展开，寒地意识便得以在寒地建筑的认知结构中浮现。

第三章
直观图像下的寒地建筑材料呈现

3.1 叠合寒地图像的材料认知

人的寒地建筑认知过程，并非机械的构造或建造，而是人将寒地建筑视为物，将其物性在体验中展开。人是无法干巴巴、冷冰冰地在生活世界中“展开”建筑的，如若去除掉意义或价值，建筑物将永远无法企及艺术；如若忽略建筑的“物的因素”，那么体验更是无从谈起。[①]当然，一个建筑作品能够成功，除了“物的因素”，更多的是“别的因素”得以被人领受[②]，这必由“物的因素”将“别的因素”开启，继而把这种“别的因素”融入进来。显然，材料，作为人理解建筑的第一“表观”，对其感知不应被降格为“仅仅是观者对它的知觉”，也不能单一地用材料在人的知觉中产生其他一些与它自身性质不同的东西，掺杂到表观和描述中去。所以，当探讨寒地建筑的材料知觉“再现”（representation）时，应始于对材料“表观”图像的理解[③]，建立于实在论的“物”与“物性”之上。

3.1.1 材料本性与材料显现

3.1.1.1 材料本性的多重

在西语语境中，“material”一词首先是物质、材料的实存（a solid substance），暗示了其物质性、有形性和实体性，并在建筑领域中被翻译为“材料”。“material”的释义游走于物质与材料之间，暗示了材料具有物质的本真性，物质具有材料的现实性。当谈论材料本性时，并非指某个指定的材料的独特性质，而是从具有相同特征的一类中抽象出来的，“是使物之为物的东西”[④]。也

---

① 莫里斯·梅洛-庞蒂．知觉现象学［M］．姜志辉，译．北京：商务印书馆，2001：7.

② 海德格尔在《艺术作品的本源》中称，艺术品显然包括物的因素，但是艺术性远非仅限于纯然的物本身。物的因素是公布于世的，但是艺术品还把别的东西也公布于世，在别的因素中敞开。

③ 亨利·柏格森．材料与记忆［M］．肖聿，译．北京：北京联合出版公司，2013：194.

④ 马丁·海德格尔．物的追问：康德关于先验原理的学说［M］．赵卫国，译．上海：上海译文出版社，2010：8.

就是透过材料的物质本真性，人可以厘清材料作为“类”之间的差异：不同木材可以一起分享木料的特质，并显著区别于石料、砖块。正是这一本真性吸引了从维特鲁威到阿尔伯蒂到洛吉耶，再到格罗皮乌斯、赖特、柯布西耶、斯蒂芬·霍尔、卒姆托等现代主义大师，在每一次建筑学重建般的转折出现时，对它的讨论将被悬于理论与实践的中心位置。在认知建筑时，材料作为建筑图像客体的一部分，提供了人最初的意象之源。在此，依据胡塞尔关于意向行为内容的研究结构，可建立寒地建筑材料的质料和质性[①]双重构造：质料是使不同表象得以区分开来的东西，质性是指使某种行为成为这种行为的东西，在建筑行为中对应“表”的面饰及“里”的构造。显然，寒地建筑材料始终无法成为也无法还原为纯粹的自然物，一旦具有寒地与建筑的“背景性”，材料就具有了独特性和行为性。

（1）面饰　材料的质料需通过感官获取，包括作为视觉图像的纹理、作为触觉图像的质感、作为嗅觉图像的气味等，对材料的自然主题起到了或说明、或凸显、或隐藏的面饰效果。在该材料面饰结构内部，纹理和质感的部分特征是彼此关联的，如某些质感不需要人真实地触碰，通过视觉观察也可以“获取”。一些设计就是运用了这种“关联”实现“饰”的效用。材料面饰结构含有众多项特质，人可以通过不同“项”将材料比对，以强调材料间的对话：哪一个更为光滑、哪一个更为细腻、哪一个更为坚硬、哪一个更为致密。在寒地建筑认知中，木、石、玻璃、金属等可通过直观图像被确认，不会因建筑图像中不同“项”的混杂情况失焦。忽略掉材料作为建筑构件——窗、墙、柱的先前经验（作为目的的质性），建筑的材料“们”，在观者视域里构成了一幅拼贴般的二维图像，再现的只是纯然的面饰，材料的本性才更能够得到显现，并摆脱了建筑构造逻辑中的“条条框框”，其抽象的审美意义在此被纯净地开启。很多建筑设计就是通过去除或破坏建筑构造逻辑的固有意识而实现面饰的独立抽象美，如面对大雪覆盖的建筑，去欣赏雪。一旦将材料的表观与建筑构造逻辑对应，就形成了对建筑构件准确的装饰性，这使得木质柱子和木质窗棂似乎出现了建筑意识上的差别。因为建筑构件为材料添加了质性，使作为物的

---

① 胡塞尔认为，一个意识行为所具有的意向本质（das intentionale Wesen）是由两个抽象的成分所组成的：质性和质料。

材料拥有了用具性。当面对来自构造逻辑的“制约”时，建筑材料的质料领受将让位于被构造、被归类的质性。人总是先定位材料在建筑中所处的构造“地位”，再去关注其面饰的效果。

（2）构造 构造是材料证明其在建筑中自在的方式，也是使建筑成为建筑的基础。在建筑材料的意义立义时，质性和质料是密不可分的，这体现在人惯以将材料的材质和承重的能力建立二元映射。也就是说，如果材料对于建筑具有构造功能，具体的面饰功能就会随之而来。这促成了倡导材料本性二元统一（质料—质性）观念的涌现。但同时，建筑师们又妄图将建筑分为构造部分和饰面部分。正是这种含混的对应方式造就了建筑的复杂性。多米尼克·佩罗（Dominique Perrault）[①]声称，在建筑学上有两种美（图3-1）：一种是客观美，依赖于建筑材料的表达、施工工艺的精确、空间的整体尺度等；另一种是主观美，是人基于个体经验，发生在知觉建筑后的评价。[②]如空间之间、材料之间的比例关系，或对建筑体形轮廓的走势和外观的审度和感悟。从材料的层面出发，前者大多源自材料的构造本性，后者则是材料的面饰本性的体现；前者是基于建筑背景的用具性，后者是始于自然背景的直观物性并走向生活世界的艺术品性。

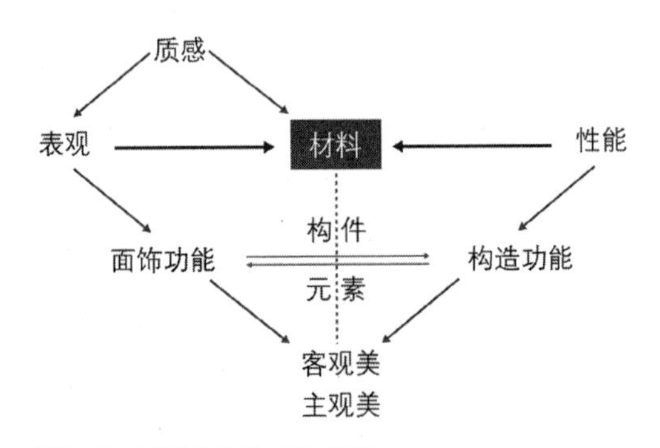

图3-1 材料本性的二元多重

① 多米尼克·佩罗，法国著名建筑师，是极少主义的拥趸，并欣赏罗伯特·史密斯（Robert Smithson）的大地艺术，提出著名论点：“设计是关于物体的，建筑是关于场地的”。

② 对应朱光潜在《谈美》中的观点，客观美是逻辑的“真”和功利的“善”，主观美是存在的“美”。功利的“善”和逻辑的“真”遮蔽存在的“美”。与多米尼克·佩罗相比，提出的更像是一种针对建筑的审美态度——不拘于主观美的建筑美。

3.1.1.2　材料显现的多元

（1）自然显现　材料的自然显现是对建筑材质属性的本真再现，是长久以来众多建筑师的设计追求。无论是基于饰面的纯粹的视觉显现，还是遵从受力法则的构造表达，所有关于表象和结构的质料与质性的思辨，都建立在建筑师对材料的理解之上。此外，寒地建筑材料与所处环境——寒地的关联也是材料实现自然显现的重要基点。如，从无饰面的混凝土建筑中，人可以理解设计师对于作为材料的混凝土承重质性的尊重，但是其饰面性却总使人困惑，因为混凝土并非直白地源自自然。就像森林深处的玻璃房子，很难想象出现在伊春小兴安岭上，摆置为一座住宅或小型博物馆——漫漫密密的深棕色松林很难和美国伊利诺伊州的阔叶原野同比。范斯沃思住宅宣扬的亲近自然的方式显然在我国寒地是难以成行的。密斯利用玻璃这种20世纪50年代的主旋律材料语言，将建筑作为透明的介质去调和人与环境的关系。这种对于观看自然的“设置”是直接的，但仅限于建筑的主人，并不包括非建筑使用者。而小兴安岭守林人的小屋采用就地取材的材料策略，与自然环境融为一体，去体现从自然环境到人工环境的过渡关系。前者采用“透视”的手段，透明性意味着同时对一系列不同的空间位置进行感知[①]；而后者是基于建造角度的材料利用。材料质料的自然显现促成了建筑意向的视觉直译，也是下一图像意识阶段的原点，更体现了人的在地关系的思考。

（2）人工显现　材料的自然显现和人工显现在建筑中具有显著的辩证关系。首先，维特鲁威在《建筑十书》中提出建筑中显现的材料本性皆来自人工，因为原始状态的材料很难直接用于房屋建设，即使是原始穴居也是经过了对山体的改造才得以实现，虽然无法称之为真正的建筑，但由此可见人实现“天然”栖居的难度。其次，建筑材料追本溯源的结果都是自然环境，为实现人工制造的建筑，在建造中的人为加工就成为必不可少的环节。再次，材料的自然显现认知是人工显现的前置条件。卢克莱修（Titus Lucretius Carus）[②]

① 柯林·罗，罗伯特·斯拉茨基．透明性［M］．金秋野，王又佳，译．北京：中国建筑工业出版社，2008：26.

② 卢克莱修，约前99—前55年，罗马共和国末期的诗人和哲学家，著有哲理长诗《物性论》。

在《物性论》中通过定义材料的基本属性和次要属性，强调了他主张的“事物的属性”：自然材料必须通过人工得到其本质的显现。如，木材的砍伐时间、生长地点、季节气候等都是通过人工对比，实现了木料作为材料的认知框架。所以，应当清晰地认识到材料都具有“人工”创造的成分，并且在建筑设计中，这种创造基于对材料自然属性的让步程度或应用程度变成了设计师自我意识的体现。如木材取自于自然的、竖向生长的树，建筑师通过加工工艺，使其呈现出非直、反弯的效果，其所呈现的建筑图像将与一般的主题不完全统一。与此同时，不同地域的地方性材料差异较大，材料的自然原生性体现了质料的在地关系，同时其加工方式既体现了地方工艺与审美倾向，同时更揭示了当地居民对于环境与自我认知的辩证关系（图3-2）。材料的呈现方式自身就是层面完整的寒地建筑认知图像的切片。

图3-2　圣本笃教堂采用淬火的木材做外立面（资料来源：ZUMTHOR P, BINET H. Peter Zumthor Häuser, 1979—1997 [M]. Verlag Lars Müller, 1998: 57. ）

（3）实验显现　佩罗认为，在建筑被观者领受的过程中，客观美是最为基本的，主观美只取决于人的习惯，所以，所有直观的观察都具有特别重要的意义。在研究中，他尝试通过分离观者综合后的知觉经验，建立各个感官与之对应的关系，发现直观知觉的结构和日常的大众经验结构存在一种对等关系。那么突破所谓的对等关系，或者通过固定的对等关系所产生材料图像的“错位”联想就是材料的实验显现。而这也是佩罗的实在美的真正意义。近年来，建筑师开始致力拓展现有材料的自然属性与人工认知的对应关系，如厚重的石材通过打磨获得了半透明的属性（图3-3）；或是通过面饰叠层使一种材料获得另一种材料的“表面图像”。引起反日常的知觉成为材质表达的目的之一，由此通过对质料图像的定向意象设计，使观者在对材料图像的领受中需要完成信息的收集、沉淀及综合的过程以达到最终的意识体验。在观者回响中，该意识会投射回建筑材料显现中，获取一种实验般不确定、不稳定的刷新认知。

图3-3 德意志银行采用了半透明石材立面（资料来源：URSPRUNG P, PARDO J L, MATEO J L. Josep Lluís Mateo: works, projects, writings [M]. Barcelona, Polígrafa, 2005: 286, 288.）

3.1.2 表面属性与感性经验

3.1.2.1 表面属性的确立

物的直观属性赋予物以持久性和坚固性，同时也是引起物的特定感性方式的元素，如色彩、声响、硬度、大小等。当将物明确为建筑材料的观察方式时，物的认知形式也就确定了。所以，作为物的建筑的持久性和坚固性源自作为物的材料和其形式的综合。于是，对物的观察需要从两方面展开：材料和形式。其中，形式是材料被体验的形式。那么，感知建筑材料需要基于多重物的物性的体验综合。

在寒地建筑中，即使使用相同的材料，但是在不同的地貌、气候、空间形态等环境“物”因素的作用下，都会引发建筑意识带有自组织性意味的“属性”转变。因为意识发生机制依托建筑空间，评价主体是观者。所以寒地建筑意识的生成过程，呈现出建筑空间第二属性更具主导性的现象。在此，观者个体的从寒地环境出发的建筑材料观最为根本，存在地域性转译。如木材的第二属性呈现在冬季的寒地建筑中（图3-4）与在热带建筑中（图3-5）有显著差异。当然，并非指这种差异只由地域完成，而是材料在建筑空间的显现需要综合地域的整体“氛围”。但是，近代建筑材料出现了大量非直观自然材料，如清水混凝土，由于观者无法直接知觉其本源，且发展时间相较其他材料比较有限，尚

图3-4 Solo小屋，加拿大（资料来源：SoLo小屋［J］. 当代建筑，2021（10）：76-81.）

图3-5 萨尤利塔树屋，巴西（资料来源：Build LCC. Craft of tropical modernism, an interview with Mark de Reus, Part 2 [J/OL]. (2015-09-22). https://blog.buildllc.com/2015/09/interview-mark-de-reus-part-2/.）

未凝练出具有映射感的第二属性，不具备为建筑知觉原初性奠基的能力，使建筑知觉呈现出无地方感、无方向感（图3-6）。所以，建筑材料表面属性的确立本质，是将材料还原到最初的面貌，并以其地方性作为“背景”属性。

3.1.2.2 感性经验的积累

在建筑设计中，建筑师对待建筑材料的态度总在显现与隐匿之间徘徊。正如沙利文所说，真正的建筑师是一个诗人，但他不用语言，而用材料。但实际上，空间是材料表现的载体，材料基于属性成就空间时，不论是材料的第一属性或第二属性，都属于表面（直观）属性，一并构成了建筑空间的第一属性。并且，空间的第一属性随着建筑的在地关系，综合人本判断、体验，沉淀为建筑空间的第二属性。建筑的人本在地关系本质（本原）在此获得了始于材料认知的支撑。在前文建筑材料第二属性的影响因素探讨中，提到了风、光、热等诸多自然环境条件，甚至木材砍伐季节对其形成的制约都可视作木材图像获取的外部参数，是“自然的存在”通过“材料的存在”的存在体现。再回到建筑空间，作为一种人工产品，“建筑的存在”的根本条件是“人的存在”。所以，建筑空间的第二属性根本上是由不同外因辅以人本判断，综合为基础的感性经验积累。在不同的场景中，建筑空间材料的感知，如寒地雪夜中与热带暖阳下，在凛冽寒风中与在曝日尘沙中，材料的第一属性并没有发生变化，但观者对建筑的整体性认知更为关注。同时，相较下，材料的第二属性和建筑空间的第一属性已经截然。如果只有自然环境的因素，那材料属性是可能被呈现为数据式的线性回归，但一旦加入了人本因素，材料的空间层面第二属性即刻成为理解建筑的重要图像意识的结构层面。

图3-6　建筑无地方感（资料来源：MINH T. Thismintymonent [M]. San Francisco: Blurb, 2018: 5.）

同时，建筑师对待建筑材料的情绪也存在抵抗和跟随两种趋向。在寒地冬季，冰、雪和寒风不仅是自然气候现象，更是寒地居民的生活环境。除排雪、清雪、倒雪外等消极的“抵制”情绪与“动作”外，寒地文化也孕育出了享誉世界的冰雪节和冰雪竞技项目。冰雪行为并非局限于基于冰雪覆盖或以之为介质的体育活动，更广泛的是用冰雪的各种形式表达对冰雪气候、冰雪城市的热爱与赞美。不热爱寒地的人是难以创作出动人的冰雪艺术品的，这种热爱需要源自对特殊的寒地环境、寒地材料的感性经验与积极情绪的积累。在此，无需论证对艺术品的鉴赏是否存在审美结构，因为对抽象事物的理解层次及理解结果大多取决于个体的感性综合，只能实现个体的内在共鸣的高度一致[①]。这也解释了为什么对事物抽象经验的局限性会限制人对寒地的感知维度。

3.1.2.3 意识图像的自主

自主性是一个哲学概念，康德（Immanuel Kant）将其定义为“应该蕴含能够”（ought implies can）。“应该”代表着个体的理性判断，“能够”暗示了个体具备的能力，“应该”和“能够”之前存在一个隐而不现的“缝隙”：个体的理性必须架构在意识的选择自由之上，意识是区别人与机器的根本属性与方式。材料第一属性自在的同时，还在与环境—人的互动中产生了具有自主性的第二属性。换言之，环境的可能性造就了材料的第二属性，为探讨建筑空间第二属性提供了从图像到意识的自主性前提。近年，诸多建筑师都表现出对材料第二属性的关注。如莱瑟巴罗在《建筑本原之外》（*Architecture Oriented Otherwise*）中，应用了《别样于存在或超越本质》（*Otherwise Than Being, or, Beyond Essence*）[②]中的哲学概念及研究方法，通过建筑案例对城市、建筑、材料的关系加以佐证与论述。其中，关于“存在”（being）的洞见也反映了当代建筑学者一种普遍的炽热聚焦——对建筑材料的“感性”（sensibility）甚至“肉感”（sensuality）的发掘。这种感性往往指向源自生活的精神与艺术。穷尽一生都在尝试填补从生活到艺术的认知位差的美国画家罗伯特·劳森伯格（Robert Rauschenberg），曾向莱瑟巴罗总结自己的艺术人生观：“艺术和生活是密不可分的。如果谁尝试将它们分开，就会失去所有。”艺术和生活间存在显著的差异与联系，显然，在建筑和艺术之间也是存在的：与真实的生活不同，建筑蕴含艺术性的升华，但是和纯粹冲击灵魂的艺术作品相较，建筑又像是生活。莱瑟巴罗认为，建筑设计更多地实现了人的栖居精神，而建筑结构使功能庇护所得以存在。[③]所以对建筑材料的图像联想的研究就是一种连接生活

① 阿恩海姆的审美心理学里解释了人对抽象事物的理解层次及理解结果大多取决于个体的感性综合，该过程以达到内在情绪共鸣一致为结束。

② 为1974年哲学家列维纳斯（Emmanuel Levinas）出版的著作。主要谈论了被他者唤起的主体——一个在对他者的需求做出回应中生成的责任主体，是由被动性变为主动性的主体。

③ LEATHERBARROW D. Architecture oriented otherwise [M]. New York: Princeton Architectural Press, 2008: 21.

与建筑艺术本体的沉思。

建筑材料的图像意识建构，是以材料直观图像下的第一属性为始基，延展至材料互动环境的第二属性联觉，终将第一属性和第二属性融合、沉淀成材料的在地表面属性的基本轮廓，并成为所需被承载的建筑空间的第一属性。人作为该认知结构的主体，在这一过程中完成了对材料认知的从图像到意识的自主演进。所谓演进，是建筑材料在空间中被理解其“存在”，与艺术品审美过程具有一样的结构性。在探讨“存在”并凝结建筑空间中的建筑材料观时，需要的是一种人学的立场，物质主义（materialist）的纯然客观显然是不合时宜的。建筑中的材料都是经过加工的，只要离开原生状态就失去了本真的纯粹性。材料基本的、不变的性质已经在建筑空间知觉中失效。建筑材料意识需要被整体审视和把握。该观点从文艺复兴时期起就已经得到普遍承认及深刻探讨，并在北欧寒冷地区有着广泛实践。北欧建筑师在独特的寒地环境下并没有盲从后现代建筑的科技材料观，一直以来，潜心追问材料在地方和历史双重语境下的特殊呈现方式及建造传统，使其地方材料观呈现出环境观的多义拓展。该建筑思想体系与巴什拉在《空间的诗学》中所描述的对家宅与环境的觉知关联建构，契合度极高。①

3.1.3 物质返魅和觉知氛围

3.1.3.1 材料的图像与无图像

“无图像”（non-image）是让・努维尔（Jean Nouvel）在1988年耶路撒冷建筑研讨会演讲中提出的概念，表征为人类“极端渴望自己像魔术师一样，能够随心所欲制造出突然出现或突然消失的任何事物；也能瞬移或更快地自我推进到任何灯光照亮的位置”②。为了证实或至少支持这个观点，努维尔重复了保罗・维希留（Paul Virilio）对当代科技的观察结论：“速度和技术消除了人与自

---

① 巴什拉认为，家宅的感受与所处的环境有极大的关系：“暴风雪中会更感激远方家宅窗子中流出的灯光。”

② LEATHERBARROW D. Architecture oriented otherwise [M]. New York: Princeton Architectural Press, 2008: 78.

图3-7 阿拉伯研究中心（资料来源：LLOYD M C, RUAULT P. Jean Nouvel: Les éléments de l’architecture [M]. Paris: Adam Biro, 1999: 103.）

图3-8 卡地亚当代艺术基金会（资料来源：LLOYD M C, RUAULT P. Jean Nouvel: Les éléments de l’architecture [M]. Paris: Adam Biro, 1999: 145.）

然之间的、我们的世界与宇宙之间的障碍”。支持这些技术和地方观点的评论给詹姆斯·特瑞尔[①]的透明性作品和努维尔在巴黎的设计作品——阿拉伯研究中心（1981—1987）和卡地亚当代艺术基金会（1991—1994）（图3-7、图3-8）提供了参考。在这两个作品中有着一种剧烈的、近乎消除的减少——消除了人所在的“世界”和传统建筑所创立出的自然间的分割。这是因为“人希望在天堂和我们之间没有任何东西——什么东西都没有……我们想要一个建筑材料不存在的状态，能够把我们在此置身于那个非人工的世界”。莱瑟巴罗理解这里努维尔想表达的是自然，但是又绝非纯粹的自然。努维尔所倡导的是，即使在城市也不应该放弃与自然的联系，城市作为人工的材料被加工出来，形成的新图像就已经与自然有了隔离。“玻璃，是最无形的一种材质，将是重建建筑与

① 詹姆斯·特瑞尔（James Turrell），以空间和光线为创作素材的美国当代艺术家。

自然、城市生活的连接的关键，就像世界—自然的连接是通过城市的世界来实现的”[①]。依据前文所总结的建筑材料的图像属性结构，玻璃提供的自然，是使自然之物尽可能保留其原真性地呈现在人眼前，并非如“搬运”木料、石材般在建筑里创造出自然的图像，而是用“透明性”，直接将环境立于人前。此刻，玻璃的图像就是自然的图像，而并非材料自身的图像，达到了努维尔所说的“无图像”或是“去图像”，从城市角度出发，批判割裂的建筑城市图像虽然实现了世俗化，但没有根基，失去可生长的生命力。

3.1.3.2　材料的时间与空间

建筑师对于建筑氛围的追寻始于对材料时间与空间的解译。意大利伟大的建筑师帕拉第奥（Andrea Palladio）推崇不经雕饰的建筑，认为其根植于景观地貌，且运用本地材料构筑完成，可以天然地与环境融合为统一的氛围。卒姆托正是依据此种观点，对自然环境中的建筑材料加以天然化地“组合”及“镶嵌”。对于材料的该种认知的方式，是从历史维度自下而上的理解结构，其与生俱来的“氛围感”和“空间性”是不言自明的。如，当一棵具体的树木或者木材置于观者面前时，树龄会被无意识地加入对其知觉过程的任意时刻，这是源自自然的时间氛围感。相反，洁净的金属材料就难以使人产生时间氛围感，所以建筑师为了使建筑呈现意蕴的历史氛围和强烈的空间边界感，会运用金属锈蚀的方式及可塑性低的刚性材料（图3-9）。材料，被视为时间和空间的陈述者而存在，时间感和空间感是最为迷人的氛围，当事物的情绪有了时间的维度，空间感便诞生了。

图3-9　犹太人博物馆（资料来源：李晓明. 建筑三十九渡［M］. 北京：清华大学出版社，2017：87.）

---

① LEATHERBARROW D. Architecture oriented otherwise [M]. New York: Princeton Architectural Press, 2008: 55.

（a） （b）

图3-10 瓦尔斯温泉浴场（资料来源：ROOS A. Swiss sensibility: the culture of architecture in Switzerland [M] Basel: Birkhäuser, 2017: 129, 130.）

在努维尔发表以上评论的同一年，彼得·卒姆托提出了关于建筑与其所在环境的关系的看法。与努维尔的“去材料化”截然不同，卒姆托在写到他设计的瑞士瓦尔斯温泉浴场（图3-10）时解释道：“这栋建筑取形自一个由草地覆盖的大石头物体，深深嵌入山峦，又处在山峦之中——我们试图给予这一连串词语一个建筑化的阐释……引导着我们的设计，并一步步赋予其形态。”在建筑—环境中，人依靠材料获取丰富的触知，建筑材料在其完全具现者（如山峦、石块、水流）中，好像建筑化的空间是先前的存在物，只是暂时隐而不现；卒姆托并不追求一个轻盈的建筑，而是实心的、深沉的、厚重的一个重建筑。这样一来，建筑与环境性质上是共通的，一道成就从材料到空间的建筑氛围。努维尔的作品提供了建筑室内通往其环境的纯粹通道，而卒姆托作品用室内外的界面模糊性号召更为纯粹的连接：实质性的空间和状态，而不是维希留和努维尔所说的穿越性（trajective）的东西。当这一对比似乎展现给观者另一个对立和选择的时候，努维尔和卒姆托对于连接性的争论——前者通过透明性来表达，后者采用材料性，意味着当这两人被同样看作是关注建筑与环境互相连接关系时，他们给出了微妙的不同理解。

3.1.3.3 材料的知觉与意识

维特鲁威在《建筑十书》中提出不同材料之间潜藏着相似性特质，但是之后从佩罗至洛吉耶，至切萨里亚诺（Cesare Cesariano），再至皮拉内西（Giovanni Battista Piranesi），无一不对之作出相反的论述。[①] 如果正如洛吉耶所指出，强调材料的相似性是在鼓励建筑材料之间的模仿行为，那么为什么不让建筑材料去再现（representation）其自身。建筑材料之所以能够成为自身，除（表观）图像外还更多关涉其内在性质，是无法通过表观模仿而获取的。与此同时，建筑师在建筑创作时，也需根据不同建筑材料的独特性质来进行材料的选择和相应的建筑建造。材料的形式应该与它独特的属性相一致，进而构成连贯的建筑意识。当外界环境假以委蛇模仿，材料属性的内部结构在被人领受时就会发生混淆。如果外界的环境特征与第一属性的因素呈正向促进，那么知觉意识更多的是基于材料第一属性中力学特点的回归。顺从的感知激发的是关于材料自身的沉思，因为第一属性的显现和第二属性的呈现没有产生矛盾。当维特鲁威坚持让石材呈现树干的状态时，显然，可以用树木去直接表达树木。但是建筑材料第二属性的外界因素——建筑空间使载体有了与第一属性不相符的因素特性，而对第二属性确立的过程是观者——作为主体认识自我的再现，那么意识的主体是人，材料的第一属性主体是材料本体，建筑材料从知觉到意识实现了主体到客体的转化，也完成了观者日常通过材料认知世界的过程及目的。即使人已经掌握了材料的“科学性”特征，但事实上，“事物并不能通过感观、感觉或是看法来传递；我们直接面对事物，我们只能从次要方面了解自己知识和认知的局限性”[②]。对材料的知觉意识必然需要从第一属性走向第二属性。

---

① 史永高．材料呈现：19世纪和20世纪西方建筑中材料的建造-空间的双重性研究［M］．南京：东南大学出版社，2008：11-24.

② 莫里斯·梅洛-庞蒂．知觉现象学［M］．姜志辉，译．北京：商务印书馆，2001：240.

对于材料的图像感受——自身材质问题，需要确立以人作为主体。就像维特根斯坦提出的“作者的建筑学”，强调建筑空间的认知过程并非个人对空间的应用性再造，而是个体作为感受的主体，尝试去描摹空间，实现空间再现的必要性——没有主体就没有描摹，空间无法再现。无法再现的空间就是没有主体的空间，只是一系列材料的组合（这里的材料也无法称为“建筑材料”）。在描摹的过程，空间的材料元素择取具有二元对应的原则，但是却没有绝对的择取结果或规律。所以建筑材料的认知的个体因素在此是首要的。承认个体选择与基于经验的再现是讨论寒地建筑材料认知问题的前提。

3.2 反映寒地界面的表皮建构

3.2.1 围合概念与表皮界定

3.2.1.1 材料的组合与交错

在建筑意识形成过程中，观者的知觉对象直指物体，其一旦被构成，就显现为过往的或可能的关于该物体的所有体验的缘由。如，“我”从某个角度“看”附近的房屋，其他观察者从另外的角度、位置也在“看”同一个房屋。但事实上，真正的这个房屋并非这些被观察而得的显现中的任何一个，既不存在于“我的角度”，也不存在于“别的角度”。正如莱布尼茨所说的，建筑是观者从所有视觉角度和所有可能的视觉角度看的几何图像，既然没有任何一个人能够从所有角度去看这个几何图像，那同样也没有任何观察者可以洞悉该建筑所有的建筑图像，所有人都无法真正完整地知觉该建筑图像。但如果否定建筑图像可以通过人在某个位置的观察获得，难道是在否认建筑的可见性吗？显然，不完整的建筑图像也不影响人的建筑意识的完整充实，因为建筑图像的发生不止于视觉，还隐含了位置的信息，但是位置信息又不只包含在视觉角度中。所以观者所获取的建筑图像，实际上是由视觉和位置信息的材料组构而成。

在卒姆托看来，石材或者木材这样有限的、未经过处理的原始材料，都有为其“所在”的建筑表现注入惊人力量的机会。卒姆托大量的设计都锚定于“揭示这些材料中没有掺杂任何文化色彩的折中含义”，并让“材料在建筑中回响和发扬光大”[①]。很多寒地建筑师都喜欢通过材料的组合运用去引发观者对寒地建筑的深层阅读，就如瓦尔斯温泉浴场通过多种材料去模拟自然，将建筑消解在漫漫雪山中。当然，这里也有必要探讨一下对于单一建筑材料的拥趸者——像安藤忠雄这样对某种材料有自己的“执着”的建筑师。通过前面的论述可以得出，对材料的阅读会通过第一属性的表层阅读延伸至第二属性的联想；由建筑材料引发“读者”对建筑信息的不断收集与整理再造；建筑意识是在一系列信息的具有结构的获取过程中逐步建立起清晰轮廓。当建筑图像只由单一非自然建筑材料组成时，自然联想性的缺省使其在被阅读时会产生间接联想。如安藤忠雄的“读者”会知觉混凝土的颜色，灰色的像石头，白色的像珍珠岩，粗糙的像自然雕刻，光滑的则会有金属的冷漠感等。其属性的领受建立在观者个体对其他具有第一属性的自然材料的先验和有效回忆的重构上。因此，当材料失去第一属性，也就是没有自然的“链接”，建筑塑造就像设计师在手工塑模，观者会即刻将意识建构聚焦于下一个认知层次——空间。在这般情况下，对于建筑空间的理解会变得纯粹且集中。

（1）透明的叠印　这里说的透明，是从材料第一属性出发的“视觉可穿越”，视线透过第一材料，观看第二材料。如戈尔杰·凯普斯（György Kepes）在《视觉语言》中将透明定义为“不同空间位置的同时感受”。此时获得的第二材料图像，不同于直观第二材料所领受的图像，而是叠合了一部分第一材料的属性特质。在此，凯普斯既沿用了吉迪恩描述的真实的透明，又提出了现象的透明。现象的透明是理知的结果。在寒地建筑寒冷界面图像体验中，充满了这种透明的叠印的认知结构。如，即使已经拥有明确计量单位的、数字化的方式来标定温度，人依然习惯透过窗子望向室外，通过解构室外的视觉图像以产生经验化的冷热预判与气候信息，这种认知方式更为直接、具体，如室外地面上的雪有多厚、风多大、可能的温度感受等。此时，玻璃窗与室外的材

---

① 大师系列丛书编辑部. 路易斯·巴拉干的作品与思想［M］. 北京：中国电力出版社，2006.

图3-11 K Ⅶ，莫霍利-纳吉，1922年（资料来源：BORCHARDT-HUME A. Albers and Moholy-Nagy: from the Bauhaus to the new world [M]. New Haven: Yale University Press, 2006: 17.）

图3-12 溜冰场，费尔南德·莱热，1921年（资料来源：LÉGER F, AFFRON M, HAUPTMAN J, et al. Fernand Léger: Exhibition, The Museum of Modern Art [M]. New York: Harry N Abrams, 1998: 267.）

料图像都形成的透明的叠印是真实的透明性。通过玻璃窗，观者所处的室内空间与室外空间有了体验的联系，图像联想将身体置于窗外的寒冷环境中，先验都会融入图像综合成当下化的意识，是现象的透明性。该原理如同构成主义的莫霍利-纳吉（Moholy-Nagy）在创作中的直叠图像（图3-11）和立体主义的莱热采取在暧昧空间的虚构中辨识出现象（图3-12）。

透明性的论述还可以从建筑材料的第一属性过渡到第二属性。当不同建筑图像在视野中“重合”（同步在场）时，即使作为遮挡角色的建筑不存在第一属性中“视觉可穿透”的性质，也没有人会认为该建筑在形体上是缺失的。面对不透明的叠印，在寒地建筑图像感知中，联想知觉的“惯性”会使观者在意识建构中将被遮挡的建筑图像补全。[1]即使结果并不准确，但是完型的建立有利于进行接下来的意识的延展。所以，当建筑图像发生不可穿透的叠印现象时，观者会不断调整自己的位置进行叠印的获取以建立完型。身体在移动的同时，建筑材料图像也在变化。此时的透明性是领悟现象的透明性，建筑意识的真实发生，都像是透过玻璃窥探一般——所有的看都是建立在视线从一个空间

① 阿恩海姆在《格式塔心理学》中阐释了人“图像补全”的行为是出于“完型”的心理需求。

到另一个空间的“图像—背景”认知关联。在寒冷地区冬季，气候提供了建筑图像“背景”的材料属性，如天空的苍茫、周遭环境被雪覆盖的单调，甚至积雪融化的泥泞等。在这些“自然”环境的掩映下，建筑都或多或少地获得了叠印的效果，空间在叠印的过程中实现了层化结构，是感知图像获得超越材料意识的机制。

（2）记忆的联想 记忆是个体的数据库，记忆的联想类似于数据匹配的过程。柏拉图认为，所有的意识判断（cognitiation）均需建立在经验之上。通过匹配相似从而获得理解这个世界的途径。所以，实际上，个体对世界的总体性的认知通道就是记忆，而通道建立的过程是联想。如看到雪的图像，可以产生对冷的联想，拥有不同的雪的记忆的人，联想产出也是不同的。雪的图像与寒冷之间无法建立起简单的二元对应意识，而是一系列具有一致性认知结构的结构簇。此外，记忆的联想还可以引发情绪。柯林·罗能“通过玻璃幕，感受到混凝土含蓄的激情”[①]，显然，这是无法通过分享而直接获得的。应该说所有的联想都首先建立在个体经验上，只能去分析意识结构而无法得出确切的结论。

1948年，亨利–罗素·希区柯克（Henry-Russell Hitchcock）在《走向建筑的绘画》（*Painting Toward Architecture*）中讨论了现代绘画与建筑学之间的联系，提出建立在多建筑材料上的联想是当下主要的理论与实践发展方式。这一观点在整个20世纪五花八门的艺术运动中可窥一斑。当不同材料在同一个画面中被观者整合时，各种材料就不再也无法独立存在了，而是由联想产生关联性。寒地建筑的材料感知，主要源自材质与质料的“混合”，最具特征的是其必包含基于寒冷性的记忆经验。如雪对建筑外表皮的材料的覆盖抑或是对比产生的联想，使冬季建筑的图像意识区别于无雪的夏季，是寒地环境材料记忆的联想奠基了整个寒地建筑的意识结构。

3.2.1.2 材料的经验与超载

“我确信，一个好的建筑必须能够吸引人的生活轨迹，由此获取特殊的丰富性。”卒姆托在此暗示建筑材料作为建筑近人尺度的所在，其自身应该承载

---

① 林楠. 彼得·卒姆托：完美的理想主义建筑师［N］. 中国美术报，2017-01-16（24）.

人的印记，而非只有几何样式或者空间形态。当然，如果材料无法参与经验的构建，相关的体验也就不会发生，建筑材料的第二属性就无法得到超越第一属性的反馈。在设计伊始，建筑师往往无法避免从自身经验出发去想象和“预测”使用者的“生活轨迹”，并依此来组织材料语言。预想中的轨迹也许会发生，也有难以感知或认同的可能。对于建筑材料的感知，无需特殊的技术或是专业的知识[①]，大多只是个体间的通识，即建筑材料围合的空间所创建的图像感知第一共识。

当然，复杂的建筑图像可以足够动人并改变观者的轨迹，但是对于生活本身进阶式的提升还是相当有限的，起码对于更为关注材料第一属性的设计师而言，复杂形式的必要性是有待商榷的。1908年，路斯发出对带有浓郁装饰主义的城市图像的强烈否定，建议将家宅“去装饰”；1924年，柯布西耶发表了关于法国装饰主义的著名批判论调：“那些椅子表达欲望太强了”；20世纪末，安藤忠雄表示在他的建筑中，尽量使用少的材料，更多通过简洁的造型以最大化地情感表达。摒弃所有多余的元素与材料是使空间真正实现人本存在的极致真实的表现。实际上，过多的建筑材料图像，在对建筑空间的领悟中形成了信息的超载，使观者体验真实空间变得困难重重。纯粹不等于肤浅，超载难以取得抽象的深刻。如果对于材料的理解大多建立于二元对应，那么过多的元素在建筑本原认知结构中，显然是难以厘清的。与热带区域不同，在寒地，主要由建筑承载人的生活轨迹，人90%的时间都在室内度过。其中必然存在由于建筑材料的超载而淹没了生活本原图景的现象，或是将建筑意识停滞在建筑材料层面，并没有向更深层次拓展的情况——前者使观者在寒冷信息的杂乱堆砌中迷失，后者则难以唤起观者对寒冷情绪的共鸣。

3.2.1.3 材料的超越与绵延

建筑材料无法独立地存在于世。这可以从两个层面理解：建筑材料无法真空般被观者领会，其必须被融入一方场景中；当观者对某个材料的相关认知经验为零时，那一个时刻人是不能理解那种材料的，建筑材料需要通过记忆获得

---

① LEATHERBARROW D. Architecture oriented otherwise [M]. New York: Princeton Architectural Press, 2008: 78.

迭代的认识。所以，材料的第一属性是建筑材料意识获得的基质，但绝不是材料意识的全部。在建筑材料中，除了上述第一属性的基本维度外，还存在其在时间维度上的第二属性。建筑材料图像会随着时间和建筑整体图像一道获得“发展”，从而整个建筑获得可以超越时间的图像意识。建筑图像无法一成不变，建筑意识也不能被固定到某一个瞬间，只要时间不灭，变化总是永恒的。另一方面，材料的加工过程会被体现在材料图像上，所有被加工的流程都隐匿在各种图像印记中，且这种图像在认知结构中，具有明显的意识指向性——提供给观者一种定向的、非离散的体验。如在圣本笃小教堂中，卒姆托采用了当地的木瓦，沿用了传统的烧制工艺，颜色会随着空气中含水量的变化而变化，使建筑色彩一年四季在红棕色和灰白色之间过渡，结合整体造型建构出粗糙而又坚韧的触觉意向；建筑细节中包含了大量的弧线、翘曲，营建出近人的亲密性。对于材料的理解，需要超越此刻的时间，让联想绵延在细密的过去和未来。

3.2.2 多维分解与表皮流动

3.2.2.1 材料的动态感知

在寒冷地区，对建筑材料的认知漫流在建筑意识的形成过程，尽管人通常不会承认动态的模糊与聚焦的欠缺都属于正常的视觉感知系统，并且是理解事物的重要“切片”。视觉，公认为构建人日常知觉世界的主要信息来源[①]，但事实上，每个瞬间获得的单帧图像只是周围信息很少的一个部分：所得到的信息首先受到角度的限制，其次受到了脑聚焦习惯的影响——只有在焦点上的物体是相对清晰的，大量不在焦点上的图像是模糊的，也正因此，物体在空间中的深度[②]才得以显现。所谓超现实写实画派，就是利用了多次曝光的原理，使多焦点呈现在同一画面中。这种在建筑图像中材料被不均等地显现的“缺陷”，帮助人建立了材料的空间秩序，使图像在建筑体验路径上随着转移和转向有了方位的动态意义。在此，即使物体的存在并不依靠于作为主体的人的获取行为，但是如果不被获取，物体也是无法自证自在的。也就是说，获取的信息一

① 莫里斯·梅洛-庞蒂．知觉现象学［M］．姜志辉，译．北京：商务印书馆，2001：7.
② 梅洛-庞蒂认为，空间深度使空间中的物体具有逻辑，并在空间中被排列。

定是主观的、带有主体性的，人们自认为是客观的理知世界其实是主观感受的完整投射。

人通过视觉获得的世界图像并不是单一的图像，也无法真正独立于其他信息被感受。其意识必然被置于一种连续、可塑的认知结构，并通过记忆不断地融合并重建个体的感知。这也是视觉感知转换为表现性的触觉实体的方式，而不是快照镜头般的单一视网膜图像。最终，人之所以能够建立和维持体验世界的存在、持久和连续性，是因为对世界自身的体验性、触觉性的理解。恰如梅洛-庞蒂的观点："我们分享我们身体的存在"。其实，人可以把自我意识与世界意识视为感觉系统之一，在斯坦纳（Rudolf Steiner）[①]哲学中，人的四个组成部分就包括自我意识，对应歌德自然哲学观中物质的纯态。在对建筑材料的意识建构中，感知是必经通道，并且必须置于"背景—图像"的连续动态显现中。同时，最新的神经系统研究表明：颜色比形状更快被感知，形状比运动更快被感知，颜色和运动之间的感知差为60～80毫秒。在冬季建筑体验中，人往往先看到了一些色彩，然后才通过形状确认被观察的客体的属性，最后是它们所处的动态（图3-13）。建筑材料感知是具有顺序的，是连续的，可以说是动态的。

（a）外观

（b）细部

图3-13 挪威山顶小屋，设计师尝试采用动态的材料组织方式表达寒风吹过森林的意象（资料来源：WIEGEL A. Life amid the snow: skigard hytte by Mork-Ulnes Architects [J/OL]. Detail, 2020-11-30. https://www.detail-online.com/article/life-amid-the-snow-skigard-hytte-by-mork-ulnes-architects/.）

① 鲁道夫·斯坦纳，奥地利社会哲学家，人智学创始人，用人的本性、心灵感觉和独立于感官的纯思维与理论解释生活。

3.2.2.2　材料的意识建立

格式塔理论为建筑的材料图像建立起了表达的见解和相关倾向。这种论调虽然能够帮助人理解具有明确形状的彼此属性关联，并策划出一系列的形容词去描述该关联，如简单性、相似性、紧凑性。但是该理论刻意规避了那些无法用格式塔解释的形式与元素，因为格式塔作为图形—心理的认知模型，并无法向人提供所有图像的被理解都需要通过这一理论的支撑。弗洛伊德就已观察到对有意识的思想来说，从低层面思想中诞生而出的形式体验，如梦想、愿景、幻觉，都没有固定的、可被捕捉的形态与形式，充满了混杂的图像、联想和回忆，和其他体验相比，总是显得难以描述。但是正是这种看似没有训练过的、无法重复的意识过程蕴藏着丰富的艺术表现力和创造性的洞察力。这就是布朗库西（Constantin Brancusi）①所描述的对艺术作品应该具备引发“生活的冲击”以及“呼吸感”的深刻性需求。

艾伦·茨威格（Anton Ehrenzweig）②在其研究中对表面视觉与潜意识进行了区分，认为表面视觉所呈现的往往只是聚焦在图形上，体现出分离性；而早期的潜意识充满连续性和系列性③。对潜意识视觉的实验已证明出潜意识视觉在扫描总场时的优秀效率。如人能够理解有意隐形的、潜意识的图像所发出的极快曝光。这种能力被建筑师巧妙地运用在建筑隐喻和暗示里，以及其他形式的心理调节方法之中。艾伦·茨威格令人信服地确定了潜意识感知与思考在创作过程中的优先地位。他甚至认为人思想中所有创造行为——包括建筑设计及建筑意识，都包括了一部分表面功能的“暂时性瘫痪”，并非在意识结构中每个环节都需要所有感官的统觉，有些时刻更为集中在某种特定的感知，以获得相对集中、纯粹的意识。依此，艺术语言中难以描述的成分，不仅仅是对多重艺术形式进行细节上的增加，而且很可能就是艺术语言的来源与本质。艾伦·茨威格认为“非格式塔视觉”（出现在格式塔视觉规则之外的视觉模式）是至关

① 康斯坦丁·布朗库西提出艺术品要“在猛地一个瞬间给人以生命的喘息感”。

② 安东·艾伦·茨威格，奥地利艺术心理学家，其著作《艺术的隐秩序》和阿恩海姆的《艺术与视知觉》、赫谢尔·奇普的《现代艺术理论》并称为当代艺术心理学三部经典。

③ EHRENZWEIG A. The hidden order of art: A Study in the psychology of artistic imagination [M]. Berkeley and Los Angeles: University of California Press, 1969.

重要的，并认为对同时性的、并联的图像采用层次的感知能力，意味着必须要抑制正常的聚焦感知（图3–14）。根据亨利·柏格森的见解，“所有的创意思维都是以一种可与直觉相媲美的流动视觉状态开始的……后来，理性的见解出现了”[①]。艾伦·茨威格总结：“所有艺术感知都拥有一个非格式塔的元素……非格式塔的融合视觉是观察世界的艺术方式”[②]。

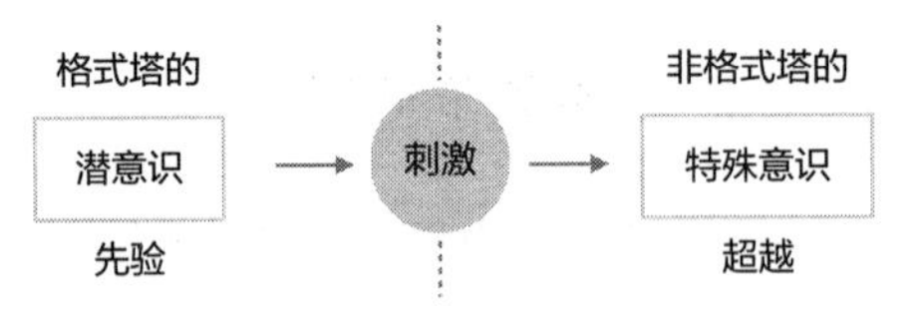

图3–14 材料意识建立的层次

潜意识的建立不仅是对主观世界判断的形成，也是客观世界存在的基石。[③]美国著名工程师理查德·富勒（Richard Buckminster Fuller）通过解释阅读能力的生成用以说明人的潜意识：阅读如同一种扫描，在扫描过程中，在潜意识发现任何新信息之前，他看到的那些页面只是一些不包含详细信息的毫无意义的灰色表面。只有在发现新信息的那一刻，他的眼睛才会专注于文本，在读完了对他的意识来说是新信息的那一段之后，该文本在此变为一种不含任何表达意义的视觉上的模糊。这一观点可以有效解释在我国寒地城市中大量重复的居住建筑难以引发人关于寒冷环境的情感波动，因为即使变化了形式，但那样的一种姿态已经留存在寒地居民的潜意识中，无法触动新信息的产生。所以从这一角度来看，建筑材料意识建立的层次取决于建筑表观图像是否脱离了观者对既定内容的潜意识约定，随后才能讨论材料意识的产生结构。

3.2.2.3 材料的氛围生成

氛围是建筑材料图像的共生体，卒姆托曾提出人对建筑氛围的领受，是

① EHRENZWEIG A. The psychoanalysis of artistic vision and hearing: An introduction to a theory of unconscious perception (1953) [M]. London: Sheldon Press, 1975: 35.

② JAMES W. Principles of psychology [M]. Cambridge, Massachusetts: Harvard University Press, 1890: 36.

③ 法国数学家雅克·阿玛达（1865—1963）在对数学思维的心理研究中提出，即使在数学中也依靠潜意识做出最终的决定，因为我们通常无法把问题清楚地形象化。像他之前的另一位著名的数学家亨利·庞加莱一样，阿达玛曾经直截了当地说，要强制性地“蒙蔽一个人的潜意识，从而做出正确的决定”。

当人进入建筑空间的瞬间就迸发出来的。美国哲学家约翰·杜威[①]曾热情洋溢地阐述过一次与教堂氛围的邂逅，扑面而来的先是富有表现力但是无法厘清秩序的材料图像，继而他又向读者提供了一番眼花缭乱的画面描绘：随着步入教堂，迎接自己的是突如其来的富丽堂皇，昏暗灯光下的缕缕香烟与彩色马赛克、雄浑束柱，融合成一个无法彼此剥离的总体印象。这比一幅静态的油画更加扣人心弦，因为观者“来到了”氛围的面前，并置身其中，这种即时的体验充满了感性和潜意识。作为一段真实的叙述，在视觉信息的初级收集中，所获取的材料信息是零散的，仅靠聚焦的前后顺序发生改变得以串联，除非是具有显著的位置或者标识，否则材料之间的秩序很难被按照一定刻意的指引得到领受。在整个建筑意识建构中，观者先聚焦的事物，即使经过设计师深切用心地设计了聚焦的流向，也不能保证该预想会在观者意识产生的过程中被完全地呈现。材料的被知觉是开放的、不确定的、碎片化的，被直观的纯粹属性散布在图像意识的结构中，散布的状态就是感知与意识的氛围。如，寒地建筑体验中，通过感知客体与过往经验及记忆的对比，人可以知道眼前的图像内容是雪、冰、树木、窗子等具有客观含义的“代现”符号。继而产生代现相关的联想：雪受力后可变形的联想、冰加热后消融的联想、木材雕刻加工的联想……材料的联想使眼前的材料图像投射离开了此在的空间，但并没有离开人的身体感知，这些联想感知获得的“寒冷感”和“寒冷意识”就是所谓寒地建筑氛围本原。

寒地建筑意识建构中材料的氛围，应天然包含对雪、冰、风、寒冷作为材料的氛围调和，使所有的材料都与之发生对话，进而获得一个综合的寒地与寒地建筑的总体印象。在这过程中，探讨材料绝对被发现的秩序性并没有实在的意义。因为个人的意识建构过程中会自由组构所有的元素，并自动发现组构平衡的着力点，形成整体的图像主题。

---

① 约翰·杜威（John Dewey），美国著名哲学家、教育家、心理学家，实用主义的集大成者，也是机能主义心理学和现代教育学的创始人之一。

3.2.3 时空关系与表皮体验

3.2.3.1 材料的叠合——光影

一般印象里，自然场所似乎是一个永恒秩序化的具现，并始终以自我为中心自在自为。自然光是自然场所中一种特殊的材料，可为建筑蒙上一层“光”的表皮，并附着一层“影”的图像。如在段义孚的笔下，欧洲北方的平原天空经常是“低矮”而“平坦”的，即使在没有云的日子，比较之下天空的颜色仍然是黯然无光的。光是半透明的，关于光在建筑意识中的描述大多是自然背景下对身体的扩展感受而已。这种感受也具有典型的地方性。在寒地城市，随着大气状况的连续变化，光线连接温暖感觉的暗示，成为一种生动、有活力且富有诗意的材料。像荷兰连绵的地表被光影分割成一众连续的小空间，光线在此具有地方性和亲民性的价值。而法国北方的地景则是向天空扩展，成为一个辽阔的“舞台”，提供给当地居民具有连续性变化品质的阳光。欧洲南方多半都缺少富有诗意的光线品质；强烈而和煦的日光“弥漫空间”，触发了自然造型或“物”的塑性品质。很明显，是“光线世界”的体验激发了哥特式教堂光亮的墙壁和莫奈（Monet）印象派绘画的灵感。

在冬季，光影除了能够帮助人判断建筑间的位置关系、材质、轮廓，还带来了区域感，是认知建筑的图像材料中一个特别的层次。光影自身具有强烈的时间性、温度性，带给人以自然的联想。人在感知建筑时，光是建筑可以被看到的条件，人可以将光的层和建筑物的层剥离体会。同时，是光在建筑中的运动引入了“自然场所”与“人工场所”的转换，丰富了建筑材料的动态知觉。

3.2.3.2 运动的绵延——时间

（1）过程 身体通过它在每个瞬间所占据的世界位置指示出材料中那些能为观者把握的部分及方面：观者可以通过知觉活动度量周遭的事物——基于现有的材料图像，获得关于时间的事物系列图像。如观者观察表面磨损的木料或是带有锈迹的金属，都能够想象出其未经磨砺时的面貌。由此，瞬间的图像可以在人的联想中获得过程的连续，时间在此也变得具体化（时间的具象在第二章中已经探讨过）。该过程是材料通过图像对时间的存储，是除了自身物性外的感官性和实体本性的呈现。由于时间的存在，建筑材料不再囿于科学范畴中纯粹的自我中心主义，而是与周遭的环境不断发生着交互与交换，体现着真正的存在。

当代普遍文化正向着人类与现实关系的疏远、感官冷漠、情欲衰竭的方向偏离。绘画与雕塑似乎也失去了它们的官能性。当代艺术作品通常表达了对感官好奇与愉悦的遗弃①，取代了对亲密感知的营造。寒冷的图像被僵化成单一的温度，寒地建筑正被批量设计成一个个与世隔绝的保温箱。实体感知的弱化使当下标准化建造更加乏味，失去了时间的维度并拒绝谈论“感觉”的设计，使人被迫生活在一个伪造而虚幻的世界。

（2）层析 自然的材料——石材、砖块和木材，在经验的不断强化下，视觉已经可以穿透它们的表面，非静态图像的探索使建筑材料的物性的真实得到肯定。自然的材料在从“自然物”成“材”的瞬间被静止，但是材料的图像却拥有对于其历史的自明性，包括其年龄、出身，还有被使用的过往，所有的信息都在图像—时间中延续，如磨损的锈迹可将丰富实践经历加诸至该物质的物性构造中。但如今，机械制造的材料，如巨大的、透明的玻璃，被抛光的金属板，以及当代工业革命中的伟大发明之一——合成塑料，正在试图向眼睛呈现一种单一的图像。原本不同的材料都在时间轴上呈现出自我的透明性，该透明的定义并非来源于光的渗透量的衡量，而是对时间—感知的层次生成。人工材料不含有与自然连接的时间维度，所以，它们难以与任何自然之物、之事构建起深层次的在地依恋。人工材料与非人工材料的图像对比，隐匿了风土的时间与所有意识的背景。

这种基于时间的透明性现已成为当代艺术与建筑的核心沉思主题之一。反射或透光、覆盖或并置等设计手法，都用来创造空间的厚度感以及微妙多变的运动感和光感。建筑的物—像化转变大多因此沉浸在“虚、实”的表达中，希冀能引发多变的空间、场所和体验。当材料的透明性，在不断叠层的图像加法中被获得的时候，图像的时间性便随之被消解殆尽。这对材料在环境中正渐渐消亡的时间体验有着突出的、破坏性的精神作用。人有一种强烈的精神需

---

① PALLASMAA J. The eyes of the skin: Architecture and the senses [M]. 3rd ed. London: John Wiley & Sons, 2012: 38.

求——确认“我们”正在生活在时间的长河中。经验是时间的存续方式，如果失去了在人造世界——建筑空间里的这种体验，即居所被材料技术的扁平化、透明性驯化了其栖居的本体，那么地域建筑就失去了在地表达，同时也无法安置永恒无尽的时间。既是枯燥的，也是濒死的。

3.2.3.3 知觉的综合——具身

具身①，既是知觉使图像产生了多维的实在，又是促进材料从局部走向整体的结构一致性。更重要的是，具身使时间、空间在材料中拥有相同的构造并实现同一。②所以，具身既是“在”本身，又指“在”的形式，还暗含“在”的结构。海德格尔在《筑居思》中提出一个建筑普遍性的思考，同样的建筑材料，是什么决定了这座建筑被制造出来，又是什么决定了其可以赖以栖居。他列举了和“住”与“留”相关的很多例子，并且提出了一系列常用的知觉词汇：平安、守护、在大地之上、自由……这一系列知觉的叠加，形成了一个关于居所家宅的意象。这一过程就是具身。对于“在”的理解，存于世界上几乎每一个事件当中，“具身”将看似不同来源的图像意识叠加了“在”的目的。就像人确定建筑材料的实体存在一样，需要将触觉的图像、视觉的图像、听觉的图像、环境的图像等，按照时间的轴线在建筑的所有环境中串联起来。因为认识建筑质料的终极目的是去理解建筑的本质。此时，建筑质料就成为建筑整体的同一结构，成为整个认知结构叠加而成的更庞大的体系。

寒冷的环境影响材料知觉的每一层被叠加的图像：在冷风侵袭下木料的粗糙；在冬日暖阳下铁架的暖意；掩映在一片白雪皑皑中的微有褪色砖块的残缺……失去环境去谈材料的认知图像，“具身”的“在”是不完整的，或者说难以达到真实的具身。在寒地，寒冷的环境除了风、光、雪外，必然包括风土中所有由于寒冷所形成的“在”，包括寒冷的行为、寒冷的风俗、寒冷的习惯。这些“具身”的过程使人的身体和思想，可以实现在环境中真正的“定居”。

---

① 在季铁男先生的著作《建筑现象学导论》中，具身被分为本质科学和经验科学两部分讨论。在本书中，并不涉及具身的分类，只是去探讨具身作为材料图像知觉叠加的结果。

② 杜文光．建筑本体论［J］．华中建筑，2003，21（1）：17.

3.3　适于寒地肌理的秩序原生

3.3.1　古典秩序与人文理性

3.3.1.1　材料的知觉原生

材料对于建筑有独立于建筑空间与环境的构建建筑本原的自主性[①]。路易斯·康曾以一种宗教般的虔诚去追问“砖想成为什么”；帕拉斯玛认为“所有材料都有自己的意愿去讲述自己的语言”。材料许给了建筑以最初“生成”的契机，正是因为有了作为物质的石材，才有了后来的石斧。建筑的“品质”起源往往和材料的天然属性相关联。但是随着时间的流逝，材料的独立属性因为其显现的工具性被人忽视了。正如海德格尔所言：“材料越是优良越是适宜，它也就越无抵抗地消失在用具的用具存在中”。于是，在建筑意识建构中，材料以建筑的“实在”的身份被人关注。对建筑本原的质疑自然直指材料第一属性和第二属性：第一属性是天然的物理性，第二属性是经过加工定向呈现出的物性。就像人虽然不会将巍峨的高山和雅典神庙混为一谈，但是却能感受到其中的联系：从直观物性的角度，它们都源自石材，一种是原生未加人工“干预”的“自然建造”——山峦；一种是“人工”的精神器皿——神庙。“是石材成就了神庙在作品世界的敞开领域，彼此共同构成了一系列相连的品质：坚守、承载和永恒。神庙建立了一个新世界，但其并没有使材料消失，而是使材料出现”[②]。如果没有用石头去构筑神庙，那作为认知世界主体的“我们”，对岩石的认知也将是局限、停滞、匮乏的。同时，作为工具的呈现，人对山峦的感知和联想也在建造行为和建筑体验中丰富了（图3–15、图3–16）。

在哈尔滨工业大学寒地建筑研究中心的设计里（图3–17），石材恢复了其

---

① “自主性”一词在过去50年讨论建筑本原时被中外建筑理论家广泛应用。史永高在《材料呈现：19世纪和20世纪西方建筑中材料的建造——空间双重性研究》一书中，被其作为核心内容所讨论。全书用大量案例和理论以积极的姿态探讨了材料在建筑中的独立话语性。这里讨论的核心在于质料的第一属性和第二属性，对于材料和空间的二重隐匿和显现的相对性，不再赘述。

② 海德格尔，等. 艺术作品的本源［M］. 孙周兴，译. 北京：商务印书馆，2022.

图3-15 雅典卫城（资料来源：MAYES P V N. A general history for colleges and high schools [M]. Boston: Ginn & Company Publishers, 1889: 118.）

图3-16 雅典的厄瑞克提斯（资料来源：盖纳·艾尔特南. 世界建筑简史［M］. 赵晖，译. 北京：中国友谊出版公司. 2017：41.）

图3-17 寒地建筑研究中心（资料来源：韦树祥 摄）

原始的自然形态。通过还原混凝土的浇筑过程，使长久被隐匿的骨料和钢筋得以解蔽，但是依然被限定在金属框架之中。建筑师对材料的态度并非出自回到初创本原的尝试或是哲学本原的追问。而是一种材料叠加后的实验态度——用静观的方式解构材料与环境之间的多重秩序，而非急于抹去材料图像为空间的沉思让位，确保直观的物性可以在物品中长久地留存。[①] 以此来看，材料原生的自明性是一种“假象”[②]，观者无法脱离自身经验去定义它。就像山峦和神庙，就像寒地建筑研究中心中对混凝土的干预。如果说，明明一切材料的显现都“源自”主体自身对其直观物性的映射，那么“我”与材料就是不能分开的概念（图3-18）。“我”在知觉过程中，对于图像的获取是基于个体的择取，这种择取是基于在地的、文化的、经验的、当下的。在寒地建筑的意识建构中，往往注重一种原生之美，暗示寒地居民对自然的崇拜。这种寒地原生文化根植于寒地建筑的根部，以寒冷之地限定的建筑是以寒冷之地的风貌为中心延展的，原生的品质更能够有效地将人与建筑的在地相连。

---

① 董豫赣. 材料的光辉［J］. 建筑师，2003（97）：78-81.

② 海德格尔在《林中路》中提出：“只让存在者存在，而未加经验的存在者难道不是一种背弃存在的默然态度相对立的存在？只有我们用存在者的存在去思考存在，才能回到存在本身。”

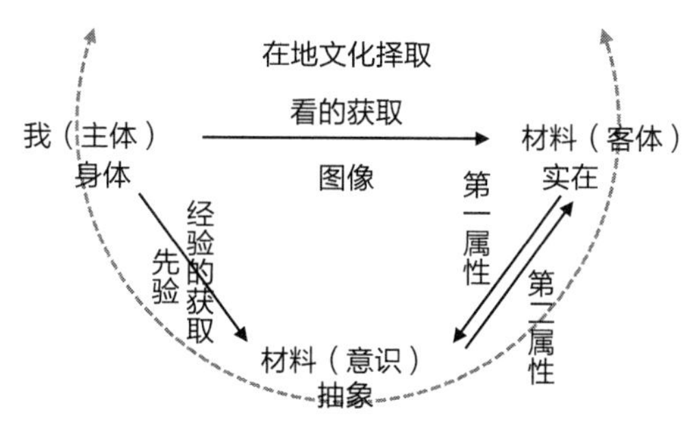

图3-18　材料属性与“我”的关系

3.3.1.2　材料的联想跟随

当观者“看”到材料的时候，会基于当下的建筑材料图像联合身体一切感官经验，通过联想获得材料的所有属性。这种对材料的阅读方式，使每个呈现出来的图像信息对于个体而言，都在其身体意识深处隐匿着一个基于先验的信息库。这个库是观者主观创建的关于材料图像的联想“背景”。就像在寒地建筑材料的感知获取中，当面对半透明的材料图像信息时，人可以获得关于冰的联想，并跟随着可反光、可折射、表面平整光洁、边缘清晰的视觉特征，且兼备坚硬、光滑的知觉属性。因为根据前面的讨论可知，图像信息的接收是有前后顺序的，看似直观的材质的确认，是需要先看到颜色、纹理，后明确形状、动态，然后通过与先验的综合获得材质的确定，继而引发围绕着材质展开的联想。这种联想的跟随，从颜色的获得就已经开始了。并且，建筑意识的过程是不间断的，只能说某个信息在意识过程中不同时间点上显现出强弱的差别。所以材料的联想是复杂的、复合的。如果寒地建筑上出现冰的图像，同时出现的还包含一种冬季特有的自然显现，与融化、蒸发、凝结都息息相关，那么就会使原本清晰、直接的建筑图像视觉信息得以丰富。结合相关的寒冷性联想，会给人带来寒冷、凋敝、疏离的知觉意向；当发生反向关联时，则会给人提供温暖、生机、亲密的情感体验。

3.3.1.3　材料的记忆隐喻

自柏拉图起，无数哲学家都以建筑师作为隐喻，用以指出所有的人工活动都可以视为建造过程，看似是对自然生成的追求，实际都暗含着对自然晦涩的对抗与驯服。尼采直接指出，被认为始于希腊的理性志向本身就建立在非理性选择的基础上。[①]柄谷行人在其著作《作为隐喻的建筑》中的建筑意志章节里，对西方思想起源的“遮蔽”提出疑问：如果说建筑的目的除了身体实在的使用外还有其他的作用，显然，隐喻应该是其一。那么既然是与功能相辅相成的存在，是不是也应该是建筑本原的一部分呢？“当我着手进行一个设计的时候，我常常发现自己沉浸在过去那些集合已经被忘却的记忆之中。”卒姆托在《一种观视的方式》[②]中这样描述他在一个设计开始的状态。如果说建筑师对于建筑的把控在于用形式和内容构建作品的物质胎体，以期能够营造出具有强烈感染力的基本情绪，那么它就具有了一种特质。这样的特质同纯粹有趣的构成和创造力不一样，它关注对象自身和理解过程，概括地说，它关注一种真实。

建筑的材料是观者产生建筑意识的起点，但对于建筑师而言，材料绝非一个设计的起点，建筑师将具有诗性的记忆隐喻在材料中，隐匿在建构中，以唤起观者的联想，所以建筑设计的过程始于诗性的联想，终于物质的附和。而对于作为主体感知的观者而言，对建筑意识形成的过程截然相反，他们首先获得的是在场的材料，再通过联想，唤起记忆中与建筑师相似的隐喻。但这种方式不总能成功，就如永远无法强迫没有见过雪的人在看到白色的时候能够联想到雪的绵软或者坚硬；没有真正触摸过雪的人是难以通过一般经验获悉雪既可以温柔又可以强硬的双重感知。材料是建筑师的记忆载体，可被领受的材料感知是建筑师预设的记忆产生了共鸣。观者从隐喻中找到了自己模糊的留存。这也说明了“房屋本身并不是诗性的，至多，它可能可以拥有一种奇妙的特质，使我们在某个时刻，以前所未有的方式去理解事物”。由此，材料隐喻性的机制得以厘清。并且，如果隐喻作为一种物性，显然属于海德格尔所言艺

---

① 柄谷行人．作为隐喻的建筑［M］．应杰，译．北京：中央编译出版社，2010：3.

② 卒姆托所著《一种观视的方式》（*A Way of Looking at Thing* ）一书中，观视，与倪梁康先生所翻译的舍勒所写《现象学与认识论》中对现象学的解译高度相似：是精神观视的一种观点，人在此观点中获得对某物的直观体验，如果没有这个体验，这个某物便隐匿而不现。

术性的范畴，其领受是以纯粹的物性和工具性作为奠基的，并需伴随意识的回响。

3.3.2　感官经验与现实理性

3.3.2.1　材料的面饰性批判

本章节伊始便讨论了材料的面饰和构造的双重属性，如此看来，似乎路斯的“装饰即是罪恶”将材料与建筑本原之间瞬间划上了一条鸿沟。但是这种断章取义显然存在理解的谬误（确实经年以来，很多人都是这么理解的）。路斯的先辈森佩尔在《技术与建构艺术中的风格问题》（*Style in the Technical and Structural Arts, or Practical Aesthetics*）中谈道：“作为艺术品并不必臣服于构成其材料的属性，更不必试图用艺术品来解释、引申材料属性的意义，而应该是让构成的材料臣服于艺术品并构成和谐的整体。”但是这与其坚定的“材料观”似乎又是相左的，“材料以及制作构成了人类内在愿望与外部客观世界之间的交汇点”——前者讨论了建筑材料非自由地顺从于人的意识，材料是艺术表达的附属品，后者则表达了材料的根本任务是人意识的代现。建筑上存在实用与精神的双重构建，这确实是森佩尔所认同的，但是每种言说其实是站在不同的角度来厘清问题自身，而并非附着在问题上的对象。材料，作为先于建筑存在的实在，显然不能决定全部的建筑意志，但是建筑精神存在于或者说加载于材料及其被构建的方式。如果采用理性的层次现象学方式解析，森佩尔既不会被扣上“物质主义者”的帽子，李格尔也不会对其发起攻击。事实上，在森佩尔和李格尔的著作里，不论是“物质主义”的面饰还是“艺术意志”的精神，都在讨论中不断推演进化其概念内涵。在当下纷繁的世界图景中，显然，建筑图像无法找到一种真正意义上没有装饰功能的材料。即使只是白色，也有其自身所想要表达的情感和立义。材料的面饰性可以看成一种普遍的现象。此外，建筑材料的精神性是伴随着第一属性，并“经由”观者自身经验延伸出建筑材料的第二属性。所以，在图像意识的过程中，只要主体存在，系统里面的任何元素都很难缺席，因为没有描述自身也是一种描述——这可以理解为材料意识具有批判性。

寒地建筑的材料面饰性的批判性主要涉及两个方向：伪装和冲突。伪装是一种通过材料设计的人工再现，以达到与自然环境相契合的目的；而冲突更像是面对环境的反向思考。建筑材料的认知更多是建筑师的建筑意向的呈现，"装饰"的目的是实体化自己抽象的建筑观念，所以材料意识无法独立于建筑—环境立义。这种具有语境的材料饰面性表达与显现都是寒地建筑意识建构的重要元素和环节。

3.3.2.2　材料的物质性反抗

建筑与纯然艺术品不同，无法只作为一个"他物"的载体或象征，建筑必须反映出自身的功能性和可能性。在当下非本质事物狂欢的社会里，建筑不得不掀起一次反抗——以自身的语言结构抗拒无用的形式和意义。可归类为建筑语素的当代建筑材料，不应是某种风格化的标签，因为每个建筑所处语境的场所性都是独特的、不可复制的。在寒地建筑中，木材总被经验般地、先于在场地被领受为自然、温暖的意象，但实际上，在非寒冷地区，木材会使观者到从人工环境联想到自然环境，感受到一种亲近自然般的凉爽。对这种看似矛盾的现象，在此提供一种可能的解释：寒地意象的根本源自寒冷，冷在汉语文化中总表达一种孤独感、距离感，如清冷、冷漠、冷静，中国的寒冷文化总体趋向于表达疏离之意，对比一下，中国寒冷地区的居民性格总是体现出热情、豪爽、"不见外"的特质，这可以理解为人对环境的一种"对抗"方式。所以在寒冷中捕捉"反寒冷"、使自己摆脱"寒冷"，是中国寒冷地区的寒冷意识与文化发展总体意向。所以，当人在感知建筑、获取材料图像时是可以感受到温暖抑或凉爽的意向的，因为"感受"不是"感知"，感受是经过"加工"感知获得的。如此看来便可以解释为什么说一旦脱离了环境和文化，那么人便失去了对材料图像产生意识联想的可能。

在此动机下，近年来，中国寒地建筑表达中出现了对于材料物性反抗式地反思。对于材料呈现开始尝试对抗第一属性，目的是使人在材料的图像意识中获得截然不同的感受。建筑材料第一属性是厚重的，那么第二属性就加工成轻盈的（图3-19）；第一属性是轻浮的，第二属性就加工成端庄的；第一属性是近人的，第二属性就加工成冷峻的……对于材料的物质反抗的呈现，本质上是

（a）建筑外观

（b）入口

图3-19　建筑屋面的表达意象，既是厚重的，也是轻盈的（资料来源：史小蕾. 寒地建筑符号情境建构：MAD的亚布力企业家论坛永久会址［J］. 时代建筑，2021（3）：71-77，70.）

尝试唤起对材料本原认知的深刻思考。迫使观者不得不摆脱原有基于常识般对建筑材料的无意识阅读，去正视建筑意识的建构过程性，并且重视环境与文化在其中的似乎一直隐而不现的背景意义。

3.3.3 文化图形与行为理性

3.3.3.1 材料的传统意识

对于材料的应用研究始于建筑的诞生之日。由于建筑的“存在”奠基于搭建需求，所以材料的问题必包含材料的所有尺度，从宏观到微观，都应当被允许表达材料意识的自身。斯蒂芬·霍尔认为，在“知觉氛围下”，材料总是会起到关键作用。所以传统的材料观多以基于物理属性有利于或者符合建造要求为材料选择的起点。此时，材料的作用和意义在作为构成建筑存在的实体处重叠。这种逻辑从《建筑十书》中的经济、实用、美观，贯穿到路斯对材料装饰性的质疑。虽然路斯实际反对的是当时浮夸的巴洛克风格和洛可可风格的建筑装饰，批判了材料层次过多的“饰面”掩盖了建筑本体存在的意义，并非一味地否定建筑材料的饰面性。在此，姑且悬置路斯“反装饰”的深意，但可以明确的是，材料如果没有促成对建筑存在的规定般的力学支持，那么其对于建筑的意义就会在认知建筑过程中被割裂成两个体系——主体建构部分与装饰部分。

建筑材料中，常被人提及的从自然材料石材、木材到后来的烧结砖，再到人工材料混凝土和钢材，建筑材料的发展史也是建筑建造技术的发展史。显然，对于材料，人已经习惯依传统按质料进行分类讨论。赖特认为材料的意义排除了材料的多种用途，或相反，在同一形式和表面上用不同材料①。据他的自传称，他和他的老师沙里文的分歧始于后者不加区别地运用砖、木、铁、陶土等材料做他的特色装饰。②对赖特来说，“适合用一种材料的设计，就不适

① WRIGHT F L. In the Cause of Architecture [J]. Architectural record, 1908, xxiii: 155–220.

② 罗伯特·文丘里. 建筑的复杂性与矛盾性［M］. 周卜颐，译. 北京：中国建筑工业出版社，1991：24.

合用另一种材料”[①]。并批评了埃罗·沙里宁立面上使用了弯曲连续的砖墙[②]，破坏了砖作为建筑材料认知中规整、坚挺的传统意识。在此，不得不承认，对于材料的艺术性中的判别除属性外还隐喻了源自材料建造性的传统意识。当违背材料的呈现或违背传统意识时，会引发差异化的建筑体验和价值判断。如在我国寒地城市，由于冬季气温严寒，呈现出建筑材料组构逻辑的低透明性，或者说难以甄别其建造方式。当出现有别于传统的材料图像时，人将感到建筑的不可预测性与隐喻性。

3.3.3.2　材料的反经验论

材料的情感隐喻特征从19世纪末就被人视为建筑表达研究的重要领域，但是显然，材料的这一重要“能力”的发现比那更早。到了现代，建筑材料被认为能够创造心理效应，对材料的关注也从功能营建转向精神营建，反映了人追随科技创新之时，精神层面也希望也有同步的拓展。此外，除了对世界的表观存在的讨论外，对于表观发展的原动力——知觉意识的探索也是19世纪以来建筑理论的核心话题之一。此时，对于材料的理解已经走出了纯粹为了反对而反对的应用和赋义，而是予以激发人的精神、感觉和愿望，使物质和现象的新官能，以超越经验主义和理性主义的叙事框架向外传播，并开始出现尝试以材料为基质去重新依其性质构建世界、反映世界。世界认知论的基石也是存在认知论，所有人的行为都为了反映人本需求。这时，材料在建筑领域自然有了新的认知身份与站位：材料成为建筑创作的重要途径之一。

材料与生俱来带有某种诗意的描述，领受需要通过回响或在不和谐的方式中寻求新的平衡点。在此，从知觉出发的建筑材料意识建构思维在突破传统建筑经验意识的过程中尤为重要。尤其在充满流动和碰撞的材料意识中，有机会捕捉到瑰丽的灵感与洞见。如荷兰事务所MVRDV设计的阿姆斯特丹香奈儿旗舰店（图3-20），对玻璃的使用就突破了传统的材料意识，清澈、透明

---

① WRIGHT F L. Frank Lloyd Wright: An autobiography [M]. New York: Duell, Sloan and Pearce, 1943: 148.

② 赖特的名言“医生能埋葬错误，建筑师却只能劝告委托人种植葡萄树”（A doctor can bury mistakes, an architect can only advise his client to plant vines）就是在“吐槽”这个项目。

图3-20　不脆弱的玻璃，阿姆斯特丹（资料来源：齐轶昳. 水晶屋，阿姆斯特丹，荷兰［J］. 世界建筑，2016（7）：42-47.）

的玻璃砖替代了建筑物原有的红色砖块，建筑外立面最大限度地接受自然光线的对话，由此变得晶莹剔透、华光溢彩。虽然由于其透明性，玻璃材料总给人以易碎和脆弱感，实际其导热系数远低于国际标准。[①]玻璃，从过去的采光功能走向了围护构造，和“水晶宫”[②]中对玻璃的首次大胆启用相比又有了新突破。这种反经验的材料应用，不仅使人获得了不脆弱的玻璃，还有不厚重、沉闷的石材（图3-21）等，突破了人基于过往经验的沉淀和综合的意识判断，在实践中有“耳目一新”的效果，可激起人对材料质性和质料的根本性反思。

与其说是建筑材料的反经验主义，莫不如说是走出了狭隘的经验主义，是人对认知的一次主动更新。这种更新是意识进步的原动力。如果过去都是玻璃砖的建筑物，那么当下可以使观者产生视觉图像刺激的就该是红砖了。在人

① 玻璃的导热系数只有0.18W/（m·K），而空气的导热系数可以低达0.01～0.04 W/（m·K）。国家标准规定：保温材料——当温度≤350℃时，导热系数≤0.12W/（m·K）；高保温材料——导热系数＜0.05W/（m·K）以下的材料为高效保温材料，新型玻璃砖可以是导热系数更低且冬季接受光辐射面积更大的材料。

② 水晶宫，1851年英国伦敦世博会万国工业博览会场地，以钢铁为骨架、玻璃为主要建材的建筑奇观之一。虽然，“水晶宫”是一家以讽刺文章著名的《Punch》杂志因其建筑通体透明、宽敞明亮而给予的名称，但是后来却成就了这种建筑外墙围护系统的传奇。

图3-21　不厚重的石材[①]（资料来源：UR-SPRUNG P, PARDO J L, MATEO J L. Josep Lluís Mateo: works, projects, writings [M]. Barcelona: Polígrafa, 2005: 295.）

的普遍意象中，雪的质感是绵软的，其图像经验大多是"漫天雪地里的一连串脚印"——是雪"面对"外界的压力产生了"泄力"的效果，给人以松弛、蔓延之感。但在我国典型严寒城市哈尔滨一年一度的世界冰雪节里，建筑工人采用夯实的雪砖和冻结的冰砖进行冰雪建筑营建，雪砖的硬度与密度是相当惊人的。经验，永远是用以描述时间轴线上的相对位置，并非绝对意义上的创造，而是一种待开启和已开启的状态，使人对建筑的认知和理解可以被不断激发出异化的意向和意象，其中也包括材料经验。

① Josep Lluís Mateo在书中为这张照片标记的注脚是：Stone as a frozen liquid，像凝冻的液体般的石材。

3.4 本章小结

材料是建筑意识搭建的开端，也是建筑能够成为自身的基石。对于建筑材料的理解的建构，始于叠合寒地风貌的材料的图像，同时也蕴含材料面饰性与构造性的双重属性，使表面属性和感性经验在建筑体验中实现不断的彼此互构，沉淀为人对建筑的整体的图像感觉轮廓——作为寒地界面的建筑表皮。观者需要不断打碎、分解该表皮现象，再不断缝合、重构，杂糅进自身对寒地气候、文化、情感的思想连接，重生出具有自我投射般的寒地意识原生解译。在此，材料不再是独立于世的干瘪的状态，而是交织与寒地相关的、与建筑相关的复杂经验、记忆的“生”与“活”的感觉。

第四章
身体图式下的寒地建筑空间知觉

4.1 基于寒冷气候的感知空间

自生命的最初阶段，人就保持着通过身体去测量、衡定万物的知觉模式：世界在我们面前打开，并在我们身后合拢。[①]离开了身体，对世界的理解便无从谈起。当真正面对世界之时，我们对“面前”与对“身后”的关注是相当不同的：经过笛卡儿用经典几何坐标建立起事物间精确表象关系之后，各种质疑陆续出现了——空间的场所性被忽视了，人的意义消失了。当生活世界中的建筑、街道、城市，在几何关系描述并约束下，被抽象为一个个点、一个个数集堆叠起来时，我们自身又矗立在何处呢？技术被精确操作的同时，其表现出的是与“身体—中心”无关的态度。在此，建筑空间知觉被唤起，是建筑空间身体性被开启，是观者通过自身的“肉身”[②]进行先验的映射过程，进而将空间从现象空间转向知觉空间。由此，建筑的空间便与身体的空间更近了一步。

地方自然气候条件决定了地方文化和它的表达方式。从文化自身来说，自然气候也是地方神话之源，构想出人对美好生活与世界的超我寄托。建筑的初衷是为人提供遮风挡雨的庇护所，是自然的空间成就了人工的空间。所以，与自然邻近的建筑露天空间具有超自然的气候特性。鲜明的建筑风格一定程度上可以提供人对于在地环境的理解依据。就像如果脱离了瑞典挥之不去的黯然冬季，人将无从理解英格丽·鲍曼的电影。[③]在寒地建筑中，空间知觉是人对寒地气候的身体化理解的体现。寒地建筑空间本原的认知活动，首先需要建立作为认知主体的寒地身体的认知结构，以此为寒地建筑空间知觉的发端。

---

① 肯特·C. 布鲁姆，查尔斯·W. 摩尔. 身体、记忆与建筑［M］. 程朝晖，译. 杭州：中国美术学院出版社：2008：6.

② 巴黎的托马斯-弗吉尔教授（I. Thomas-Fogiel）在《将我们的概念空间化？——梅洛-庞蒂的尝试》中提出了通过空间才能回到现象身体，构造“肉身”（chair）这一核心概念的影响。

③ 肯尼思·弗兰姆普敦. 建构文化研究：论19世纪和20世纪建筑中的建造诗学［M］. 王骏阳，译. 北京：中国建筑工业出版社，2007：14-18.

4.1.1　身体的知觉

梅洛-庞蒂提出“身体图式”（body schema）的概念来论述与强调身体如何在运动中生成与表达它的意义，揭示了身体图式是一种在“身体—世界”的双向运动中动态自组织的运动图式。通过这种运动图式，身体能够表达身体与世界在运动中构成的意义。由于这种表达最终离不开运动中的身体与位置的关系，梅洛-庞蒂将位置对于身体的运动意义及其表达的约束机制称之为“表达的位置学”（topology of expression）[①]。

知觉空间是指观者的深度感知与方位感知，是建筑空间的“具身”所在。当人对一个空间进行评价时，常常使用的都是具有感知意味的形容词：长的与短的，高的与矮的，冷的与热的，舒适的与不舒适的……其背后蕴藏的是“制造”这些评价用语的身体外部信息的身体内化机制。空间的具身是主体感知性的，建立在相对客观的表象材料之上，依据的是“五觉”[②]及“先验”（priori）。尽管在知觉现象中，“知觉”是最为核心的概念之一，梅洛-庞蒂的知觉现象学一直围绕“知觉”展开，但是其始终未给知觉下统一且确切的定义。原因在于，肯定即规定，规定即限定，限定即否定。[③]在知觉话题里，虽然很多概念是含混的，更是不可测的，但是辨析和具有否定表达的描述对阻止经验论和唯理论而言是行之有效的办法。在寒地环境中，人的身体四肢在寒冷中感受到寒冷并让这种感觉在身体中扩散，由此，身体和空间建立了关联[④]。身体的知觉内容是模糊的、难以统计的，但是倾向却是可以被描述的。从而对寒地建筑意识构造的机制进行讨论及梳理变为可能。

4.1.1.1　刺激与联想

经验主义认为知觉具有直接性的特征，虽然其自身定义是十分模糊的，但是却为刺激—联想的意识构造方式提供了解蔽的可能。在知觉过程中，人常常

---

① 刘胜利．身体、空间与科学［M］．南京：江苏人民出版社，2015：16.

② 心理学家詹姆斯·吉布森（James Gibson）将感觉归属为视觉系统、听觉系统、气味系统、基本定向系统和触觉系统。

③ 斯宾诺莎提出的形而上学中的经典辩证命题。

④ BAEK J. Architecture as the ethics of climate [M]. London: Routledge, 2016: 85-86.

会对颜色产生温度的“感觉”，即使颜色本身并没有温度。在此，温度被知觉列为经验的结果，如人看到白色会联想到雪，但显然没有雪的视觉经验的人无法瞬间建立这种知觉刺激构造，更难以出现之后的温度联想。再如，不同的人在描述白色的时候，其大脑代现的载体也并非绝对一致的，其所描述的色彩也存在差异的区间。在此，知觉成为一种主观体验。个人意识结构决定了对于某种知觉刺激所产生的联想延伸，所以颜色与个人是无法区分的，知觉到的色彩具有显而易见的个人经验痕迹。在知觉颜色的过程里，先是对颜色进行了具身化的联想，当区分时还应将其距离化以建立理性中的纯粹感知。但是纯粹感知事实上是感知不到任何东西的。无法将对象具身，人便无法确认对象的存在。这种悖谬揭示了刺激—联想的知觉模式[①]，其结果具有个体差异性及开放性。经验主义学者转而将颜色的可被知觉性归纳为一种物体属性，并认为知觉是经过生物感官带有秩序性的一系列刺激完成的。但是这一论调显然不能解释日常生活世界里的全部现象。在经典的缪勒·莱尔耶错觉（Muller Lyer Illusion）中（图4-1），人并无法通过刺激—联想获得两条线段长度的真实关系，像人总是尝试在静止的雪地中寻觅其中的动态元素。意识的前构造并没有被经验主义者完整地纳入认知体系中，导致其实验中并非总是符合刺激—联想的预期结果。显然，刺激的背景性被经验主义者低估了。在知觉方式中，刺激—联想的模式是实存的，但是还应该探讨其所处的背景知觉结构。就像考察对象是否可以成为视觉刺激，还需要关注其所处的环境，如果考察对象与环境叠合，就无法被知觉了。

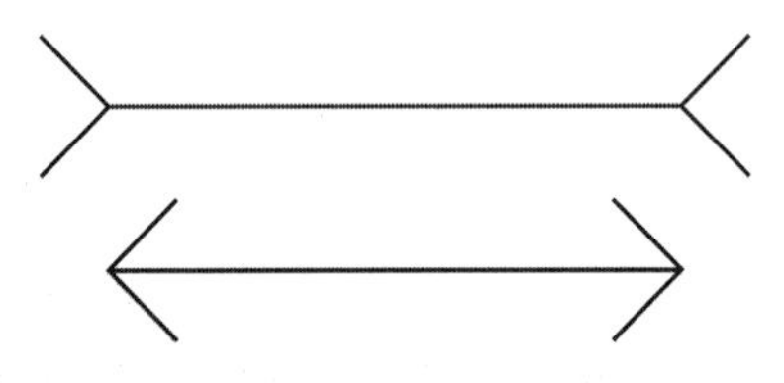

图4-1　两条长度相等的线段，前者显得比后者长得多

这种对于刺激—联想的追捧，随着技术的发展在建筑领域里也悄然风行。图像时代正是这一知觉模式的拥趸一隅。以视觉为核心的认知模式，忽略了作为背景的历史与环境的留存。观者在建筑中成为刺激的接收者，建筑师妄图让观者能够跟随自己预设的刺激—联想路径展开有指向性的想象。但是这种刺激的知觉构造在建筑意识建构中无法与地域

---

① LARGER M M. Merleau-Ponty’s phenomenology of perception: a guide and commentary [M]. Basingstok: Macmillan Press, 1989: 4.

文化语境脱离。建筑空间也并非单纯只是当下身体延展和诉求的体现，还应一并承载地方和场所浸染及个体经验的投射。

4.1.1.2　注意与判断

在不断讨论中，经验主义的知觉模式很快便宣布失效。但是理性主义者提出的注意—判断的知觉模式也并没有避免重蹈经验主义忽略背景的覆辙。理性主义认为知觉事物的过程，首先是对事物放置了一种预设般的结构，这个独特的放置就仿佛是一个“注意”。如人在描述空间时，会称这个空间是圆形的、方形的，或是其他自己已知的一种形式，这意味着人需要将圆形或方形预先放置在这个空间中并与这个空间重合，从而寻求用一种已经留存被广泛认可的结果来揭示当下被知觉的对象的结构。在理性主义下，人惯以依靠现有的结构模式来寻求对新对象的可靠解释。

于是依照现有的结构，人可以判断对象是否符合先前的预设。“判断”通常作为知觉所缺失的被引入，以实现知觉过程中的理性。[①]就像即使人无法获得事物的全貌也不影响人理解并默认这个事物的一般状态。就算观者只看到一个正方体在阴影中的三个面，但是几乎没有人会怀疑这个立方体还有另外三个面，这是因为人依据现有的结构做了“判断”。但是如此一来，人便难以产生新的知觉，那么知觉也就消失了。现有的结构和印象随时都会有被超越的可能，并无法通过单一的“判断”归因。这种注意—判断的知觉模式，忽略了知觉的发展性，真实的知觉在此成为一个注意或判断的异变，滑向了认知结构的边缘。显然理性主义所提出的方式也不能解释并全面发展人的意识世界。

该理性主义下的建筑意识观潜藏的是科学危机和人类本身的危机根源——建筑师只关注纯粹的物和工具的物，认为材料、结构、建造的合理性足以回应知觉的诉求，而不能也不愿意面对价值与意义的问题。[②]这种技术理性的傲慢态度充斥着当代寒地建筑的空间建构。但是寒地建筑的“目的地”并非创造一个完美的“黑盒子”，因为创造空间本身并没有任何实在的意义。空间作为人

---

① 亚当·沙尔．建筑师解读海德格尔［M］．类延辉，王琦，译．北京：中国建筑工业出版社，2017：58.

② 赫伯特·施皮格伯格．现象学运动［M］．王炳文，张金言，译．北京：商务印书馆，2011：iii.

对自然气候的人工回应物，其核心应是“回应”本身，而不应该用理性思维代替知觉体验。如果说寒地建筑空间的固有意义是承载人的“生活着的”安全感，那么其必然蕴含更为炙热的栖居宗旨——亲密感。这种情感上的递进显然无法从现有的理性主义结构中获取，但却是人精神的不灭追求。

4.1.1.3　知觉与意识

经验主义和理性主义殊途同归地提供了一种世界的预设视角性，忽略了人身体知觉的可拓展性和突发性。这种思维方式在当代仍然通过计算性设计继续在建筑领域蔓延。但是失去了人—身体的空间也无法被称为空间了。对于不直观参与知觉建构的意识结构都无法表达知觉中对象在结构中的位置与发展。[①]所以知觉的建构必须返回到身体中，并且通过知觉使身体和空间回归大地，回到“生活世界”。在此，图形—背景（figure-background）的认知结构暗示认知空间与所在环境之间存在一种彼此无法独立的整体性。对于空间，环境提供了联想延伸的可能和方向，并且人在环境中可以唤起特殊的回忆以加强对空间的理解。此外，身体的行为使空间和环境获得实在的连接。在此，并没有抹杀判断或者刺激的意义的目的，而是声明知觉的建构并非纯粹的经验主义或是理性主义或是其二者的叠加。知觉是具有知觉本原特质的，并非要寄生于某种现有的模式之上。知觉期间出现的刺激和判断是符号化的代现联想模式，是快速、深刻获得关联信息的一种图景，但并非全部。

在此不难发现，身体是知觉结构中不可忽视的，使人在知觉中明确自身的位置与意义，同时也提供了通过知觉对象而反观自身的通道。所有的建筑空间都需要在身体层面和事物层面被双重把握。由此，“身体—图像—背景”构成了一个更为完整广阔的知觉模式，即知觉现象学阶段所提出的“知觉场”的概念。

知觉结构的揭示对于理解寒地建筑中身体知觉的建构有直接的启示意义。只有将人置于“建筑—寒地”中才能对寒地建筑和其材料、空间、场所展开真实的知觉的建构。在寒地建筑的知觉过程中，需要将身体在寒地环境中的知觉

---

① 亚当·沙尔. 建筑师解读海德格尔［M］. 类延辉，王琦，译. 北京：中国建筑工业出版社，2017：53.

感受前置于认知某个具体的寒地建筑的过程，对于寒地环境的体验和对寒冷的感知信息是产生寒地建筑意识的结构性基础。这种先验，并非体验建筑时“联想”所提供的之前所有关于建筑的先验，而是关于建筑“建筑—寒地”以及“身体—寒地”的。这是不可还原的寒地建筑知觉系统，体现了观者与寒地建筑本真关系和意义价值的前提。

4.1.2　感知的统觉

以身体为核心的知觉现象学揭示出了身体具有某种“自主的统一性”（autonomous unity）或“生存论的统一性”（existential unity）。[①] 如人认识事物往往从双眼开始，并且从视觉的综合出发来理解身体的统觉，以及这种综合所导致的独特统一性。在建筑空间的认识结构中，往往也是从视觉开始，尤其在这个图像时代[②]（picture era）——一个视觉成为社会现实主导形式的社会[③]，人惯从视觉的感官材料走向综合性的身体知觉，进而实现知觉空间的建立。在当代寒地建筑的认知讨论里，应首先确认在寒地环境中身体可能接收到的知觉材料、知觉信息和知觉综合，进而才能获得基于身体的寒地建筑认知本体结构。

4.1.2.1　视觉综合

正常视觉需要通过双眼的视像综合完成。生理心理学研究发现，当目光聚焦于无限远处时，人对近处的某个视觉对象拥有两个独立的单眼视觉形象（image）；当人转而注视这个近处的视觉对象时，我们可以看到两个单眼形象逐渐靠拢，最后混融在一个单一的双眼视觉对象之中（图4–2）。由此，人在建筑视觉中关心的问题是：应该如何广泛理解并应用此过程中双眼所发生的视觉综合及其所实现的视觉的统一性。

经验主义者试图不通过身体的视觉综合活动来解释两个单眼形象的视觉融

---

① 刘胜利. 身体、空间与科学［M］. 南京：江苏人民出版社，2015：123.

② “图像时代”这一说法的提出，最早可以追溯到20世纪初匈牙利电影理论家巴拉兹，他很早就曾预言，随着电影的出现，一种新的视觉文化将取代印刷文化。

③ 阿莱斯·艾尔雅维茨. 图像时代［M］. 胡菊兰，张云鹏，译. 长春：吉林人民出版社，2003：23.

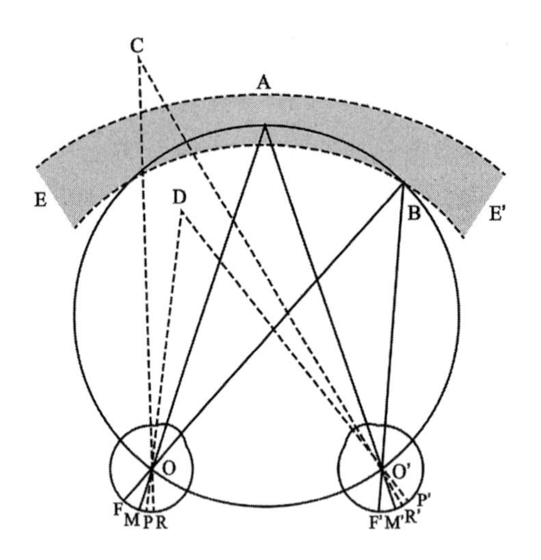

图4-2 视界圆（资料来源：李华云. 单眼性区域形成立体视觉的影响因素及机制研究［D］. 南京：东南大学，2019：5）

合。他们尝试通过“刺激—反应”的因果模型将视觉理解为发生在视神经系统的先天装置中的某种“第三人称过程”。在这种情况下，预先存在于客观世界中的外部对象每次对神经系统发送一个唯一的视觉刺激。双眼不过是接收这个确定的视觉刺激的中介。视觉中枢按照“刺激—反应”所遵循的因果规律，通过客观的第三人称过程就可以实现两个单眼形象的融合。针对这种经验主义的理解，梅洛-庞蒂反驳说，“单凭某个视觉中枢的存在还不足以解释单一对象，因为有时也出现复视[①]，就像两个视网膜的存在还不足以解释单一的对象一样，因为复视并不是一种恒常现象”[②]。换言之，偶然出现的复视现象显示了视觉综合既能产生单一对象，又能产生两个不同的单眼形象。这说明视觉综合并不是一种严格因果律的第三人称过程。在建筑空间觉知过程中，该双眼综合过程中的单眼间视觉差产生了视觉深度（depth perception），使观者描述空间的属性中，除了距离还增加了空间位深的概念，并且人的这种综合的能力从幼

① 复视，也称视物重影，指双眼看一个物体时感觉两个物像的异常现象。复视分为双眼复视和单眼复视。

② 莫里斯·梅洛-庞蒂. 知觉现象学［M］. 姜志辉，译. 北京：商务印书馆，2001：255.

儿阶段就具备了。[①]

但是，复视现象并没有让经验主义者知难而退。他们还会援引双眼的“分散”（divergence）与“幅合”（convergence）机制来解释复视。他们会认为，之所以会产生复视，“是因为我们的双眼没有朝着对象幅合，是因为该对象在我们的两个视网膜上形成了两个不对称的形象”。复视和单一对象的差异对经验主义的因果解释模型构成了致命的反驳。只要经验主义者坚持用“刺激—反应”的因果模型来解释视觉，因果关系的恒常性与确定性就不允许他们同时解释复视和单一视觉对象。总之，要解释两个单眼形象的视觉融合机制，无论如何都需要身体的主动参与，都会涉及身体的综合活动。在空间中，身体需要通过视觉获取空间的深度确定自己的身体所在空间的相对位置关系，进而通过移动以接收不同的感官材料。在移动的过程中，所感观的物的深度也在不停地变化，这种变化并非均匀、线性的。比如观者在走近一个建筑的过程中会发现建筑的透视角度越来越大，因此在运动路径的不同观察点上，视觉的焦点很难一成不变。一些空间、景观会“突然出现”在人的眼前。显然，这种“不规律”的视觉信息，并没有为观者带来强烈的空间困惑。

4.1.2.2　理智综合

感官知觉的信息由主体接受后，会进行理智综合。在康德的批判智学中，理智综合（synthese intellectuelle）是一个先验的认识论主体或纯粹意识主体在面对现象或感性直观的杂多表象时，或者说在思考这些现象时所进行的综合活动。当这个先验主体进行理智综合时，它通过“某种统觉或精神活动”联结现象，将纯粹知性概念或范畴赋予这些现象，从而构造出一个同一的认识对象，并将这些现象全部思考为这个对象的各种现象。因此，在康德那里，综合是知性通过概念或范畴将感性直观的杂多表象联结在一起，形成一个统一的意识或认识的理智活动。正因为这种纯粹知性的综合活动是逻辑的而不是物理的，是先天的而不是经验的，康德才称之为“理智综合”或“先验综合”。

---

① 著名的“视崖实验”正是说明了这一结论。也就是说深度的获取并非后天习得的经验，而是存在于人的生物本能中。单眼也可以产生视觉深度，但是单眼的视觉深度需要后天的经验为之作判断依据。

就本书中寒地建筑的意识建构而言，所探讨的理智综合具有以下几个主要的特点：①执行理智综合的观者是一个对寒冷性及寒地气候有一定基础认知及经验的；②理智综合不发生在基于寒地材料引发的回忆—联想中，而是发生在当下化的此在；③理智综合的意义运作机制是一种从知性概念到感性直观、从先验形式到经验内容的单向赋义机制；④理智综合在主体意识到或认识到对象的瞬间就完成，是一种非时间性的综合；⑤理智综合是一种对象化的综合，它的结果是导致了一个完全构成的、可被思考的观念对象，它所实现的是一种实在的、观念的、形式的统一性，是试图将寒地—建筑与寒冷—身体完整统一。

4.1.2.3 知觉综合

显然，两个单眼形象的视觉综合不可能具有上述特点的理智综合，而是一种“知觉综合”。知觉综合是一种非对象化的活动，它的结果是导致了一个永远无法构造完成的、只能被知觉而不能被思考的对象，它所实现的统一性是一种发生在视觉经验的视域之中的“推定的统一性”“意向的统一性”或“前逻辑的统一性”，一种始终处在未完成状态和不确定状态的开放的统一性。

经验主义者从诸感官的差异性或多样性出发，将视觉或触觉构想为对被知觉对象的某种确定的感觉性质的单纯接受或占有，从而把身体的各个感官截然分离开来。但是，如果诸感官是完全相互分离的，被知觉对象就会变成各种感觉性质的某种拼凑或堆积。它无法变成一个色彩、听觉、触觉俱全的，显现出统一性的被知觉对象。因此，经验主义者将诸感官相互分离，无法解释被知觉对象的统一性。

理性主义者从诸感官的统一性出发，将这种统一性理解为诸感官都归属于一个本原的纯粹意识。他们将诸感官的统一性与差异性放在不同的层面上：诸感官的统一性是先天的、必然的，差异性是经验的、后天的、偶然的。如果一种感觉不是关于某物的感觉，那么这种感觉就不能算是感觉。为了保证认知对象的统一性和知识的客观性或绝对确定性，诸感官应该先天地向着一个单一的本原意识开放，并通过它获得先天、必然的统一性。相反，只有当人在反思分析中回到某个具体的经验性认识活动时，人才会在其中区分出一种偶然的材料和一种必然的统一性。但是这种材料“只是一种理想性的要素，并不是整个认识活动中的一种分离的成分”。于是，在分析认识活动的必然结构时，理性主义只谈论意识，不谈论感官。但是，一旦理性主义者设定了这种抽象的统一性，他们就无法再说明不同感觉之间为何会呈现出各种各样的具体差异。诸感官只剩下为同一个本原意识提供感觉材料的抽象功能。最终，视觉不再是视觉，视觉只负责向意识提交无结构、无形式、无意义的视觉材料，是意识在判断，而不是感官在看。因此，“没有感官，只有意识”。理性主义者将诸感官的差异性还原成了绝对的统一性后，他们面临的困难是如何从这种抽象的统一性出发解释诸感官和各种感觉经验所拥有的具体的差异性和丰富的多样性。

在寒地建筑空间的感知过程中，对于寒地环境的认知程度与对寒地建筑空间的理解程度有极其密切的关联。从视觉到触觉都需要意识去赋予其意义，并且去提供接下来的身体行为的意向。所以在本书中，有别于完全奉行理性主义或经验主义，而是采用一种介于两者之间的态度，认为感官材料和知觉意识是不可分的。尤其对于围绕着寒冷性展开的寒地建筑的意识建构过程来说，正是这种统觉的方式，致使建筑的感知过程连续化、结构化和多元化。

4.1.3　意向的显现

胡塞尔于20世纪初期在其表象现象学中提出了“主体间性”（intersubjectivity）这一概念，使认知结构从表象开始，向着事物的本体认知一步步地“完整”进发。人由此认识到事物的本质存在并不在其自身之中，而在主体的客观世界里。也就是说，寒地建筑的本原并不在建筑之中，而是在作为主体的观者所处的寒地环境里。“主体间性”成为这一认知方法中最重要的思想工具之一，使人能够在认知事物的同时，保证意识在主体和客体之间游走，以确保认知的主客一体性。那么，建筑空间认知就是作为主体的观者在“视觉”之后，通过“身体”对空间进行“度量”，从而将对身体的知觉转向建筑空间，同时，这一认知方式又是将客体空间内化在主体身体里的过程——既不过分沉湎于“我思”，又可以正视“先验”的存在。所以，在观者认知寒地建筑空间时，存在一个将客体空间具身化的意识结构。

4.1.3.1 现象身体与知觉世界

身体主体是知觉现象学的整个哲学维度，是构建主体间性本体论的切入口，梅洛-庞蒂最初“就是在身体中看到了这一泓新哲学的希望”[①]。因为身体既可以是主体也可以是客体，还可以是纯粹主客体之间的存在。[②]梅洛-庞蒂遂提出了“现象身体”和“实在身体”，试图构建关于身体的多重构造，和物的物性对应。其中“现象身体”是灵性与物性相交融的“活生生的身体”[③]。其中既不存在经验主义物化的纯然自然，也不存在理性主义观念化的纯然意识。在这个身体里，意识和自然互构成为彼此知觉建构中的图像与背景：自然使意识处境化，意识使自然灵性化。因为在“现象身体”中能获得身心的交融、主客的交融。

“现象身体”是与客观“实在身体”相对而言的，在《行为的结构》中，梅洛-庞蒂提出：“现象身体”将转为现象的条件，并非刻意忽略“实在身体”，而是需要将知觉的能力还给身体。“现象身体”是知觉的身体，所以具有知觉的特征：结构性和发展性。“现象身体”没有固定的形状或是边界，随着知觉的展开而变化，可以聚缩为极小，也可以扩张到整个世界。所以只有在特定的知觉建构中，才能确定现象身体的范围。现象身体与世界之间的界限从来就不清晰，并最终与世界融为一体，成为一种主体间性。在这一论调下，主体—身体对客体—物的知觉建构中，实在身体层层衍射出多重现象身体（图4–3）。在对象化的具身过程中，首先被领受的是作为实在的直观物，对应的是作为化合物—化学性的身体，是人身体的实在构成；其次主体—身体会将自己作为生物—生命性的身体特征投射到对象上，使对象物与身体产生生命的连接，并在所处的生存环境中匹配一个位置；接下来，作为社会—结构性的身体，是作为主体—身体的社会属性的体现，蕴含着多种社会环境的综合，物的用具性就摆置在其中；最后主体的意识离开客体—物返回到先验—此在的身体，对物的认

① MERLEAU-PONTY M. Phenomenology of perception [M]. Smith C, trans. London & New York: Routledge and Kegan Paul, 1962.

② 同上：350.

③ 莫里斯·梅洛-庞蒂. 行为的结构［M］. 杨大春，张尧均，译. 北京：商务印书馆，2005：235.

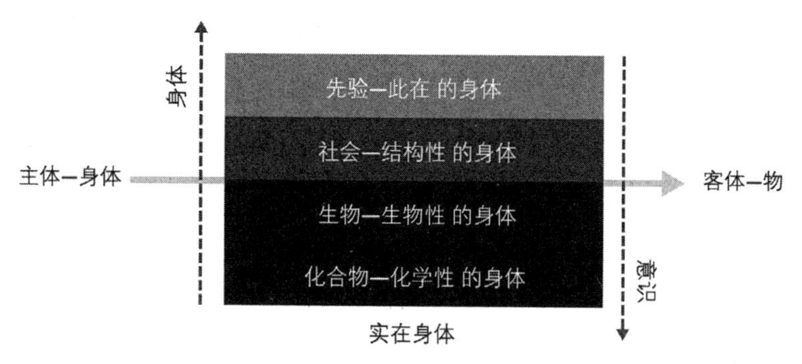

图4-3 主体、客体与主体间性的身体

知成为建构自身当下化的经验，此时的身体是现象的身体，是人无法真实触摸的身体。在寒地建筑的身体与知觉世界的探讨中，更应该将视野转向现象身体而非实在身体，是观者地方体验和经验的来源。同时需要实在身体为现象身体的建构奠基。

4.1.3.2 肉身身体与意识身体

根据上述讨论，身体中显然存在一种深层的循环，梅洛-庞蒂称之为肉。这使得身体所栖息的世界获得了另一种意义，处在"深层"的"肉身"就是身心关系得以实现的本体论保证，是将身体本体化的必然结果。这表明梅洛-庞蒂已经意识到身体并不会是一个最终的概念，不能作为一个主题，它自身还需要被说明，能够作为最终概念的只有"肉身"，"肉身是一个最终的概念"。身体只是肉身的见证，身体—意识只是主客关系的一部分。如果身体—意识是交融在一起的，主、客体必然也是交融在一起的。肉身身体不是一个经验的事实，而是具有一种本体论意义的意识代现。肉身身体的这一概念可以从两个方面理解：①从身体向外延展，达到世界的肉身；②从身体向内反思，达到身体的肉身。但这两者所通达的实际上是同一的，因为观者的身体与观者所意识的世界，是同一个肉身运作的结果。从向外延展的方面来看，现象身体可以不断扩大，把自身所含的主体间性思想充分释放出来，因而身体与世界的关系也和意识与身体的关系具有了同样的性质。身体在塑造世界的同时，也在被世界塑造着。正是因为身体与世界的同质性，肉身身体才能够突破实在身体的限制成为现象身体，才能消弭身体与世界之间的界限。

如果空间也存在自为的实在空间和具身的现象空间，那是否也有肉身空间呢？依照肉身身体的定义，空间—意识就是空间肉身的代现。空间的意义正如荷尔德林（Friedrich Hölderlin）所提出的栖居，空间的肉身就是深藏在实在空间深处、被作为主体的人所拓展到现象空间的本体栖居，是空间作为物的艺术品的艺术性代现。在寒地建筑的意识世界中，空间需要将寒冷性栖居扩展为一种现象。并且，这种现象空间的获得必由现象身体的代现与现象身体互为符号代现，并融合在一起。由此，我们可以得到一种身体—空间的多重结构，以解释寒地建筑空间本原结构的生成关系。

4.1.3.3 隐喻身体与符号世界

在知觉世界中，身体是图形—背景中不言自明的第三项，而在符号[①]世界中，由言语和语言所构成的图形—背景似乎并不需要身体。但实际上，当身体的主体重新运用到符号世界之中时，语言能够具有意义，就如同身体能够具有知觉和行为一样自然。因此，在《论语言现象学》中，梅洛-庞蒂把能指称为“准身体”。这样，身体主体以隐喻的方式被引入了符号的代现世界。建筑源自身体，由身体及四肢比例演化而来[②]，因此，建筑自然成了人身体的一种代现符号：柱础与柱身的高度比例参考了人脚长与身高的关系；性别成为希腊柱式的隐喻——多立克柱式（Doric Order）寓意男性的身体，爱奥尼克柱式（Ionic Order）则象征了女性身体；关于传统建筑中的三段式也来源于人面部的“三庭五眼”；建筑空间就像人的身体，与自然直接对话，也是精神外壳的外壳，实现自然对话的对话。当人的身体在建筑的“身体”中游走，是物理的肉身重塑虚无肉身的过程。此时，实在身体拓展出了现象身体，主体的隐喻已经不囿于纯粹的身体比例模仿，更多地源发自肉身的感知代现。如，在寒地环境中，除了用皮肤直接感受寒冷，人还有机会用建筑空间呈现寒冷。由此可以说，寒

① 符号在哲学语境中是一种代现，是指感知图像和客体图像的统一对应性，经常具有不言自明的规则。当呈现出直接的对应关系时，似乎就不需要身体了。

② 汉诺-沃尔特·克鲁夫特．建筑理论史——从维特鲁威到现在［M］．王贵祥，译．北京：中国建筑工业出版社，2005：29.

地建筑空间是寒地居民的日常生活摹像，并且其形态也会引发人对寒冷性的视觉通感并成为隐喻身体的特殊符号：集聚的体形是寒地建筑对人抵抗寒冷环境时身体蜷缩的代现；开窗面积小的表皮是寒地建筑对人为减少热量散失而裹紧衣物的代现；厚重的饰面是寒地建筑对人在寒风中衣着的代现。与此同时，不同寒地城市的寒冷性符号并非一致，对身体的隐喻也并不局限于实在身体，还有意象身体。但是，值得注意的是，这种对于寒地建筑隐喻的领受需要建立在对寒地真实而又深刻的生活体验之上，否则无法准确意识到隐喻的本体。

4.2　基于寒地环境的行为空间

梅洛-庞蒂的身体观中所隐含的主体间性一旦延伸到整个世界，世界就不再是单纯的客体，而是身体所栖居的大地和家园，世界因此与身体一道成了“肉身”：“我和这一非我世界紧密结合在一起，就像和我自己结合在一起一样，在某种意义上说，它只是我的身体的延伸”，“我的身体可以一直延伸到星星”。寒地建筑的世界是寒地的世界，在此，是人的身体通过身体行为与寒地建筑空间和寒冷环境真实相连，从而激发连续的、不断变化的体验，从而感知身体与空间在寒地世界的真实存在。并且，由身体、空间和寒地激发的身体—行为体验中都包含了由身体构造的知觉世界和意识世界。

4.2.1　身体的定位

4.2.1.1　感知与度量

身体的概念从来就不孤独，从梅洛-庞蒂提出“彻底的反思”现象学方法论开始，关于身体问题的研究就不曾绕开生理学和心理学，通过放弃对于生理学和心理学透过所谓的研究成果强加给客观身体的预设，实现观者对本己身体的原初知觉经验的解蔽。同时，作为认知建筑主体的人，为了避免预判的干扰，应严格究其自身来理解客观思维。将现有的客观思维悬置的同时，旁观正深陷的困境，才能获得上述目光的转变。因此，用身体去度量建筑空间，其实在该种意义上更为客观，因为客观的原身即为直观。

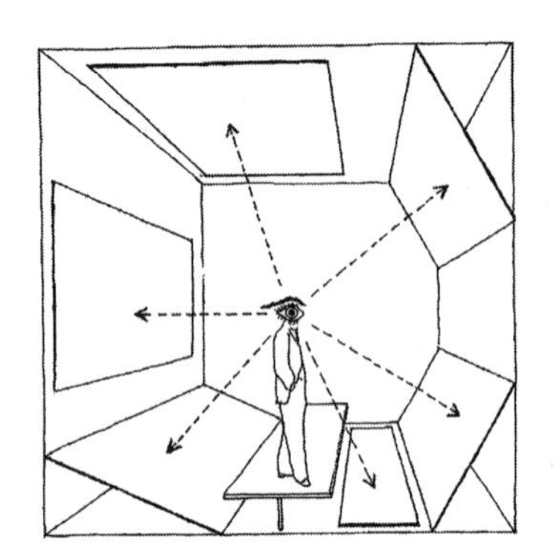

图4-4 身体—空间的彼此包围（资料来源：BAYER H. Fundamentals of exhibition design [J]. PM, 1940(1): 25.）

观者开始用身体去尝试直观建筑空间需要两个条件：①对身体的重新认识（对身体认知程度的差异，决定了对建筑空间理解的层次差异）。②对身体作为空间认知主体的认知决定性的把握。也就是说身体和空间的关系不再是“身体在空间中”，而是“身体与空间相互归属”并交互构造①，蕴含着有别于客观空间的多重展示（图4-4）。首先，空间被身体的部分所标记：手可触及的范围、脚可丈量的距离；其次，身体给予了空间位置与方向的投射；再次，身体提供了空间“点—视域”及“图像—背景”的结构，使信息不均匀地呈现并始终包含模糊性；第四，身体赋予空间某种动力学机制，跟随动作及目的的变化，由身体展示的空间分布也不断变化；最后，身体使空间蕴含一种独特的空间意识，身体作为中介，丰富了原本纯粹的空间，使其与某种身体意识混融在一起。②由此，身体成为对客观空间认知的奠基，认知的结果必然使身体和空间对峙，并且彼此佐证。所形成的空间是身体回应的体现，具有偶发性、不确定性和开放性，但是也具有身体般的结构性。同时，空间的各个部分都包含了身体对世界的一种唯一阐明。

在冬季寒冷地区，建筑体验者需要从远离建筑的室外空间向建筑移动，靠近建筑，步入建筑，从而获得完整的建筑感官体验。在该体验路径上，观者每一个位置之前所有的知觉都是当下知觉建构的前设经验。尤其在建筑外部空间，所有被激发出的感官体验共同奠基了对寒地环境的认知和情绪。正是基于这种认知和情绪，身体对即将步入的、作为遮蔽物的建筑提出了保护身体、远离寒冷的体验意向。

---

① 刘胜利．身体、空间与科学［M］．南京：江苏人民出版社，2015.

② 莫里斯·梅洛-庞蒂．知觉现象学［M］．姜志辉，译．北京：商务印书馆，2001.

4.2.1.2　静止与运动

在建筑空间知觉中，没有真正的静止状态，因为只要体验在发生，就已经产生行为了。即使看上去没有正在运动的物体，空间也正是处于一种运动状态。静止，是用来描述一种感知特性。静止在意识建构的过程中，更像是某种状态等待般的延长。这里的静止是物的直观性的静止，但是对应物的用具性的，必然是运动。在此，身体意识通过“运动”，统一了时间与空间。在寒地建筑的本体认知结构中，静止像无数个点，而运动就像是身体在建筑空间中移动过程中点与点之间的绵延。[①]静止带来的建筑空间感染力多数是“通过猛一瞬间给生命带来震撼以及喘息感”[②]，来自于寒地图像刹那的激发。运动则是一种更为连续的、连贯的身体行为，反映的是非特殊的、广泛的寒地生活世界中的意识秩序。

显然，静止和运动是无法分开的。正是物态的静止给了人意识可以运动的空间。静止与运动在客观思维中的定义消失了。[③]在寒地建筑空间中，特殊的自然气候条件提供给观者独有的运动中的静止与静止中的运动。前者是指，寒地对于行为活动下图像材料始终呈现出的未更新。如冬季的大雪可以覆盖一切色彩，创造了静态的环境，即使视野处于运动的状态，也无法发生流动般的图像变化。这样的情境下，人最容易产生“孤独感”——时间—意识在这里被拉长，于“空白”的空间中游荡，目的性失去了环境的参照后渐而模糊。后者是指在寒地建筑空间认知的过程中，人作为行为的主体发生了停留，人自身呈现出静态的特征，但是环境的图像材料却是运动的状态。如人在冬夜里的等待，由于气温条件，往往站在窗前观察周遭的情况，在视野中试图寻找期待的契合点，在意识游走却无法建立联系后必将驶向孤独。寒冷虽然束缚了物态的行为，却使意识行为愈发自由。从身体出发的寒地建筑知觉空间的本体建构，促使寒地建筑空间观发生了彻底的改变：世界不再是欧式几何中诠释的完全均质

---

① 绵延是法国哲学家柏格森（Henri Bergson）动态哲学观的核心词汇。他认为在时间中流动的是人格，就是绵延的自我；绵延的自我就是一种记忆的连续生命。一切艺术形式都必须具有与创作主体息息相关的生命体验，以获得独特的时间和不可重复的绵延。

② SHANES E. Coustantin Brancusi [M]. New York: Abbeville Press, 1989: 67.

③ 刘胜利．身体、空间与科学［M］．南京：江苏人民出版社，2015：343.

的僵化框架，物体的感知与所处的环境空间不能被严格分开，物体的属性会随着其在环境空间中位置发生变化而变化。环境空间和其中作为知觉主体的人也无法孑然独立，因为这些知觉的呈现都需要通过空间与人身体的关联而获得，并依从某个有限的视角呈现出来。由行为作为一种感官方式引发的寒地建筑体验，是通过人身体在空间中的不断位移，将无数的感官体验串接起来，建构成连续的、充满寒地意向的空间知觉的综合。其中，静止和运动的思辨与寒地环境紧密相连，都是寒地意识的独有体现。

4.2.1.3 体验与记忆

人无意识地将身体置于一个三维的边界之内，这个边界包围了整个身体，将“我”从这个世界分隔开来，而同时，也造成了“我”和世界之间的过渡。肯特·布鲁姆在《身体、记忆与建筑》中指出：身体与世界之间的边界是不稳定的，通过释放或回缩反映人对于力的心理效应。像一个虚拟的封套包裹着对于力不确定的、动态的意识修正。[①] 西摩·费希尔（Seymour Fisher）关于边界心理力量的研究中发现，对力更为敏感的人，往往更容易使边界发生变形，从而能够更生动地体验环境。人通过身体的延伸使边界的封套在不断变化，其“穿透”和“屏障”的特征伴随着生物性和与生俱来认知世界的方式，从而依据身体建立分层的模型以获得身体内部与外部世界的实体关联关系和情感关系。身体的皮肤可以接受触感；肌肉的收缩是神经对外界条件应激的结果；通过大脑的“看”可以获得身体内部的意向反馈。人的身体具有一个心理坐标，将身体外部的信息内化为身体内部用于解构身体外部世界所需要的意识。

空间体验使身体内部形成了个体的知觉世界，产生了许多意义，并通过这些意义不断解构再重构自身与世界。通过承认身体是个人知觉世界的信息来源，人能够更好地理解身体的知觉体验。当身体处于以获取知觉意识为目的的过程中，往往以基本的方位感和触觉为基础，不断地重演、再创造（re-create）和继续扩展目前的特性。这是一种人称之为“消遣”（recreation）的活动[②]，但

① 肯特·C. 布鲁姆，查尔斯·W. 摩尔. 身体、记忆与建筑［M］. 程朝晖，译. 杭州：中国美术学院出版社：2008：47.

② 刘胜利. 身体、空间与科学［M］. 南京：江苏人民出版社，2015：59.

是往往在建筑设计时被设计师忽略了。对于身体体验的弱化减损了“我们自己是谁”的记忆，这也是当下大多成长在我国寒冷地区、常年受到空调和暖气保护的寒地居民并不适应更不认同寒地生活的原因之一，知觉能力和敏感度都在退步。此外，一般观者的寒地建筑体验和建筑师的也大为不同，前者大多数建筑意识的形成都依靠身体的统觉以及先验综合去加以判断。而建筑师所能“设计”出来的形式感和体验方式并不一定会被观者所接受。就像19世纪被尖锐反驳的移情学说，尤其是特奥多尔·李普斯①的“移情”观念：美感依赖于观者能够在另一个人或对象的活动中察觉个人身份的程度。就像一个久居寒地的人向另一个人描述寒冷环境中的生活乐趣，另一人完全加以模仿，但是显然是不能获得同样的感悟。个体获得的经验无法来自于他人的言说，只能依靠身体自我逐步形成个体的、内在世界的经验。寒风吹过皮肤的触感；因感到寒冷而发生的肌肉收缩；看到冰雪覆盖大地而体会到的苍茫……寒地环境对于身体存在着实在身体和肉身身体的双重塑造。对于观者，处于寒冷环境中去体味寒冷，需要的是具有寒冷意识的基础，以及可以呼唤寒冷反馈的寒冷回忆“锚点”。在北欧著名建筑事务所A-Lab的作品奥斯陆水滨公寓CARVE大楼中（图4-5），

（a）　　　　　　　　　　（b）

图4-5　奥斯陆CARVE大楼的屋面平台（资料来源：李媛. 奥斯陆CARVE大楼［J］. 城市建筑，2015（1）：70-77.）

---

① 特奥多尔·里普斯（Theodor Lipps, 1851—1914），德国心理学家、哲学家、美学家，主要论著有《空间美学》。

大量的寒冷身体经验的建筑节点被建筑师调用：冬季的平台会将树木移走，只留薄薄清雪；即使夏季，也会在沙池中填充像雪一样的细沙，呼应两季的共同景观。建筑的外立面采用带有纹理的白灰色石材，而平台使用暖色的木材。坚硬的建筑“外壳”中，平台像通过一个透明界面，以示意分离和连接。冬季港口的冷风被暖色的木纹所“化解”。这些建筑元素的组织方式也跟事务所的挪威背景密切相关，都是在严寒城市经常使用的，映射了大多数具有长期寒冷环境居住经验的人的物理及心理需求。

4.2.2 行为的结构

4.2.2.1 行为与图像

建筑空间的认知是通过人在空间中的行为实现的。人在运动中身体发生着变形和位移，并接受着与身体外部空间不停交换的力的作用。在运动行为中，所有的建筑材料的图像意识都成为观者在建筑空间意识阶段的意向来源，并具有以时间为轴线不断变焦的特点。例如一个远方的建筑，一开始对其认知的信息是模糊、粗略的，不足以去判断准确的材质和形态，但是随着观者去接近它，建筑意识便从一开始的不确定向确切的方向延展。与此同时，建筑材料的图像意识在累积的过程中不断强化，使大脑中的物象意识开始变得立体（图4–6）。不论观者是否意识到这个过程，其肉身一直都在建筑空间的认知中流变。在寒地建筑的知觉活动中，身体行为对于空间的产生具有决定性的意义——由寒地环境激励的身体—行为决定了建筑空间在意识流中的延展，这种延展具有显著的疏密性和方向性。疏密性是行为导向下所处位置的图像意识的丰富度，不利于驻足的空间往往图像的疏密度较低；方向性是基于身体统觉的行为方向。此时的寒地建筑空间认知结构由一系列的图像意识，通过不断地沉淀、抽象、综合建构而成。

当身体通过行为在空间认知中获取图像时，是将自己与空间分离开来，身体行为成为图像的标记，当注意力集中在某个材料上时，所有的感官都聚焦于此，由此获得的众多图像意识具有显著的中心性与真实感，反之亦然。所以在运动中，观者通过身体行为，不断变化着在空间中的状态，并不断感受各种

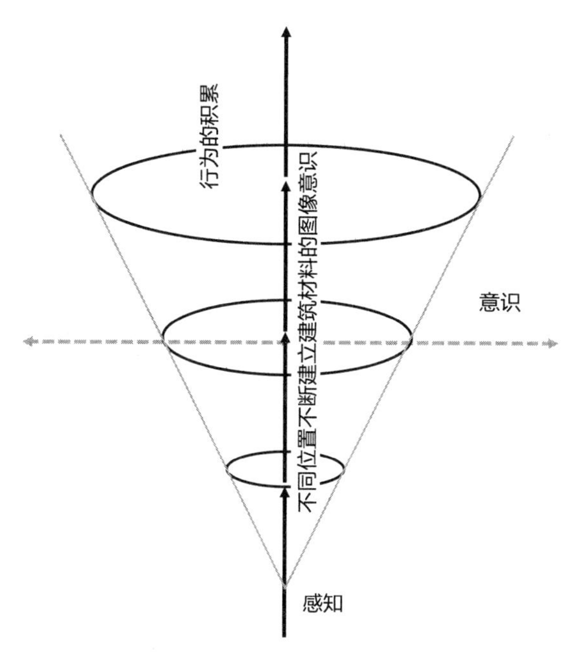

图4-6　行为与图像的意识建构关系

力的作用，使材料图像起伏般凸显出来。在此，状态并非一种几何学的概念，而是带有所有肌肉运动知觉衍生物的综合，是从外部的态势延伸至身体内部。卒姆托曾在《思考建筑》中提到他做设计时，会放纵自己在记忆图像中肆意行走，让自己自由地被情绪牵引，以使所唤起的图像能够关联到他所追求的建筑。显然，对于卒姆托而言，空间中的身体行为紧紧跟随着牵引眼前图像的思绪，图像和行为有互促动因的效果。这时，图像反复发生意识上的内在回响，而肌肉用行为的外在方式“配合”意识在图像之间层化衍义。诚如海德格尔的总结，图像的任务是对存在的事物进行整体的描述和反映，而行为及发现就是使图像特征被显现出来。在寒地建筑空间认知中，基于图像的身体行为激发成为建筑师引导观者发现空间的主要方式，并且，这种行为的个性化和不确定性实现了对建筑认知层级的开放性。1974年设计的谷川的住宅被置于一片原木森林中，融合周遭寒地环境，形成一个小小的“山顶”，呼应场地上一系列起伏（图4-7、图4-8）。设计师尝试通过创造一系列的“不水平”去引发观者在空间中不断往复运动去寻找“平衡”的行为，以“不稳定”“运动着”的图像体

图4-7 谷川的住宅：小山般的室外（资料来源：Kazuo Shinohara. 5th Anniversary special number of SD first publication Kazuo Shinohara [J]. SD, 1979 (172): 72.）

图4-8 谷川的住宅：起伏的室内（资料来源：MASSIP-BOSCH E. Kazuo Shinohara: Casas Houses [J]. Gustavo Gili, 2011(58/59): 15.）

验反抗当时盛行的“居住机器”的家宅概念：在一个更大的范围，人仿佛和建筑空间一道，成为雪山的一部分，处于随时将要下滑的失稳状态。室内的木架构图像与室外的枯木交映，如矗立并扎根于雪地中。关于这个设计，筱原一男在1976年的笔记中写道：“希望通过表现自然地形落差的两个异系空间相遇，强化人在寒地环境中的不稳定感”。① 由于行为与图像在此不断相遇、激发的启示意义，谷川的住宅后来被主人变为小学生活动场地。当被采访者问到这种非水平的身体不稳定感所引发的非常规的行为是否会影响居住时，房子主人回答：“建筑除了居住，还应该反应精神，舒适是精神的敌人。”② 寒冷是舒适的敌人，那寒冷的精神是寒地建筑的根本任务之一吗？

寒地是关于冬季自然风貌的综合，认知寒地是将寒地空间作为一种感知图像，需要与其他材料图像一道在身体内投射并展开。眼睛跟随着肌肉移动，眼睛是视觉，肌肉是触觉，前者是可见不实，后者是实却无像，彼此建立起了身体—行为—空间结构的存在，也是存在本身。这种存在是一种内在感知，在

① 筱原一男作品集编辑委员会，筱原一男：建筑［M］. 南京：东南大学出版社，2013：133.

② The Japanese House Architecture and life after 1945［J］. 株式会社新建築社：新建築住宅特集别冊，2017（8）：6.

个体的行为—图像内蕴含着内省意识。在此结构中，材料图像始终是意识的始基，寒地蔓延并沁润了所有材料图像，并激发了观者在建筑空间中的探索和思考。

4.2.2.2　行为与意识

所有建筑空间体验都是一种潜在的行为刺激（真实的或想象的）在起作用。一座建筑自身就是行为的刺激物，是运动和交感的舞台。这始于知觉空间与身体的始终伴随关系。这种互馈从人的幼年起就在经验中展开，如儿童在游戏中通过不停变化身体伸展的维度、运动的韵律和运动力的变化，使身体与空间产生试探性的关联。这种源发自身体的涨潮和退潮、失重和超重、韵律和波动，是身体—行为所固有的且均匀的，并与意识是同步的。即使在身体外部动作真实发生之前，身体内部已经产生了前意识——在内心深处对即将发生的所有行为进行了预演。对此，实际上所有的行为都需要前置的外部意识材料提供给感官，进而建构意向性的感官材料。继而个体会根据身体此时的行为、状态和所获得建筑空间意识，捕捉下一时刻的意向行为材料，进而根据内意识完成接下来的外感知意向行为。如在寒地环境中，身体—行为对作为典型寒地表征的冬季景观图像的外感知及内感知形成了意识，寒地建筑空间的认知依此奠基，并将冠以所有行为的前意识和意向，由此形成了人在寒地的日常寒地行为和寒地意识。

所以，寒地意识串联起了寒地环境中外部建筑材料的从领受到内化，再到向外投射。在寒地建筑空间认知中，可以暂且确定一个关于图像材料的起点，用意识的构造关系去理解行为空间的产生。图像可以激发最为普通的外感知，形成外感知意识，此时在进行着的意识行为也被意识着，成为内感知行为，提供了身体行为的前意识行为。对寒地建筑空间的认知由此可以追溯到意识的层面。在此，意识的立义冲突是图像意识典型结构的基础。而寒地环境作为外部环境，对于建筑空间这一内部环境本身就包含立义冲突的前置条件。对图像层面的操作，实际上是以制造立义冲突为目标的建筑空间意识。

4.2.2.3 行为与联想

通过观察空间中的身体可以发现，对身体定位和行为的几何抽象性描述可以很快呈现出联想的意义。鲁道夫·拉班（Rudolf von Laban）曾经采用“正面的”“垂直的”“水平的”平面来定位运动，并提供了一种与身体—意向理论的身体坐标非常相似的三维结构和基本原理：身体从一个地方物理位移到另一处，都会借助自身的导向系统[①]。肯尼斯·艾瓦特·博尔丁（Kenneth Ewart Boulding）[②]在其著作《意象》（*The Image*）中指出：“意象是行为的依存，‘意象’建立在每个人过去全部的经验之中。”李道增对这一观点表示认同，并在《环境行为学概论》中进一步释义道：空间是由处于道路网络中的系列点构成，将结点连接起来便成了道路。由于身体在空间中定位，所有的路对应个体感受延伸出了方向感、距离感，进而延异出了“亲密”与“疏离”、“朝向”与“背离”。[③]通过身体—行为，人的所感所受也在发生改变，同时空间意识也随着道路网格的拓展变得更加复杂与有机（图4-9）。内化的意识会经过积累、沉淀和抽象产生行为意向，意向的发生又是身体与行为链接的关键。如从感知上，人通过在雪地上移动，能够感受到雪的厚度、温度、疏密度，同时直接获得了在雪地中行走的经验，这些经验综合成为与雪关联的图像意识，间接获得了对于寒冷的意象。这也解释了即使通过图像和描述，如果没有与对象发生真

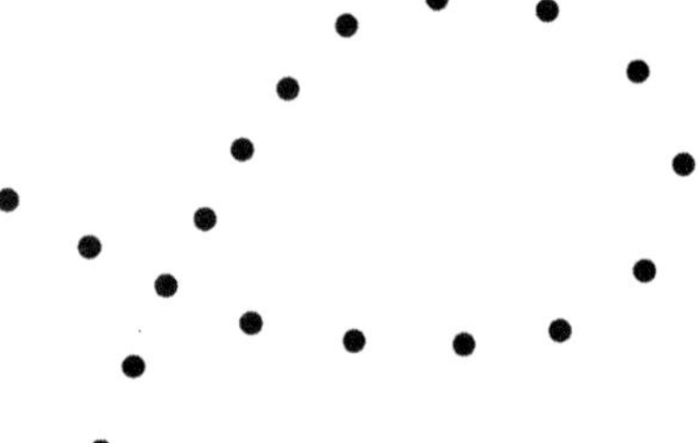

图4-9 成组的黑点出现在画面中，我们不会去怀疑这是否是一个圆环和其他的两条曲线组合在一起，而是自然而然地看成一条套索的形状。这是格式塔规律中的典型案例[④]

---

① LABAN R. The lamnguage of movement: A guidebook to choreutics [M]. Ullmann L, ed. Boston: Play, inc, 1974.

② 肯尼斯·艾瓦特·博尔丁（Kenneth Ewart Boulding），英国经济学家，1962年被美国学术团体理事会评为美国十大教授之一。

③ 李道增. 环境行为学概论［M］. 北京：清华大学出版社. 1998：68.

④ DESOLNEUX A, MOISAN L, MOREL J. From getalt theory to image analysis [M]. New York: Springer, 2000: 3.

实交互，为何仍很难去理解一个事物。所以，即使看过雪、体验过雪，也无法与寒地生活经验完全匹配。因为偶发行为带有特殊感受的独立性概括（生活在南方的人体验北方的雪，这种体验是建立在亚热带环境意识里的），而持续的行为会使意识扎根得更为深刻与广袤。人的思想带有典型的格式塔，如果第一次辨识需要一定的经验奠基，那么之后的行为意向就显得更倾向于直白的、无需多言的感受。凯文·林奇认为，观者与环境具有行为与意识互构的特征，并在互构发生期间产生了基于自身对环境适应性的环境意象，这种意象是根据观者自身的空间意愿产生的，加入了自我对空间的主观描述并赋予其意义，而环境提供的只是客观的区别与联系。在林奇的表述中，或者说大多数人的身体图示下，都将图像到意象理解为对于事物认知的过程及结果。但是获取图像和理解为意象的结构却总在一些语境中被忽视。其实在博尔丁理论中已经回答了行为是实现在地意识框架的基础，更是获得图像及发展为意象的通道与方式。遗憾的是，受博尔丁启发而著书的林奇并未将这重要的一点纳入考虑之中。

行为不仅是获取图像材料的基础，还是意向结构的构成元素。1965年，卡尔·波兰尼（Karl Polany）[①]提出，人只有通过行为才能获取“头脑中的地图”。如在森之舞台项目中，空间转折的色彩、质感、质料和光线的变化，都暗示将人从一个冰冷的、色彩单调的世界，带往一个温暖的饱含色彩的天地（图4-10）。该图像进程随着身体—行为被感知、建构，进而内化为意识，为行为意向奠基。同时从地平旋转上升的身体行为赋予平台更为广阔的新“坐标”般的意向感受（图4-11）。视野中图像自然而然会随着身体—行为发生改变，上一个时刻的图像产生的意识会成为下一个时刻理解图像的意向，并提供了下意识行为，这种由于行为而造成的意向联想被观者再次通过行为的方式展现时，便形成了意识结构丰富的连续体验。当这种改变结合寒地环境以建筑的手法得以强化时，意向结构包含着对肌肉记忆的联想，结合时间的维度，寒地建筑空间的整体意象从而丰富起来。

---

① 卡尔·波兰尼，匈牙利著名社会思想家、经济史家、经济人类学家。

图4-10 作为承接空间发展意向的楼梯（资料来源：青锋. 知觉的重塑——META-工作室森之舞台设计评述［J］. 世界建筑，2018（3）：100.）

图4-11 作为辽阔取景框的观景平台（资料来源：张昕楠，张涛，王硕，等. 之于场所的知觉：评META-工作室吉林森之舞台设计［J］. 时代建筑，2018（6）：114.）

4.2.3 体验的再现

4.2.3.1 在场的直观性

人对于行为的认知，总是与在场的直接体验相关。一旦人以一个世界体验主体存在，感知就一直会把相关的行为图式呈现给主体。行为发生瞬时，行为事物被认为真实地出现在行为轨迹的每个点上，即使事实并非如此。所以当提到行为时，便已经内含行为事物①。也就是说，行为体验并非需要严格考察是否是真实的行为事物，行为与行为事物具有源自体验和在场的高度的同一性。同时，行为创造了一种直观性，因为人不得不通过直观的方式与行为的信息一并构建当下。在寒地建筑体验中，很难用某个时刻准确地描述空间知觉。因为这样一来，建筑空间便成了一幅风景画，只停留在图像材料的层面。但即便如此，这种体验也无法是单纯的、孤立的，因为它不能被独立于整个认知建构的过程，其结构一定牵动着与身体—行为相关联的图像、意识、联想。所有的图像意识此时都和此刻的图像一道成为当下化的体验，即使没有明确的运动事物的行为。所以，即便在寒地建筑的室内空间理解中，人也会叠合进室外的寒地

① 莫里斯·梅洛-庞蒂. 知觉现象学［M］. 姜志辉，译. 北京：商务印书馆，2001：345.

环境意象，共同综合成此在的意识。

在寒地建筑空间认知领域中，这一看待身体—行为的方式多表现为在一个空间画面中重叠般的图像被拼贴——所有看似独立的图像对象，实际上并不真实“存在”，或者说会失去原有的意义。就像撕碎的画作，不复原作同一的立义，但可以获得新的综合，并激发出另一种广泛、丰富的意向行为体验。由此，观者可以通过建筑空间中图像的不断地在场直观切换，塑造一种“行为事物”的假象。如在哈尔滨众创书局的设计中（图4-12），建筑师认为冬天的皑皑白雪象征着融化之后春回大地的丰沛水源，并辅以兴安岭森林为典型寒地意象，将同一意向的不同图像“碎片”摆置进同一“画面”——原始淳朴的木料、坚挺粗犷的钢材、亲切的近人空间、震撼的超尺空间，用对比的、丰富的当下化体验营建出“奇幻而有力量”的氛围。

任何一个建筑空间都无法呈现所有的地方意象，但这并不影响身体通过行

图4-12 哈尔滨众创书局（资料来源：作者自摄）

为使观者的记忆与联想打破原有的时空隔离在某一空间体验中当下化。实际上，寒地建筑空间的认知过程也是如此进行的。人对某个寒地建筑空间的意识就是在多重体验与记忆的当下化中沉淀并凝结的。

4.2.3.2 感知的超越性

莱布尼兹（Gottfried Wilhelm Leibniz）认为，对于建筑的观看可以是以任何视角为起点向建筑方向延伸的。虽然不同人的视角以及所形成的视域都是不一样的，但这并不影响人正在体验的是同一座建筑。然而，建筑本身并不是这些显现中任何一个，无法从任何地方被看到，人需要一个永远无法被构建的无视角的极限（其中包含着所有视角）。显然，由此可以发觉到人对建筑空间的知觉经验暗含着两个毋庸置疑的隐匿：①建筑空间的图像需要以某个视角为基点获得，但是这个图像并不是建筑空间的全部，所以人看到的建筑只是视角化的知觉信息；②可以从不同视角获得建筑空间的图像信息，虽然信息不同，但是建筑空间都是同一的，那么建筑空间不取决于人的视角。因此，视角性在感知建筑空间中存在显著悖论性的结构：人的感知必将始于某个视角，但是所形成的认知又不局限在该视角（the view from somewhere）。胡塞尔认为，人的感知具有超越性，能够根据当下的视角，发散并补充已经获得的经验，但是这种补充及立体认知建立在先验之上。也就是说，在寒地建筑空间知觉中，即使是从某一空间去“看”，意识也会“无意识”般去补充其他空间与视角的经验，以充满关于空间整体的意识。

在寒地建筑空间的图像呈现中，往往会出现一种视角：人站在室内，通过窗子向室外望去，通过窗外的寒地环境图像再现自己站在室外观看建筑空间的相关经验，并且形成系列的意识、意象（图4–13）。在此，建筑空间内外的图像及经验在同一视角下产生了交叠，建筑作为人与环境之间的介质作用更为明确了。其实这就是知觉空间经验的视角超越性的应用。所以，会看到很多建筑空间是通过室内外图像材料的对比以强化这种经验叠合的差异性。由此，寒地建筑的本原在感知中得以突显。

寒地建筑空间知觉中形成的建筑意识一定是碎片的、多元的，这源自意识自身有被充实的需求。在拉斯姆森于《体验建筑》中谈到的一个实验中：如若

（a）室外 （b）室内

图4-13 沈阳水塔展廊（资料来源：Meta-工作室．水塔展廊（改造），沈阳，中国［J］．世界建筑，2013（5）：111，112.）

一个房间，换了暖色调或配置了地毯窗帘，那么人或许会觉得房间温暖舒适，尽管温度没有什么变化。[①]这是因为依从寒地环境中的建筑空间体验，人确实可以达到一定共识——那些基于肉身的行为反射所提供的先验般的知觉对照，从而发生基于身体—行为结构是寒地建筑的不同体验交融，并进一步影响建筑空间内部的行为—知觉。这也解释了为什么寒冷地区的建筑空间多使用暖色、粗糙的建筑材料。

4.2.3.3 寒冷的意向性

关于寒地环境的认知，主要来自于身体对于寒地的真实体验。人是无法在置身于亚热带的树屋中的同时用脑后插管技术来“告诉”大脑自己的身体身处寒地某空间里的，这正是经典的“缸中之脑”思想实验[②]的缩影。在生活世界里，人更愿意相信基于经验主义的图像意识：建立在感觉积累上的对事物的直观认识。理想状态下，寒地建筑对寒地环境的回应会体现在当人面对某寒地建

① S. E. 拉斯姆森．建筑体验［M］．刘亚芬，译．北京：知识产权出版社，2003：200.

② “缸中之脑”是希拉里·普特南（Hilary Putnam）1981年在他的《理性、真理与历史》一书中阐述的遐想：一个人的大脑被移出身体之外，将它放到一个生命维持缸里，然后科学家通过为所有感官末梢提供合适的刺激，让人相信你不只是一个放在缸中的大脑，而是一个有健全的躯体、在真实世界中正常活动的人。

筑或空间时能产生“寒冷”意向。这里的寒冷已脱离了身体外部单纯的对气候的物理描述，而是从人身体内部向外部投射出的“寒冷”。

（1）表象的寒冷 人可以在知觉一个具体的寒地建筑空间时，通过对建筑意象的共鸣，领受建筑师对于寒地气候的经验及态度：接受、跟随或防护、对立。在冬季城市大会2015（Winter Cities Shake-up 2015）上，来自冬季城市委员会（Winter Cities Institute）的帕特里克·科尔曼（Patrick Coleman）在发言中指出，根据在加拿大的调查，寒地城市居民对于冬天的态度并非像非寒地居民所想象的“难过”。所以，非寒地居住的建筑师在寒地建筑设计中往往从冰或雪等视觉图像表象中获取寒冷意向（图4–14、图4–15）。而拥有更多寒地环境经验的地区更倾向于应用更为温暖、柔和的建筑语言组构建筑对话自然的“面具”[①]，从而搭建建筑具有源属性的寒冷表象。一种是将环境作为元素的直给，另一种强调在环境中栖居。观者会在不同的寒地建筑表征中体会到亲切和

图4–14 哈尔滨国际机场采用了雪花意象（资料来源：MAD建筑事务所）

① 史小蕾. 寒地建筑符号情境建构 MAD的亚布力企业家论坛永久会址［J］. 时代建筑，2021（3）：72.

图4-15 哈尔滨大剧院采用雪山意象（资料来源：MAD建筑事务所）

陌生、对立和安全。当然，这也暗示了“寒地”语境在符号化进程中，外化和内化的两种路径。

（2）隐喻的寒冷 对寒地环境的感知是多元的且具有显著结构性的。隐喻的寒冷是跳脱表象的寒冷后对寒地环境的深层体悟。除了直接地体验寒地环境，还可以通过对人在寒地环境中的栖居的渴望去实现对冷的回应。如：门把手提供了人与建筑握手的机会，接触的瞬间人能感受到热量从身体离开，进而产生对于寒地环境的联想；对远方墙体的凝视是目光对建筑材料温柔的抚触，通过视线光滑地或是粗糙地划过，人能体会到冷漠的生疏或温暖的亲切。当然，除“肌肤之目”之外，力量、摹像、想象等都可以带给观者关于寒地环境的隐喻。其源头从不囿于温度计量表上的数字，而是根植在每个生活世界的细节里。温暖的色彩、粗糙的界面、原生的材料……寒地空间都以隐喻或者象征的方式使观者产生在寒地环境生活的体验共鸣。

（3）意识的寒冷 建筑“作为人在大地上的存在方式”①，展现并模仿着

---

① 马丁·海德格尔. 演讲与论文集［M］. 孙周兴，译. 北京：三联书店，2005：154.

人的日常生活世界，是人于世界里的实在延展。在寒地建筑中，寒冷环境赋予了寒地居民特殊的生活方式，建筑成为这种生活方式的一簇表征。同时，人也通过体验建筑来理解寒地，形成了人与建筑在寒地环境中的互构。寒冷的感知、寒地的景观、寒地的文化都是寒地提供的建筑知觉建构语境：寒冷的存在必须建立在可被身体感知的前提下——“感到寒冷”是一种意向体验，串联起了主观的感受和客观温度；冰、雪是冬季寒地城市拥有的独特的自然景观，使所有的材料、形状、轮廓都覆上了一层带有温度的色彩并引发知觉联想；寒冷的环境与生活也孕育出了独有的寒地文化，如著名画家于志学将我国东北寒地的“冷文化”凝练为粗犷、洪荒、奔放和豪迈的特征（图4-16）。寒冷，作为被体验的知觉感受，源于身体，始于皮肤，抽象为意识，最终穿透皮肤延伸到情感。英国诗人奥顿（Wystan Hugh Auden）在《兰波》一诗中所言：“寒冷铸就了一个诗人”；美国诗人弗罗斯特（Robert Frost）在《雪夜林畔小驻》[①]中将雪、夜、森林、小屋串联起一幅冷艳绝美的画面并以之隐喻人生。除了视觉中雪山的绵延及触觉里冬风的料峭，寒地是能够注入人以精神力的，孕育了基

图4-16 雪岭寒溪图，于志学（资料来源：于志学. 于志学冰雪山水画技法［M］. 哈尔滨：黑龙江美术出版社，2017：7.）

① 余光中将《Stopping by woods on a snowy evening》一诗翻译为《雪夜林畔小驻》，是一首公认的现代英语诗杰作。描写完景色，诗人感叹道：虽然遇此良辰美景，但还需履行对自己的诺言。人总要走完这一生，才能去安心享受这静谧的冬夜。

于在地情节的看待事物的方式。同时，寒冷也会带给人对建筑的不同理解——“冬季使家宅获得了延伸”[①]。因为只有在寒冷中，温暖才能被看得见。温暖是无法在夏季“存活”的，长期居住在寒地的人，更懂得温暖的意义。如：以木材作为建筑表皮材料，给人以温暖、亲密的记忆延伸；空间的厚重形式，提供了在寒风中矗立、稳定的安全感。在我国东北寒冷地区，颜色之于空间除了色彩心理学，还有自然文化的专属意向：黑色可以是寒地的黑土，可以是茂密的深山苍林，可以是寒冷的深冬河水；白色可以是天空广袤纯净的白云，可以是地面白雪皑皑的山丘，可以是整个城市的冬天。寒地建筑空间中的白色、黑色及木色的空间图像构成，以摹像寒地冬景，唤起对于在地文化的印记意识。

4.3　基于寒地文化的内化空间

寒地建筑空间除了作为纯粹直观材料或满足使用需求的工具，显然还应作为具备承载寒地文化的艺术品存在。是从将建筑作为人类文化的具身视角，提出建筑具有像人一般的自在、自为和自立的特点：如艺术品般的物质性客体独立的同时，又存在于精神性内化的主客一体。

4.3.1　自在的秩序

4.3.1.1　作为定居的用具

居住作为人的行为，使人具有人自身存在的自证性。海德格尔提出，“是居住使建筑具有此在的意义。对于在世存在，存在者必须具有用具性”[②]。换句话说，是用具性使切近用具的使用者围绕在其周围，构成了一个互动的世界，并在此，用具和使用者互构彼此在世的关系。同时，用具还促使一些使用者发

---

① 加斯东·巴什拉. 空间的诗学［M］. 张逸婧，译. 上海：上海译文出版社，2009.

② 马丁·海德格尔. 演讲与论文集［M］. 孙周兴，译. 北京：生活·读书·新知三联书店，2005：154.

生了行为的改变。建筑就是这样的用具之一，一边使人定居，一边使人理解定居。在寒地文化语境中，建筑的用具性除了自身承载活动的基本需求外，还有对于自然环境的反馈作用。寒地建筑空间应体现寒地居民于建筑层面上的寒地生活经验与观念。与此同时，寒地建筑表达可抽象出一种风格上的统一性，即寒地文化观和价值观。如，我国东北地区鄂温克族、赫哲族和鄂伦春族的典型传统民居"撮罗子"（图4-17），形式取材于少数民族所在的东北森林聚居地：四季的白桦木加半年的封山期。简单的白桦树搭建成人字形木架支撑结构，木架外放上兽皮和草顶作为围护结构。在自然环境中就地而建，随地而建①，形成的斜向的墙体可以有利于排倒积雪，体现了深植于地域、地貌，和环境交互而成的生活摹本，以及地域性的审美系统。相比而言，北欧的寒地建筑理念倡导将自然融入建筑生活之中——把建筑放入自然里，而非用自然元素作装饰。就像拉尔夫·厄斯金（Ralph Erskine）将建筑立面设计成了冬季存储木材的空间（图4-18），随着木头被用于取暖及再被补充，外墙壁一直处于变化之中，真实反映了自然通过生活作用于建筑的状态：使建筑的时间与自然环境的时间同步。斯维尔·费恩（Sverre Fehn）曾总结北欧的寒地文化是生活在自然里，所以建筑作为工具应该体现出对自然的跟随。这里可以发现，即使同样面对寒地建筑，同样以建筑—自然观为出发点，我国东北地区和北欧地区采取了完全

图4-17 桦树皮"撮罗子"，黑龙江（资料来源：李红琳．东北地域渔猎民族传统聚居空间研究［D］．哈尔滨：哈尔滨工业大学，2018：63.）

图4-18 盒子住宅，里斯马（资料来源：Erskine R. The box [J]. A+U, 2005, 414(3): 36-43.）

① 张驭寰．黑龙江赫哲族民居："撮罗子"和"干阑式"房屋［N］．中华建筑报：2004-02-06.

差异化的呈现：前者观念中住居的工具性是从人指向自然的，后者的工具性则是从自然指向人的。显然，当谈论建筑的工具性时，其本质是在探讨建筑在人日常生活中的角色——是基于对改造及适应周围自然条件的信念，是关于个体与整体环境关系的沉思与洞见。

4.3.1.2 源自内心的价值

“谁会来敲家宅的门？敞开的门，我们踏入。紧闭的门，如同虎穴。世界就在我的门外脉动。”这是阿尔贝-比罗（Pierre Albert-Birot）①用现象学描述的方式表达了关于家宅空间对于人内心的价值。人对建筑和世界的第一把握都源自家宅，继而得以通过建筑不断加强对世界的认识。家宅是人最初的宇宙。②同时，这里也暗示了人关于建筑—世界这一认知构造体系的建立方式：以家宅为基点，向外发展延伸。家宅的意义与人内心的价值彼此孕育，具有显著的统一性和复杂性。作为“世界的一角”③，家宅在自身中几乎融合了全部的特殊价值。在其分散与整体的形象中，想象力会使家宅的价值更加饱满丰富。并且，人在建构建筑—世界的认知方式时，会尝试把各种形象集中在家宅周围以更好地形成理解映射——在所有曾经得到过庇护的建筑空间的回忆之中、在想象（imagination）中出现的居住空间中，人尝试归结出一个源自内心且具体的本质并投射出受保护的、具有向心性的空间形象特征和独特价值。

在寒地建筑意识的建构过程中，不应只把家宅空间视为定居的用具，将建造和使用加诸其上。居住空间的核心意义并不在于是否节能或者其拥有何种程度的物理舒适性，也不在于其拥有具体的何种面貌。对价值的追求本质就是一种超越直观的物性和用具性的过程。即使这一过程注定被冠以“感性”之名并走向“主观”，但是把握在寒地环境中直接的、可靠的、充满意蕴的幸福感，并发现实现这一路径上所有现象所抽象、沉淀、综合而成的寒地观念，才是人在环境中真正追求的内心平衡。这种源自内心、源自家宅的建筑—世界认知结构，使人对寒地建筑提出了基于本能的与寒冷环境关联的安全感、对话感及对

---

① 皮埃尔·阿尔贝-比罗，法国作家、戏剧家、诗人。

② 彼得·卒姆托. 建筑氛围［M］. 张宇，译. 北京：中国建筑工业出版社. 2010：13.

③ 加斯东·巴什拉. 空间的诗学［M］. 张逸婧，译. 上海：上海译文出版社，2009：57.

场所的依恋感需求。从而建立起我—建筑—世界的认知结构，以深刻理解如何每天都把自己扎根于“世界的一角”和这个世界上。

在“扎根”寒地的生活世界时，人内心的价值最终指向的都会汇聚于人对寒冷地域的情感萃聚中，是对寒地观念的价值认同的渴望与寄托。在寒地建筑观念中，无论是对寒地环境接纳抑或是抵制、对寒地生活的热爱抑或消极、对寒地文化的认同抑或模糊，都将体现在家宅以及其他建筑中，从而完成并完整观者基于价值与意义追求的对于世界的认知建构。

4.3.1.3 体现意向的参照

作为居住行为载体的建筑，以世界图像的角度来看充满着自相矛盾。概括起来，建筑真正关心的，并非落脚于理论、技术或功能，而应是生活世界。[①]建筑应能够制造出一系列图像，继而这些图像又能够唤起人对某种特殊生活形式的体验及思考。斯坦福·安德森（Stanford Anderson）曾经谈到萨伏伊别墅时说：“建筑创造出一个虽然不决定什么，却可以影响和改变我们思想行为的世界”。这个世界区分于实在的世界，是通过人在建筑中的身体—行为产生的空间所衍生、激发而成的精神空间，并且人以之为觉察般的意向参照，进而去理解行为与空间本身。这种建筑—世界的认知结构，注定是具有局限性的，因为我们只能参考我们自身的参考，意向我们自身的意向。全知的世界并无法被全然或尽然领受，只有关于经验—精神的世界可以在我们眼前展开。所以这也注定了人对建筑的认知只能建立在一个有限的维度和路径上，即使透过反思，所能扩展的精神空间也是极为有限的。我们只能理解那些符合我们独特的生活条件的事物，而建筑空间为我们提供了关于体验和理解的最重要的视野。

寒地建筑空间给予了寒地居民独特的寒地观念和该观念下的精神空间，提供了解释物质世界的参照和坐标。这种通道式的意识方法致使不同地域的人对同一事物会有不同的理解，并形成了一簇簇经验的视角。所以，在对寒地建筑空间的认知中暗含了过去所有关于寒地、关于空间的认知，作为意向格式塔，综合成了个体对于建筑空间整体的寒地精神及内化的寒地文化。

---

① 尤哈尼·帕拉斯玛. 碰撞与冲突：帕拉斯玛建筑随笔录［M］. 美霞·乔丹，译. 方海，校. 南京：东南大学出版社，2014：28.

4.3.2　自为的秩序

4.3.2.1　功能的形式隐喻

在建筑历史学家威廉·柯蒂斯（William Curtis）的著作《自1900年开始的现代建筑》（*Modern Architecture since 1900*）中，有一个章节谈及功能主义的神话，我们可以从中清晰地看到他的见解：就算是已经经过人详细定义的那些需求，也可能最终获得不同的解决方案；而和建筑的最终外观相关的先验图像，则会在某个特定时期进入我们的设计过程。因此，功能，只能通过一种风格的屏幕而加入建筑的形式和空间。在这种情况下，功能，作为一种象征性的形态风格，在众多所指中，尤其意味着功能观念。① 这里解释了长久以来的建筑设计中功能与形式的关联困惑，柯蒂斯从现代建筑的视域出发归纳出功能与形式互为隐匿及解蔽的观点。随着后现代主义运动的发展，建筑的功能主义神话被打破，人不得不重新面对建筑所指和能指的问题。建筑空间和图像都无法也不愿再沉湎于狭义的“形式追随功能”的一元论中。再次审视功能和形式以重回建筑本原的秩序成为实现建筑内涵的重要路径。

建筑的内涵意指两个层面：从艺术角度上来说，它提供了隐喻性的反馈，同时它还应满足功能、结构、执行和经济方面的实际需求。在20世纪20年代和30年代，纯粹的功能主义准则曾经在战后欧洲国家得到了发扬，并在当时取得了巨大的成功。然而，事实证明，这种大规模机械化的工业产品并非人类进步的表征抑或社会发展的方向。② 只有当人真正承认功能主义具备的深刻隐喻性质之后，其风格矩阵才能被充分地领受。著名的现代建筑史学家贝纳沃罗（Leonardo Benevolo）曾经描述道：“既然现代运动已经降为形式上的规则体系，有人认为当下的不安就源自这些规则的狭隘性和图式性。他们相信解救之道在于改变形式的方向及减少对技术的强调，以回归到更人性、更温暖、更自由的建筑。” ③

在此，关于建筑功能的讨论，并非意在否认功能在寒地建筑空间中发挥的

---

① CURTIS W J R. Modern Architecture since 1900 [M]. Oxford: Phaidon Press. 1983: 180.

② 沈克宁. 当代建筑设计理论：有关意义的探索［M］. 北京：中国水利出版社，2009：3.

③ 王民安，郭晓彦. 建筑、空间与哲学［M］. 南京：江苏人民出版社，2019：19.

主导作用或苛求一种强加式的将形式和功能分离的态度。只是希望借此指出功能主义的思想一直处于含混的状态。当下寒地建筑的本原危机与其说源自建筑自身的危机，不如说是因为这种含混致使建筑主动让自己承载得太多。现代生活的复杂性和易变性显然并不能在设计建筑和理解建筑中被低估，但是作为建筑自身，是否真实地存在某个固定的先后次序，将功能、形式、审美等置于关系清晰的框架之中呢？人一直需要对建筑功能的概念进行退后式理解——站在功能的身后去理解功能的涵盖。在寒地建筑中，设计师应看到对一般功能的诉求中暗示了超越一般建筑对环境的更为强调式的回应渴望——这种回应渴望并非和一般功能构成修饰般的叠层关系，而都是根植于建筑始基的，是围绕着寒地内在功能主义与美学形式逻辑的自然结合，超越“一般”的功能需要被形式所揭示。只有这样，才有机会使寒地建筑意识建构和寒地建筑实体空间搭建发生互馈关联。

4.3.2.2 形式的记忆建构

莱纳·马里亚·里尔克（Rainer Maria Rike）在他的小说《马尔特手记》中动人地描述了一个遥远的、关于家庭和自我的记忆。这个记忆，产生于主人公儿童时期，记录了对一座建筑的片段、分散式地描述，对房间、走廊的回顾都不是连续和完整的，但是所描摹而成的印象却被深切且深刻地保留了下来，并成为对于整个建筑的意识，“就仿佛我的脑海中有一幅印着这座房子的照片，它从一个无限的高度落下，在我的面前跌得粉碎”[①]。记忆是一些意识顺应环境情况并空间化的材料，连接着地方和事件，所以人对建筑空间的认知，从来不是一“堆”单纯的二维图案，相反，而是一系列有生命的多感官式填充。并且，人通过习惯，不间断地表达出记忆的意义及重要性。当认知建筑空间时，并非一开始就尝试寻求其中的美感，并主观渴望从中获得愉悦。即便如此，人总能获取到空间图像并通过身体—行为唤起自己的回忆。事实上，某些片段一旦被回忆，便具备了当下化，并且不一定会显现为表达任何意义的图像。但不可否认的是，记忆自身及唤起记忆的行为是充满意义的。因此，人会

① 莱内·马利亚·里尔克. 马尔特手记［M］. 曹元勇，译. 北京：北京十月文艺出版社，2019：12-36.

重点收集熟悉或者特别的图像，由它们扩大和巩固观者记忆的境界，最终，强化了自我意识。严格地说，人所拥有的那些记忆，只有极少一部分真正具备使用目的，它们具备的是社会和心理的功能。诗人华莱士·史蒂文斯（Wallace Stevens）发出过宣言式的认知结构观点："我是我周围的一切"；另一位诗人诺埃尔·阿诺（Noel Arnaud）则如此声明："我在哪里，哪里就是我的空间"。这些简洁的、公式化的叙述都强调了世界和自我的相互交织，并赋予了回忆和认同所具备的客观化的根基。

寒地建筑空间的形式，是由观者的记忆、行为模式以及付诸实践的行为方式成就的独立且具有个体性的空间记忆与记忆空间建构，是主观的，是具有时间意义的，与人体意识紧密相连，是建筑意识和地域意识的一部分。由此，当下的图像不再只显现于当下，当下的行为不再只发生在当下，当下的空间不再只建构到当下。记忆唤起身体里的"材料"，包括冬季步出室外之前需要立起的衣领、为避免寒雪对视野的影响而低头微睁的双眼。即使那个画面只是闪现于眼前，相关的记忆便已经"出现"于当下的空间形式中了。

4.3.2.3 精神的情感超越

建筑绝不仅仅是视觉的游戏，其意识不只停留在表面的愉悦。建筑是观念的艺术，是体现某些长久，乃至永恒的价值和理想的行动。[①] 建筑空间的实存以使用中或遗骸的形式，记录了人类命运的故事，既可以是真实的，也可以是想象的。废墟刺激着观者在想象中重建那些已经消逝的生活场景，并通过其表现侵蚀时间的建筑图像材料，抽象出一种特殊的、动人的情感力量，迫使观者去追忆和联想。在中世纪和文艺复兴时期的插图和绘画中，建筑图像的出现方式往往只是一面墙的边角，或是一个窗口。但即使只是这种孤立的碎片却已经足够唤起人对一个完整的建筑空间或是一个建筑时代的体验和想象了。这也正说明了局部在整体认知结构中拥有强大的代表力和延展度。因为，这种局部暗示了在认知中观者需要预先"悬置"整体的概念，并且可以从局部——一种对于整体的抽象，获得完整的建筑要传递的精神力量。卒姆托、阿尔瓦·阿尔

---

① 朱亦民．后激进时代的建筑笔记［M］．上海：同济大学出版社，2018：9.

托和安藤忠雄等一些建筑师，尤为善于利用建筑片段意蕴去凸显整体背景性的情感氛围。这种设计手法特别在自然力的映衬下，可以使人对环境与自身的反思更容易获得从属或分离、紧凑或轻盈，或冲突、牢固、脆弱的抽象情感，并通过一个建筑空间图像的瞬时被触发，从而激起神思共鸣。如，在寒冷落雪的冬季，自然的苍茫和覆盖一切声响的寂寥，会使时间、色彩在图像中淡去，建筑的空间力被抽象出来，使观者仿佛置身于一切之内而下一时刻又置身一切之外，去超越地旁观这个世界（图4-19、图4-20）。

图4-19 瓦尔斯温泉，格劳宾登州（资料来源：JAISER S, ZUMTHOR P. Peter Zumthor: Therme Vals [M]. Zurich: Scheidegger & Spiess, 2007: 154.）

图4-20 水之教堂，北海道（资料来源：BEAK J. Nothingness: Tadao Ando's Christian sacred space [M]. Oxon: Routledge, 2009: 105.）

4.3.3 自立的秩序

4.3.3.1 寒冷行为的触发

所有身体—行为产生都具有一定机制意味，环境就像其中的扳机（trigger），是触动并形成寒冷行为的关键。在冬季寒地，观者需要从远离建筑的室外空间向建筑移动，通过观察，确立移动的方向并进一步查看对象，进而在路径上不断地调整查看的角度。通过获得连续变化的视野和图像奠基来引发意向行为。当穿过建筑的外部图像，进入建筑内部空间时，查看的环境条件改变了。显而易见的是，在室外寒冷中“看”和室内温暖中“看”，其所触发的情绪和情感机制是截然不同的。当进入建筑的范围，从“看”到“入”，便成为下一个阶段性的寒冷行为。行为语境发生改变，如，有遮蔽的通道、具有挡风功能的植物与建筑路径相关联的序列性出现，都成为身体进入建筑并控制范围场地的暗示。这种暗示的语言会触动行进发生“催促感”，产生“加速”的冲动。

帕拉斯玛对寒冷城市门及把手的接触性设计有着源于经验式的感悟（图4-21）：“建筑的把手是人与建筑的第一次亲密握手。”[①] 此时，人的寒冷行为的触发实际上是感觉在建筑体验中的全面绽放。寒冷的环境成就了一种令人印象深刻的建筑体验，较舒适的环境更能够使人的身心处于敏感的接收状态。在行为的触发点中，游走于生理和文化的、集体和个人的、有意识和无意识的、分析型和冲动型的、心理和身体的、灵魂和表现的环境之中。[②] 建筑既是触发行为的“扳机”，同时空间感又源于建筑的产生过程。可以试想一下，水珠滴落到阴暗和潮湿的地下室时的声音——空间感——源自听觉。此时，人感受到的是水滴下落带来的对竖向距离的度量及地落后与地面发生撞击所形成的水平向的回声两个维度。当然，“阴暗的”“地下室”这些补充信息来自于经验情景的格式塔式般猜测。或者，想象寒冬的街道上，飘来的烘焙面包的香气。气味本身只是化学成分的组合，其热量和街道环境比微不足道，但是却可以给人带来清晰的温暖，从而指明了面包店的方向

图4-21　门把手，阿尔瓦·阿尔托，铁屋，赫尔辛基（资料来源：尤尼哈·帕拉斯玛. 肌肤之目：建筑与感官［M］. 刘星，任丛丛，译. 北京：中国建筑工业出版社，2016：74.）

① 尤哈尼·帕拉斯玛. 碰撞与冲突：帕拉斯玛建筑随笔录［M］. 美霞·乔丹，译. 方海，校. 南京：东南大学出版社，2014：4.

② 同上：13.

及相应的距离。空间感塑造的来源本身是具备多样性的实体空间（毕竟对空间的感知是没有办法“无中生有”的），并依靠虚指的行为使其能够被生动地创建。

对于寒地行为的基本认知应该从更为广阔的角度出发，从而带来对空间多样性的感知方式①，正视作为“扳机”的感知提出的寒地建筑空间行为的意向，进而激发出更为丰富的、充满联想的寒地意象。

4.3.3.2 适寒场景的触发

在寒地建筑空间中，会出现适应寒地气候的特殊“场景”。如，冬季的风雪环境致使寒地公共建筑门厅需要有清雪及寒流缓冲需求，显然，这与非寒冷地区的使用“场景”迥异。从空间的连接上，人对寒冷的敬畏主要体现在室内外建筑空间的衔接处——环境差距的转换成为需要面对的主要话题。该种从追溯行为到起源的探讨就是在寻求建筑空间形成的本原。路易斯·康曾探讨过这种追溯起源的意义，认为让思维回到起源可以使人类行为的初期（意向）的美好被揭示。因为所有精神和创造力都聚集在起源，人可以在起源问题的探索中获得源源不断的灵感。建筑空间作为人日常生活的多种需求所凝结成的“工具”，其本质的呈现是建筑行为者的活动所产生的一切效应。英国行为主义心理学家丹尼尔·贝里尼（Daniel Berlyne）最早提出空间对人的行为存在唤醒（arousal theory）的双向意识。在其研究中时发现，人对空间会有刺激的感觉，是随着刺激重复次数和事件而逐渐降低的。也就是说人容易在熟悉的地方“忽视”空间—行为的立意，致使原初的空间感动最终成为一种“常识”——人在熟悉中变得麻木。

通过以上可知，人通过在空间中身体的移动感知事物的形状、大小、距离、方向等信息，并通过行为场的彼此参照获得空间的完整信息。行为使对建筑的感知呈现一种变化的状态，并且通过不断的、连续的空间图像，丰富了建筑体验，继而激发新的行为。就像被帕拉斯玛无数次提到的门把手一样，一次握手的特殊设计，本身就是适寒情景的形成。即使，你并没有打开那扇门或是

① 尤哈尼·帕拉斯玛. 碰撞与冲突：帕拉斯玛建筑随笔录［M］. 美霞·乔丹，译. 方海，校. 南京：东南大学出版社，2014：14.

使用那个把手，因为当先验足够丰富时，切实的体验并不是唯一获得互动与知觉的方式。前文论述了获取意识时行为的意义，但是当意识成为先验，意识被唤起并非需要所有的条件都完备。当然，随着时代的变迁，先验在不同代际中显著的区别和明确的变迁趋势，就像邻里关系从强联系到一度的弱质到被理论家宣称已经消亡，再到现在由于儿童关怀、邻里关系又有了微弱的回暖。对于适寒场景的形成显然也应该具有时代语境。我国的寒冷地区由于历史原因，并未形成明确的自我文化特征，生存在寒冷之地的人在尚未形成与寒冷对话的传统之时就遭受了技术革命的洗礼，这与世界上仍活跃的其他寒冷城市都有显著区别。至今，我国大多数寒地居民对于寒冷的第一观念是“拒绝”：寒冷，一个丰富的概念簇，被技术洪流一次次毫无情绪地量化，使建筑师和观者都逐渐失去了去尝试描述和表达寒冷的能力。

在寒地建筑空间图像意识的过程里，知觉是人与环境的双重构造所形成的，人在寒冷境遇下习惯在视野中寻求温暖，以对抗寒冷或者说保证自身的“生存”。在此，对于寒冷的抵抗不一定需要使身体处于与寒冷相反的环境，有时只需要对建筑空间的局部进行场景的刻画便可以使温暖的意蕴在心中升起。

4.3.3.3　寒地意识的触发

构造论认为，知觉形象是依靠先前经验的记忆痕迹，并加诸于当下在场的感觉中而形成的，并非源自大脑先天的构图规律。如，观者在寒冷中前进，从而获得寒冷的意识，这一过程便营造出一系列的寒冷行为。对于人行为的激发，长久起来存在两种争论：一种是“刺激—反映”学说，反映的是行为心理学范畴里认为人认路，是通过不断地未知性试探与纠正错误的方法，此时在空间中的行为被视为依据过往的经验进行学习后获得的对空间序列的理解。第二种是个人根据一种环境意向轮廓，找出自己所处的空间位置，再获悉前往目的地的方向与距离，而并非程序化的试错模式。这就是前文“头脑中的地图”这一概念的体现，即空间与目的地扩展成一个具有拓扑关系的路网，人只需要掌握点与点相对的位置关系即概况似的先后、内外、方向、连续与非连续的关系，而几何关系、距离是不确定的。如果将行为系统映射在寻路理论中，人是不是也是通过类似的方式来定位自己，自己此刻与遥远之地的其他人的行为差异跨越了多少复杂性以及其中必将存在的一致性。

显然，每个地方都具有独特的在地行为内容。一部分源自文化，一部分归因气候。乐文（Lewin）称之为场论（Field Theory）。地理学家科克·布兰（Kirk Bryan）又进一步将其描述为由文脉环境、个人环境及现象环境三者互相关联的环境模型。在寒地文化的内化空间中，现象环境指的是客观寒地世界本身，对其他部分可以通过外化为行为，继而内化为身体空间以展开为文脉和个人。所以建筑本身就是一种个人环境，也就是说，寒地建筑可以被理解为人基于寒地客观现象，通过外化的行为从而去行为的内化理解行为。比如在寒地，冬日里搓手取暖、哈气取暖、抄手保温等习惯动作，在非寒地居民看来并非是理所当然的。只有当建筑师去理解这些当地化的适应行为时，才会设计出超越物质层面的对寒地意识的呈现，并由此触发寒地居民的寒地意识。

4.4 本章小结

身体对于每个人，都与生俱来并伴随一生，不停地接收着一切感知，使人与外部环境真实相连。身体既是人与外界交互的通道，也是将外部信息内化、综合的场所。在以身体—图示为认知结构范式的认知过程里，建筑通过身体，获得了其空间的立义与意义。在此，必然发生着空间面向身体的无限回缩及从身体内部向外部的无尽延展。建筑意识追随身体得以“观望”进而“凝视”空间，并逐层绵延般“思考”空间。于是，身体关于形态、色彩、温度、压力的一簇簇经验得以反复凝聚和释放。最终建筑空间不再只是空间，寒地不再只是寒地，而是身体的内延和外展。

第五章
本原存在下的寒地建筑场所精神

5.1 描述寒地现象的知觉场

建筑场是建筑中每一个定位上发生事件的容器的集合。这里的容器就是后来使用的“空间”一词。在分析空间基本结构时，博尔诺[1]从亚里士多德学派的定性概念出发，根据这个理论提出任何事物都具有其自身的定位及拓扑关系，而每一种定位、每一个方向都独具特征。虽然在建筑设计阶段，设计师对建筑场的描述往往以大量的尺度信息为主要方式，但当建筑场自身被确认为世界的实在后，人更倾向于使用疏密、远近等感知词汇阐释场中各点原有的距离关系，尤其在表达身临特殊氛围时。如，参观犹太人大屠杀纪念馆的观者会用“空间突然局促”“地面倾斜”“灯光昏暗”等既抽象又清晰的知觉描述去概括建筑场中正在发生的情景。建筑场自身是抽象的，虽然场所（place）具有实在性，但是场（field）的产生是身体与场所之间发生的关联，并与身体对建筑空间的认知一并建构。所以，场必须建立在人的在场知觉及既有经验之上。

5.1.1 感知的奠基

诺伯格-舒尔茨在《居住的概念》一书中提出，在“质”的感觉上得以定居是人类存在的基本条件。荷尔德林声称栖居是人类“此在”的基本特征，是理解栖居本质的方式，并从中发现了诗意。海德格尔认为，当人选定了一个场所，人就选定了自己在世的方式[2]——人的存在需要与环境建构一种亲密的关系，使自我与环境相连，进而从环境中得到认同感和自我存在的佐证。在此过程里，人与世界的关系就确定了，存在于世的方式也确定了。在寒冷地区生活的人，对其定居的世界的最初描述是“寒”和“冷”。因为正是寒地的气候使“这里”与“那里”、“此在”与“他在”得以厘析。所以在寒地的建筑场里充满了寒冷的知觉经验，向定居者提供的不仅是“此在”的条件，还辅助建构了

① 博尔诺（Otto Friedrich Bollnow，1903—1991），德国著名哲学家、教育家，蒂宾根学派总带头人。

② 沈克宁．建筑现象学［M］．北京：中国建筑工业出版社，2016.

“此在”的意识，奠基了寒地居民认知结构的本体，向外知觉外部世界，并不断构造身体内部世界。

5.1.1.1　结构

（1）**中心化的场**　在从客体出发的建筑场认知中，建筑往往是场的“中心”。“中心”传达了开始、起源和内向的精神。在区分秩序空间和混沌空间时，熟悉或相似性向认知主体提供了一种经验关联的典型锚点，从而建立自己居住在世界的中心这一意识。该所在的中心化对初民之于世界的理解具有深刻的意义，是通常使用有效而普遍的办法。用“中心”和“边缘”组织环境和空间中的放射般的方向感是普遍建筑场观的建构方式（图5-1）。从主体出发，确认身体位置是一切认知的基准，所有的感受和体验都从“我”开始，其余地方的价值按照离中心的距离的增加而递减。那么，建筑场是以建筑作为场的基质，从个体到群体地将自己放在场中心看世界。这种倾向源自人头脑中的意识：自我中心式地构建环境和宇宙，是“赋予”世界以秩序的一种本能。另外，从哲学角度，建筑场的中心化可以从“主体间性中心”和“现象学性中心”两方面理解：建筑场的“主体间性中心”是指建筑场中个体间联系构成的整体一致性；建筑场的“现象学性中心”则是个体所独自具有的—每

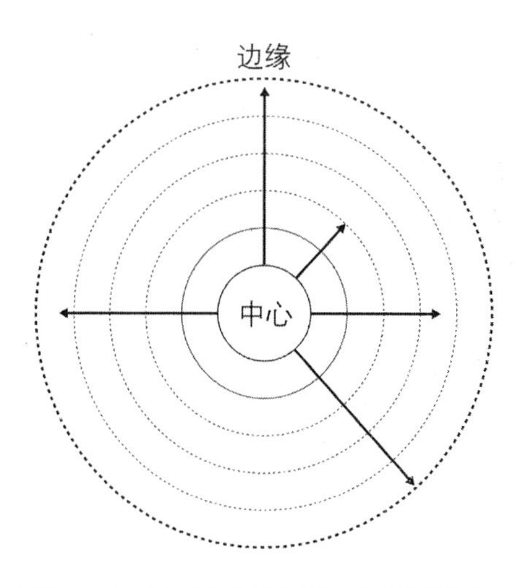

图5-1　由“中心”与“边缘”建构的场地观

个人都位于他自己的“现象学世界”中心，该中心就是海德格尔提出“此在”（dasein）[①]的环境要素。当环境单一或参考较少时，以自我为中心建构建筑场意识的方式更能够引发知觉场的构造式共鸣，从而领受“我在”。在此，可以将主体间性中心和现象学性中心理解为知觉场的一体两面。如，人自出生起即与家宅营造一种“中心”化的认知互构。对于这一意识场中心，并非几何中心，而是指肌肉活动并产生精神意识的中心。通过在家宅中完成各种活动，身体在所有家具和空间中建构了以其为中心的主体间性，并形成了自我和他我的区分，遂对建筑场的认知呈现出放射状递进。建筑在场中要想获得相似的中心位置，其本质是出于对身体的摹像——使知觉场也获得与知觉身体相似的本体结构。如，最基础、最外围的层次如果是“寒”“冷”，那么最核心、最内在的应该是“温”“暖”，是人的理想的栖居所在，是神化的[②]，是精神妄图达到的最高层次。建筑在建筑场里的本体是建筑场意识的中心，是人在世的实在，使空间的核心意义在本体层面上得以暴露及保留。反之，破坏建筑与建筑场的中心关系，将使人对场产生失焦的困惑，难以建构起完整清晰的知觉场。

（2）层化的世界 人的日常生活展开与场中心紧密相连，重要的活动一般都在中心发生。伊利亚德（Mircea Eilade）[③]试图指出意义与中心是属于一起的，中心存在于不同层次的场中。如，小品在景观中形成一个到达和停顿的中心，可以是实在的地景标志，也可以是凯文·林奇所定义的“结”（kont）。此外，人对中心的体验一般与垂直轴线联系在一起，垂直轴线将天、地连接起来，路径和轴线是必要的补充。所以，建筑是一种方式，使人在世成为一个富有成就感的事实——建成的形式、空间和类型都能起到这样的作用。当建筑场的结构与知觉场结构契合时，人到达一个新的建筑场后不会感到陌生，而是认为身在一个已被解释的知觉场中，还可能会体验到自己的居住场所并继续向外

---

① “此在”是海德格尔在其著作《存在与时间》中提出的哲学概念，用以探索存在的自然本性。“此在”有两个特征：一是此在总是我的存在没有一般的存在，此在是单一性的，不可替代不可重复的；二是此在的本质在于他在，他不是事先规定好的，而是在他的存在中去获得他的本质。

② 海德格尔将“事物”定义为“世界的聚集”，世界由天地人神“四位一体”的事物聚集起来。

③ 米尔恰·伊利亚德，西方著名宗教史家。他提出：宗教史作为一门学科，不仅描绘历史上各种宗教现象的发展过程，更应该在空间上揭示宗教的结构以及宗教对于人类的意义。

延展，突破有形的物质边界，从而融合于建筑场“此在”中的感受。所以，建筑场中的建筑需要提供可被识别的、与先验可融合的知觉现象，使人在建筑场中可以建立一种以建筑为中心的、亲密的认知关系。

同时，这种认知关系具有层化特征。在很多传统社会中，人认为世界或宇宙由天上、地上和地下三个层次组成，并通过宇宙之柱（神山、建木等）来完成沟通。于是，立于宇宙中心的宇宙之柱和围绕它的居住空间组成了“宇宙系统”。西伯利亚和中亚地区的人认为，住房是一个微型宇宙，作为居住原型的帐篷象征天空的形状，烟从帐篷顶上开的洞中飞扬出去，可以直达北极星，所以这个洞就是穿过天、地和地下三层世界的神木。巴什拉认为，在现代社会中，上天入地是诗意的行为，当由诗人承担。其实在物质世界中，建筑场的意义正是通过承载这种活动，唤起人的灵性、感觉和想象力，从而在意识中搭建起一个“上天入地”的建筑空间，使人实现诗意地栖居。所以，在寒地建筑场中，本体结构诗意被领受，需要从直观材料的图像呈现开始，连通外层的寒冷意象与中心栖居通过层的结构，使人可以被建筑的实在激发，进而引发垂直于建筑场的联想和想象。这也是作为知觉客体的建筑在作为知觉主体的人的认知结构中产生共鸣的途径。

5.1.1.2　材料

建筑的本体存在图像建立在不同材料的有机组构上，不同材料的不同属性综合在一起形成了材料场。在知觉过程中，面对众多可能的材料属性组合，观者从来不需要刻意地梳理以免产生理解混乱，因为人已经习惯了感官及日常生活经验所揭露的充满知觉的世界。[①]对所有材料场中知觉的综合，既是奠基于先验的，也有部分是需要经验的。

首先，材料属性虽可各自呈现，但是难以否认的是，当其组构到一起时，即使材料自身并没有发生变化，材料的综合也会带来独特的知觉体验。并且，观者会根据在场的条件，在对不同材料属性的领受时会寻求一种相近理解点。例如，在一座建筑中往往需要不同材料的组合，会由于材料所充当的建筑元素

① 莫里斯·梅洛-庞蒂. 知觉的世界［M］. 王士盛，周子悦，译. 王恒，校. 南京：江苏人民出版社，2019：3.

自然而然地产生质感联觉。可以肯定的是，如果材料相差过多，会无法起“反应”；而太接近的材料放在一起，也会毁掉这些材料。同一种材料，不同的处理方式、不同的取材量、不同的光照条件更会发生多番变化。卒姆托曾在自己的文本中描述过一段材料场经验，将不同的材料与空间知觉做了连续性的描述与对比，所有他对于材料的理解性叙述都展示出材料的生动性，需要在材料场中体现。如果没有清水混凝土的建筑，便难以想象卒姆托所描述的松木在环境中的“毫无问题”；如果没有足够体量的密实黑檀乌木，就无法抵消混凝土的分量感和色泽。[①]所以，建筑感知过程中，材料场通过不断地感官信息相叠层、综合，进而通过刺激、比较、判断，形成一种主体间意识——这使不同类型的物质实体有了在共同语境下融合的可能。在寒地建筑本原认知中，所有的材料都需要和寒冷知觉进行综合，从而获得“此在”的认知。否则，寒地建筑认知过程会在本体结构中体现出背景上的匮乏，让人的精神感受难以达到在场般的“核心”。

从作为图像直观的材料场角度出发，自20世纪30年代，阿斯普朗德（Erik Gunnar Asplund）、雅各布斯（Arne Jacobsen）和阿尔瓦·阿尔托等人所代表的新一代北欧建筑师，都同时明显地脱离了简化的功能主义美学，而转向多层次的、多感官的，并源发自本土材料的建筑创作思考与设计。无论是斯堪地亚（Skandia）电影院中隐喻瑞典天空的深蓝色天花板（图5-2），还是林地公墓中对于门廊和北欧树木的交叠设置（图5-3），抑或是SAS皇家酒店中用以柔和哥本哈根严寒气候的流畅线条的棉麻内装（图5-4），都是建筑设计师通过调动知觉系统促成的材料场中的交织。这种依靠感官物质性和传统意义唤起人对北欧的自然持续性和

图5-2 阿斯普朗德绘制斯堪地亚电影院（资料来源：ORTELLI L. La Pertinence de Gunnar Asplund: du cimetière boisé à l'exposition de Stockholm [M]. Genève: Mētis Presses, 2019: 69.）

① 彼得·卒姆托．建筑氛围［M］．张宇，译．北京：中国建筑工业出版社．2010：25.

图5-3　林地公墓礼拜堂（资料来源：MICHELI S. Erik Bryggman 1891—1955: Architettura moderna in Finlandia [M]. Roma: Ganermi Editore, 2016: preface.）

图5-4　SAS皇家酒店，606房间，雅各布斯设计（资料来源：SHERIDAN M, JACOBSEN A. Room 606: The Sas House and the Work of Arne Jacobsen [M]. Austria: Phaidon Press, 2011.）

时间连续性的有益体验，实现了基于环境的内隐感性联想。期间，材料呈现在图像意识的认知结构中，不断拼接、转换、抽象、融合，合构成复合的寒地建筑空间。所有路径上的“接缝”，隐喻的是寒地时间与意识的转承，就像句子里的逗号，使句意完整且更富有层次，观者的情绪和体验也随之改变。寒地建筑场中的材料场本原由此得到了不同层面的释放和多维度的耦合。

5.1.1.3　温度

当描述一个建筑场的温度时，谈及的并非某一项单独的材料带给人物理上的温度联想，而是综合所有的知觉并通过意识结构“处理”后所提供给身体的一种“概括”。这种概括始于皮肤，终究穿透皮肤，其被身体感知并非目的，而是在身体内部与其他知觉一并形成统一的意识。在寒地建筑场中，温度的体验可以将身体真正连接到看不见的“此在”，成为对寒地建筑所有认知的基质。日本哲学家和辻哲郎①曾总结：“西欧的寒冷与其说令人萎缩，倒毋宁说使人活泼，激发出人的力量来战胜寒冷，并使自然低头……寒风砭骨之后便有阳光

① 和辻哲郎（1889—1960），日本伦理学者，哲学家，东洋文化研究专家，他在代表作《风土》一书中，对亚洲和欧洲各地风土特性及各自地域文化的传统特质和关系论述周密，言必有据，“是日本比较文化研究的集大成者”。

（a）哈尔滨冬季街景（资料来源：作者自摄）

（b）都灵冬季街景（资料来源：于迪帆 摄）

图5-5 具有显著差异的寒地氛围

沐浴之乐；大雪纷飞、积雪数尺之后，又有翌日风和日朗、檐下融雪之趣。这是湿气、阳光、寒冷的合奏曲，单凭寒冷是无法奏出的。……西欧的冬季的象征都是人为的东西……正是冬天调动了人的积极性”。[①]但同样是冬季，不同地区的建筑场却有着截然不同的温度体验。以哈尔滨为例，冬季漫长，一月份平均物理气温达到零下20℃，冬季寒冷氛围与拥有相似气候条件的都灵有显著差异（图5-5）。这是因为寒冷作为气候条件提出了一系列与非寒冷地区不同的定居条件，如低温气候、自然降雪、河面结冰，同时也延伸出寒地居民对温度的不同体验，如当人在冒雪前行时可以通过材质和灯光去预判一个远方的建筑场是否温暖；当进入一个空间，人会根据一系列感官材料判断氛围的温度；即使在采暖情况相同的建筑中，不同的室内空间会给人差异化的“温感”。同时，这种体验中还暗含了丰富的基于地域、民族、国家的背景信息。温度是建筑场的一种意象，是关于人所体验的，从来不是纯粹的物理度量，而是综合的知觉。此时，皮肤作为人体最大的器官自主与其他感官相协调，所获得的建筑场的温度信息最终投射成身体内部一种与寒冷体验相关联的意识。

在寒冷地区的建筑场，建筑被置于一个具有显著周期性变化的自然环境中，无论从人工层面还是自然层面上都是如此。于是，寒冷成为对建筑意识的关键，作为温度感知的一种描述倾向，使身体通过触觉最大化地与建筑场相

① 和辻哲郎. 风土［M］. 陈力卫，译. 北京：商务印书馆，2006：11-15.

连，无论是建筑材料还是建筑场的图像意识都有了向心的趋向——背离寒冷靠近温暖的身体内在需求。显然，失去寒冷这种背景的关联，建筑场内部的材料感知将随之归零。也就是说，如果没有寒冷的意象，那么温暖的意义也将被削弱。所以对于一个寒地建筑场中建筑的温度体验必会包含寒冷和温暖的知觉，如果没有这一种对比判断，建筑便至少失去了一个感知的维度。同时，温度体验的前提的“身体”的位移，没有位移，体验是永恒的也将会是瞬间的，无法形成真正的意识。

5.1.2 联觉的体验

坂本一成在访谈中提到，由于对建筑场和建筑空间联系的忽略，自己曾设计出了“冷冰冰、干巴巴的空间”，这种结果并非单纯因为使用了无机材料，而是对于情感与材料的感知转换方式出了问题。地方的场所经验是人精神系统和环境系统彼此映射的显现，也是人对这个世界原初的认知结构的基础。[①]“建筑可以被理解为是一个很小很小的事物在一个很大很大的场里”[②]。人像是矗立于由无数个“场”拼接、交叠起来的世界，其中的任何元素都不可能孤立地被体会。如果一个建筑的图像没有放在连续的、充满关联性的建筑场中去理解，那么形成的建筑意识将会是空洞的。此时，“看到图像”就会是所谓的“冷冰冰、干巴巴”，甚至无法形成相对完整的、总体的观念。即使运用理性的方式分析了这个建筑的所有参数，还是会无法避免思想上的空洞感。

关联性的产生是由于观者进入某个建筑场时，该建筑场也进入了观者的身体内，外部的图像通过体验内化为意识。从这一点上说，体验是认知主体与客体现象之间的交流与融合。美国文学理论家哈里森（Robert Pogue Harrison）曾经诗意化概括这一过程：“在地方和灵魂融合的过程中，地方成为灵魂的容器的同时，灵魂也成为地方的容器。”观者通过图像材料在场感知，融入场所

---

① MCCARTE R, PALLASMA J. Understanding architecture: a primer on architecture as experience [M]. Phadidon Press Ltd, 2012: 403.

② MALAPS J, Place and experience: A philosophical topography [M]. Cambridge: Cambridge University Press, 1977: 107.

氛围以及不在场的想象，搭建起关于在场的“认同”与“此在”，于是，身体成为场的一部分。

5.1.2.1 感知

在建筑场意识产生机制的探讨中，很难策划一场精准、可操作、可重复的实验。因为，显然，人在建筑场中的所有领受都是既普遍发散的又独特集中的。即使有人尝试“独立”认知建筑，但进入该建筑场之前的所有感知都会无意识地影响此时此在的感知。所以，建筑师对建筑场的描述总是充满了不确定性和开放性。柯布西耶在《走向新建筑》中曾试图通过描述的方式建构从材料图像到场意识的建筑认知过程，从一个以“令人动容的方式向天空延伸”的墙壁开始，柯布称自己已经于此领会到了建筑的意图。这里隐匿着一个基本观点：建筑场中所有的事物都在无言地表达着自我，只依靠自身的形体以及与其他事物形体之间那些似是而非的关系。这种建筑场感知描述看似和建筑的实用性没有丝毫关联，但却是最本真的建筑语言，是建筑的本原所在——建立了某种能够唤起观者情感的关系。[①]由此可知，当面对建筑场的感知问题时，首先需要承认感知的存在及其重要性。所有难以言说的情绪都可以是感知，即使可被言说，语言也无法对其全然地复制。当下将建筑视为单纯通过聚焦视野而创造出的材料性和几何性物体的宣称，已成过往。[②]其实这一图景被抛弃，转而追求清晰图像，也没有完成对短暂、默默无闻的情感本源的回应。

人与生俱来能够即时识别某个地方的固有性质，类似于生物世界中扩大化背景般对客体特性与本质的自动阅读与把握。某个空间或地方，是一个形象、一种精神或一种生物神经的单独体验，都可归属于感知图像之后的自身联想。如，人看到室外的雪，便可在室内“感知”室外的寒冷。可见，感知并不需要完整、彻底的在场，因为判断可以通过唤起身体的记忆来完成。感知只是对“此在”的片面描述，同时也是人对所认知之物的一种处理：根据图像内化的

① 勒·柯布西耶. 走向新建筑［M］. 杨志德，译. 南京：江苏凤凰科技出版社，2015：149.

② 尤哈尼·帕拉斯玛. 碰撞与冲突：帕拉斯玛建筑随笔录［M］. 美霞·乔丹，译. 方海，校. 南京：东南大学出版社，2014：209.

映射以实现具身化的领会。此刻，视网膜上显现的雪已经不是眼前的雪，而是加工后的信息，可以是曾经某些经历的蒙太奇拼凑，是自身经验与记忆的调动与重构。在此，人的确拥有一种意想不到的综合能力，尽管这种能力的存在往往根本没有被意识到，也没有把它归纳到特殊的智力与价值的领域里。尤其处于充满理性与感性文化偏见的当下，只有人类心理世界中的逻辑性和理性问题得到了重视。因此，很不幸的是，人经常对这种综合能力持有排斥态度。事实上，弗洛伊德早在20世纪就提出了这一革命性的发现，但在时至今日的建筑文化行为中，整个无意识的世界和体现过程仍旧被严重低估。

当代充满着各种纷扰，过快的经济化步伐使世界本原的秩序湮没了。技术提升生产效率的同时并无法同等地使“多重身体”[①]成长，人的感知能力在眼花缭乱的知觉畸形中下降。当无法感受到环境中的彼此关联时，人也就失去获得真实世界体验带来的愉悦。

建筑场具有激发和转换日常“存在”的能力。通过将在建筑场中对物质的知觉，转向强调主观感知对物质理解的意义，使建筑成为比其他艺术形式更加彻底地参与到构建知觉直接感知中来。[②]所以，人必须通过感知，实现建筑材料知觉参与外部体验建构。所形成的知觉场的本质是在地建筑意识参与到观者在场感知的内部联想的投射中，使地域感知和材料感知不断复合、交叠，呈现出半有序的状态。这种体验与联觉在同步刺激内外感知、提升意识的同时，回应了场地特性与环境的二元性，其中可窥见寒地建筑的内在立义之一二。

5.1.2.2　氛围

氛围，是针对某一环境或社会情形的总体感觉以及带有情绪的印象，是一种精神的背景、体验的性质或者特征，它悬浮于被感知的客体与表现对象之间。[③]卒姆托认为，建筑的本质就是氛围，建筑的意义在于通过其氛围在观者的脑海中再现以实现情感的共鸣。同时，氛围作为一种体验形式，具有源自人

---

① 参考本书4.1.3.1中对“多重身体”的讨论。

② HOLL S. Questions of perception: Phenomenology of architecture [J]. A+U, 1994: 41.

③ 尤哈尼·帕拉斯玛. 碰撞与冲突：帕拉斯玛建筑随笔录［M］. 美霞·乔丹，译. 方海，校. 南京：东南大学出版社，2014：204.

概括场所特征本能的即时性。在建筑场里，往往首先被领会的就是氛围，而后才是感知材料、空间等物质实体，再将知觉的结构与材料加以映射。虽然自然的体验很难有固定的关于材料与氛围领受的一一映射，语言描述也是相当困难的，但是这并不影响貌似空泛的氛围在观者脑海中形成轮廓般的意象——一个带有情绪的看法，并且该意象并不会随着时间变化而变化。[①]如，人日常望向窗外，通过天空的颜色，云朵的形状、数量和光照的强度等构成图像（图5-6）以判断室外的天气及氛围，更有人会因此判断而影响心情。但实际上，室外的任何实体都未进入室内，包括空气，只是透过图像便已然实现了氛围的传递或显现。此外，体验氛围的能力和构建氛围的材料是一直在变化的，针对从整体性、暂时性的初步领会，到深入细节、展开研究式的意识过程，杜威进一步探

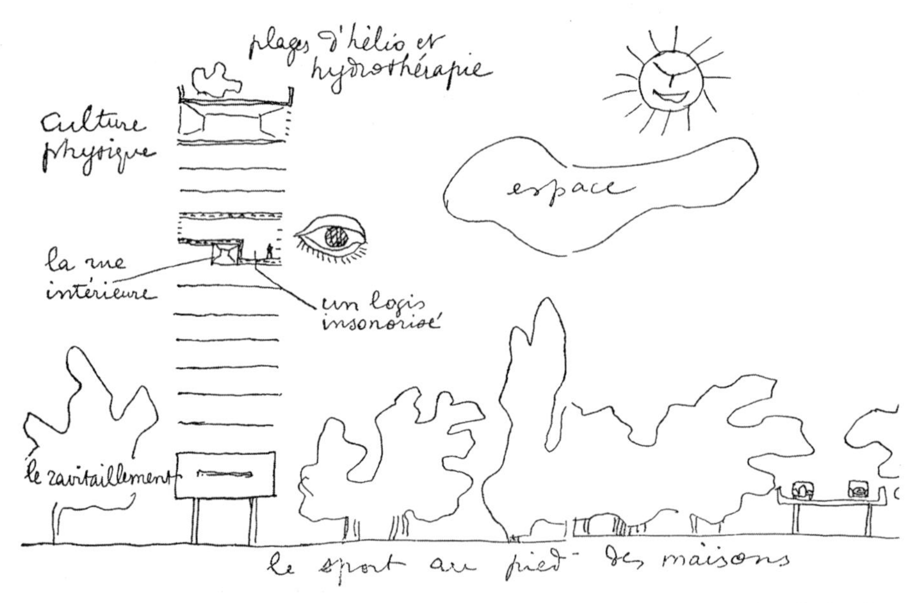

图5-6 一个人站在他所在的楼层的玻璃幕前，面对太阳、空间以及青翠的草木，他的眼中所呈现的场景（资料来源：CORBUSIER L. The radiant city [M]. London: Faber & Faber, 1964: 113.）

① 莫里斯·梅洛-庞蒂. 知觉现象学［M］. 姜志辉，译. 北京：商务印书馆，2001.

讨道："在每一个主题中，所有的思想都是这样起源于一个未经分析的总体。如果对我们来说，被研究的某个对象具备一种符合情理的熟悉感，那么，我们就会迅速地意识到与之相关的不同点，而那些纯粹的细节质量部分，则无法长期地保存在我们的记忆之中让我们随时回顾"[①]。由此可知，氛围是对空间整体的定位概括，根植于人类进化程序，同时人可以借助自己的情绪敏感性来确认不同的场所—氛围。实际上，新的生物心理学和生态心理学已经证实了这种认知模式源自人类行为与认识中本能与先验的关系。

氛围是抽象的，看不见摸不到；同时又是具体的，可以通过唤起身体内部的某类意识，并将某种对情绪的描绘投射到建筑场中的实在对象。宗教建筑的意图氛围是神秘又伟大，居住建筑的意图氛围是安全又诗意，体育建筑的意图氛围是紧张又热烈。如果说类型建筑的氛围勾勒需要紧密贴合建筑活动和建造目的，那么地域建筑的氛围显然是伴随地域特征而诞生的。在寒地建筑中，冰雪覆盖一切材料的色相、材质，模糊了形体的轮廓，所以寒地总是和寂静、孤独的质感密切关联。不论是以对比式的室内温暖灯光（图5-7），还是跟随式的低色相、低质感（图5-8），对比大多集中在环境对生动之美[②]的热带建筑场描绘（图5-9），寒地建筑场的氛围往往用建筑语素的差异强调环境的特殊气质。氛围，将观者带入自身与环境的顾盼间，从而寻求自我意识的平衡点。这是此在感的寄托，在镇静和诱导之间，引发一个虚构的观者漫游环境及心境。

图5-7　麻省理工学院宿舍（资料来源：HOLL S. Steven Holl, 1986—2003 [J]. El Croquis, 2003: 532.）

---

① DEWRY J. How we think [M]. Boston, New York, Chicago: D.C. Heath & Co. Publishers, 1910: 188.

② 维罗妮卡·吴. 亚洲热带建筑［J］. 黄华青，译. 世界建筑，2019（3）：10.

图5-8 长白山河谷林居（资料来源：青锋. 编织者：原地建筑长白山河谷度假屋设计评述[J]. 时代建筑，2018（2）：96.）

图5-9 奥拉屏之家（资料来源：POWELL R, LIM A. The modern Thai house innovative designs in tropical Asia [M]. Singapore: Tuttle Publishing, 2012: 19.）

5.1.2.3 想象

想象，是人生就能理解包罗万象的感知与氛围的能力，也是一种生产空间的方式。如，人在阅读时，可以基于整本小说，幻想出来一系列连续的虚拟情景。这些想象出的空间并不只是抽象的、单薄的、零散的空间感和氛围，而像梦一般，是充盈的、完整的，是人运用想象力后获得的情感体验。伊莱恩·斯卡利（Elaine Scarry）在她2000出版的《由书而梦》[①]中讨论了文学想象的过程与其所带来的生动性："为了获得物质世界中'生机感'，语言艺术必须设法模仿它的'持久性'，以及更重要的'给予'的特性。可以肯定的是，语言艺术所具备的'指导性的'特点，满足了它对'给予'的模仿要求。"捷克作家博

① 《由书而梦》一书探寻了诗人、作家的想象创造的神奇之路，荣获2000年度杜鲁门·卡博特文学批评奖。

胡米尔·赫拉巴尔（Bohumil Hrabal）曾经谈到文学想象的具体表现："当我阅读的时候，我不是真的阅读。我咀嚼一个漂亮的句子，像吸食水果或者小口地抿酒那样，直到思想如同酒精一样溶解到身体里面，流进我的大脑和心脏，并且通过静脉流遍每条血管的尽端。"与文学相比，在建筑意识建构中，想象还能引发深化的物质性、严肃感和现实性，而不是纯粹虚无的娱乐或者梦幻的氛围。如，康斯坦丁·布朗库西（Constantin Brâncuși）[①]提出"艺术（雕塑）必须能够给我们带来一种猛烈的、突袭式的生命的冲击，为我们带来呼吸的感觉"。该描述也适合同为实在的建筑。对比文字，这种在场的物质性联觉强化了人对真实生活的体验，因为在建筑场中，建筑材料通过多种感官体验，与观者身体真实相连，甚至成为其一部分，以致那个想象的部分，也来自于这个被强化以及被激活的现实感。所以，生活既存在于实在的世界，也存在于精神的世界，并在两个世界中不断地融合和激发，不断延展。

同时，想象作为一种能力决定了人对建筑场的认识深度。那些经历过的记忆中的行为，成为想象的素材，与留存在脑海中的影像综合成一系列似乎真实体验过的感受，发展成为一个富有拓展性的现实。脑科学研究表明，感知和想象都在大脑的同一位置上发生，二者之间具有密切关联；但是即使没有感知也能够引发想象，即使没有见过雪，也不能阻止人想象雪。想象并非由感官自动创造，而是需要外部的刺激和想象的基点，所有的想象都具有意向性。此外，人的心理行为具备对意向的完整感觉，例如人可以在想象中创造出寒地环境或者是寒地景观，包括落雪中的建筑，雪中行人的状态以及雪中的环境氛围。毫无疑问，在此过程中，统一感主导了对细节的安排，不同的建筑场认知能力，导致想象中从抽象概要到具体细节的层次性规划力的差异，这一原则也反映出人的认知结构和意象方式。

巴什拉提出，家宅最重要的意义在于庇护了白日梦，是融合了人类的思想、回忆和想象的最伟大的融合力量之一。在此，家宅并非被狭义划定的居住空间，而是更为广义的生活场所。在此，场所与想象间构筑了深度关联，想象是认知结构的重要部分。如，寒地建筑作为场所引发的想象，必然叠加了人对

---

① 康斯坦丁·布朗库西，罗马尼亚著名雕刻家。

于寒地意识的理解，如果在没有在具体的寒地建筑中生活过，人是无法构造出相应的想象结构的，也难以实现此在的认同感或亲密感。在寒地建筑设计中，如若只对建筑活动构建想象，并忽略了寒地意识的部分，将会造成在地的割裂感。

5.1.3 领受的相通

场所，源自西语中的place一词，《牛津英语字典》中释义为：一系列大量的、难以言明的、难于组织的感觉集合①，并非为泛指的“地方”或“位置”。其概念建立不仅需参照关联事物的立义，还需包含其相关的丰富领受。场所因为其连接着大量的人的日常生活体验，所以相当难以抽象、精炼。但即便如此，将场所置于表观功能奠基的理解方式也是相当表面的。②场所作为最接近于人本存在的词汇之一，释义丰富，难以简单缕析③，内含人对一个空间（space）或场地（room）的经验与记忆的思想性延伸，并通过与“环境”的互动获得在地的认同感及殊在的自我认知④，从而实现“此在”的通感。

5.1.3.1 理解

建筑似乎尚未全然自明，也不能纯粹依靠他辨。如果只是由建筑自我解蔽，显然将举步维艰。毕竟建筑并非从来都有，也并非一成不变。所以对建筑的理解应将其放置于更为广阔的时空观。首先，理解建筑的过程实际是构造一次建筑意识，不需要真实建造或探究建筑是如何被建造的。观者只是建立了一簇建筑概念并关联了一系列关于建筑的知觉内容。其次，从20世纪二元论的瓦解开始，图像世界开启多元迸发的时代，系统学被广泛接受并应用，建筑的理解过程具有多样性发展的可能且伴有建筑意识复杂性的显著特征。但建筑师们

---

① Place: the senses are therefore very numerous and difficult to arrange.

② RELPH E. Place and placelessness: Research in planning & design [M]. London: Pion Ltd., 1976: 1.

③ TUAN Y. Space and place: The perspective of experience [M]. Minneapolis: University of Minnesota Press, 2001: 21.

④ SIMPSON J A, WEINER E S C. The Oxford Dictionary [M]. 2nd ed. Oxford: Clarendon Press, 1989: 937.

一直尝试在这个混沌的局面中揭示出理解建筑的直观、根本问题。林奇1960年提出，建筑设计应使其具有自明性（identity）以他辨，简单而言就是建筑或者空间或者城市的与众不同的特征，让人可以分辨和记忆的特质，而他辨就是对任何事物的体验都需要与周围环境、前后顺序和以往的经验相联系。[①]不难发现，在林奇那里，人理解建筑的过程就是在建筑他辨中寻求自明性的过程。最后，作为一种人工产品，建筑必然“携带”定向提供生活服务的用具性，所以，理解建筑的嬗变，本质是对用具性概念的转向或容变。

寒地建筑的场所自明性体现在其特殊自然环境所显现出的周期性：四季分明的起伏性气温；雨、雪、冰等气候现象的交替性出现；针叶树木和阔叶树木的周期性生长。通过场所自明性获得的可他辨的印象是理解寒地建筑的始基，是将“我”和“建筑”定位的依据，是栖居的奠基。场所和建筑一样，都从实体指向意识。因为场所源自建筑意识的延展，是个体对建筑及环境中意识对象的具身化理解。如，具有丰富寒地生活经验的人，会习惯用绵软或扎实描述室外街道上积雪的状态，并能通过视觉判断冰面的光滑程度。个体经验会无意识地融入物性判断中。从这一视角来看，观者才是建筑场的中心。建筑师会在设计表达中传递自己理解的建筑自明性，以供观者他辨。如，阿尔瓦·阿尔托，总尝试在芬兰项目中强化树木繁茂的地域性印象。对他而言，一年四季的深邃葱茏之貌正是芬兰的自明性。所以在阿尔托的诸多作品中都能捕捉到建筑掩映于树林中的画面，体现了设计师对于人类与自然之间归属关系的认定。也由此，阿尔托被人描述为太感性而几乎不切合实际。[②]正像珊纳特赛市政厅方案里，建筑形体直接与当地自然景色相呼应：充斥对比的院落式布局；多重人本需求的入口；采用未经雕琢的砖石、原木和皮革等自然材质。建筑师融入了太多自我对于此地环境与生活的理解，建筑成为彰显该理解的“扬声器”。建筑师马克·托蒂（Mark Toddy）在参观时描绘道：“建筑在一片高高的芬兰松树林中，自信地建立起一种重量的永恒感，其绝不会从大自然中移除，而是仅仅扎根在这个地方”。

---

① 凯文·林奇．城市意象［M］．方益萍，何晓军，译．北京：华夏出版社，2001：1.

② 亚历山大·楚尼斯，利亚纳·勒费夫尔．批判地域主义：全球化世界中的建筑及其特性［M］．王丙辰，译．北京：中国建筑工业出版社，2007：52.

5.1.3.2 互动

互动，被用来描述一种矛盾的立场，现代艺术普遍从矛盾立场中获取艺术性的本原。在描述寒地现象的建筑知觉场中，互动指向的是认知方法。借此，寒地建筑图像既不属于传统领域也不属于风格领域，虽然它可能包括其中一种或两者皆包括。更进一步，互动可以追溯到那些足以辨识任何建筑传统的细节和烙印，而无须从类型上模仿。此外，互动足以保留风格发展的潜力，并在适当时候指向古典特征。柯布西耶认为，建筑场中呈现的既包括建筑师作为普通个体所能感知到的一切，是在光、自然、环境中的置身领受，又潜伏具有个体的独特思悟和审美意趣。这使得建筑场认知中拒绝只有建筑的静默或静默的建筑。建筑需要通过与场所中原有的元素构造编织在一起实现成为人所在的场所的一部分，成为人的栖居所，并非所有也并非脱离。从而观者的情绪在场所中不间断地交换。所以场所是不同人之间的通感的汇合，也是同一人不同时间点上不同意识的迭代，同时，不同空间、时间的物质通过观者的身体和意识实现了通感。在此，场所中所有个体的互动，使构成图像的不再是孤立的一个个“他”，而是无数个相互关联的“我”。在环境的统一下，看似不同的意识形态，却在“我”里实现和“合一”。所以，在建筑场中所凝结的建筑意识也是就是人的意识。

5.1.3.3 诗意

诗意，是形象在意识中的浮现，作为心灵、灵魂、人的存在的直接产物，在其现实性中被把握。[①]诗意散布于生活世界的各个方面，使人可以深入到自我的存在回响。在回响中，诗成了人自我的投射，完成了“存在”的转移。尽管回响出现在建筑诸多话题的诗意中，但对于回响的讨论总是围绕在直击灵魂的单个意象上。在寒地建筑知觉建构中，建筑场就像诗人，引发人对存在的沉思，并通过回响，超越一切心理学和精神分析学，使人领受到一种诗般的力量在心中朴素地涌起，从而震撼寒地生活世界的每个角落。在此，寒地建筑的知觉场被置于沉思寒地建筑本原的原点。通过对建筑场的知觉，形象在感动外向

① 加斯东·巴什拉. 空间的诗学［M］. 张逸婧，译. 上海：上海译文出版社，2009：3.

图像之前已经触动了内向意识，人在身体内部形成了一个诗意的自我。

在描述寒地现象的知觉场中，始于物质触发身体感官体验的开关，并将其抽象成点状的瞬间，继而观者通过自身的意志将无法自证或他证秩序的物质意识信息进行重组，这一过程是作为回响的观者的自为般的制造，也是海德格尔意指的诗意[①]所在——一种植根于个体对所处环境领受的动态行为。并且，当个体持续形成各自的建筑场意识时，由于环境的共享影响，个体形成了群体共性，体现在一个区域长期生活的人的共同意识，为场所的共鸣奠基。同时，统一的场所意识形成后，抽象的意识印象会内化为心理图景，成为其他认知过程中的“背景”：这是各个物质实体在共同的文化和基本的生物特征的互相影响中可以预见的一致范围。所有的材料，在建筑场的交融下，实现了在自然环境中的栖息，从而获得了绝对此时此地的建筑，霍克斯[②]称其为基于环境传统的诗意[③]。于是，建筑场不仅仅是土地找到了一种实际的用途，更是通过当地居民此在的诗意反映了此时此地的文化。芒福德[④]称：“建筑场是一个可以让你触碰的、产生回响的地方”[⑤]。那么，在其中领受建筑则是激励人去发现一个与现实世界相关联的方式。

5.2　透视寒地知觉的行为场

行为场是人所有可引发无意识以及有意识知觉建筑的行为及其背景所构成的“场”，这些行为无法孤立发生或被给予，而是与结构背景密切关联。在

---

① 对海德格尔来说，“制造”（making）一词在希腊语中的词源是poiesis——把诗意和栖居联系在一起。因此，他的意思是所有制造在一定程度上均与诗意有关。

② 迪恩·霍克斯（Dean Hawkes），英国著名建筑师、建筑学者。

③ HAWKES D. The environmental imagination: technics and poetics of the architectural environment [M]. London and New York: Taylor and Francis, 2008: 80.

④ 刘易斯·芒福德（Lewis Mumford），著名的规划理论家，虽然并未有过确切系统的地域主义理论，但是每一篇著作都充满对地域主义的描述。

⑤ 亚历山大·楚尼斯，利亚纳·勒费夫尔．批判地域主义：全球化世界中的建筑及其特性［M］．王丙辰，译．北京：中国建筑工业出版社，2007：25.

此，行为是人知觉建筑的方式，意识结构可以对背景中的时间分层或者叙述作出解释。于是，建筑意识包含丰富的体验维度。并且，感官的图像材料在这个结构中得以无限延展，这种延展的目的是将图像与生命发生关联并带来安全感，衍生出持续前进的激励。寒地建筑的行为场，是人通过行为知觉寒地与建筑，在自然行为与社会行为的体验交叠中获得此在感。

5.2.1 行为的结构

行为是主体的行为，行为标注了人与自然和社会的永恒斗争。人全部的认知都由知觉开启于那些视域之内[①]，所以，行为作为一种开启方式的同时，自身也是开启的显现，并提供了视域转移的途径。在此，对行为的分析始于朴素意识下的特征现象，继而对行为进行内部把握，进而探寻行为的方向、意向及某种意义，最后可实现将行为作为图像材料转向另一类实在。寒地建筑场中的行为结构，将从以上三个方面展开，并对应了定位、形式以及印象。

5.2.1.1 定位

不应说身体是在空间里，也不应说身体是在时间里，观者的身体寓于空间和事件中[②]，是通过身体去确立自己在场中的位置，同时也经由感知定位以确认自己在场的实在。这些在场被激发身体行为的过程，都可反馈为个体的身体图式。人最初把“身体图式”理解为身体体验的概括，是把一种解释和一种意义给予当前的内感受性和本体感受性。身体图式应该能向观者提供身体某一个部分在做运动时其他各个部分的位置变化、每一个局部刺激在整个身体中的位置，以及一个复杂动作在每一个时刻所完成的运动的总和。[③]这就是行为的主体性，揭示了观者与行为的密不可分的关系。并且，行为本身是被身体还原的物理事件。行为场在行为中体现了意向的具身，以及延展意识的所在。不论是

---

① 莫里斯·梅洛-庞蒂. 知觉现象学［M］. 姜志辉，译. 北京：商务印书馆，2001：240.
② 同上：185.
③ 同上：136.

考夫卡[①]还是赫尔姆霍兹[②]的实验，都说明了视觉图像与身体图像（行为图像）在场定位的环路闭合关系。在此，意识作为认知的基础，也是行为的奠基：人无法体验场域中的每个点，只能通过其他点的信息去转换，再实现逐点加以说明的现象——这一现象每一点上的行为都遵循整体意识要求而发生。[③]所以，在研究寒地建筑场中行为的结构时，起点应是一个定位，而非重复性地去研究观者的路径，否则，既可能引发不明的空间感，更是背离了行为场的规律。当然，行为结构无法概括全部寒地建筑场中的行为，还需要映射寒地的殊性讨论对比和透明在其中的意义，这一部分将在本书后面部分论述。

寒地建筑场意识的形成始终伴随着行为场的展开而展开，观者的认知结构会随着身体—行为不断迭代，进而发展为体验建筑的连续建筑场知觉—想象—意识。很多建筑师在设计时就应用了这一思路。卒姆托曾回忆瓦尔斯温泉浴场的内部空间构建，是将人引入一系列空间序列，步移景异，开合于眼前。剖面草图（图5-10）记载了他对空间随时间延展的关注，同时体现了他对观者视角下空间中定位的思考：风车规则和拉链规则。前者保证了空间、定位之间的互相锁定，后者保证了空间—定位结构的主线。可见，在空间中定位建筑认知结构需要拥有两个锚点：其一是体验，其二是联想。此外，卒姆托认为淋浴是净化身心的过程，是一种感性和精神的交织品。正是出于这一知觉观点，设计者将体验过程从幽暗、色彩迷幻的室内空间引领向开阔、清明的室外天地之间。从室内的温热氤氲，到室外的苍空雪山。卒姆托希望沐浴者不仅获得了物理身体的定位，更获得肉身在世界中的定位。所有的体验和联想都不是瞬时的，而是随着人的定位转移在时间轴上漫开，找寻形式的新选择，以除去一些表象，实现回到本原的洞见。

---

① 库尔特·考夫卡（Kurt Koffka），美籍德裔心理学家，格式塔心理学的代表人物之一。曾通过实验来研究由于视觉上的相似引起的联想。

② 赫尔姆霍兹（Helmholtz），德国著名的物理学家和生理学家，在心理学多个方面都作出很大的贡献，提出了自然的三原色学说及视觉色彩的感知产生过程。

③ 莫里斯·梅洛-庞蒂．行为的结构［M］．杨大春，张尧均，译．北京：商务印书馆，2005：179.

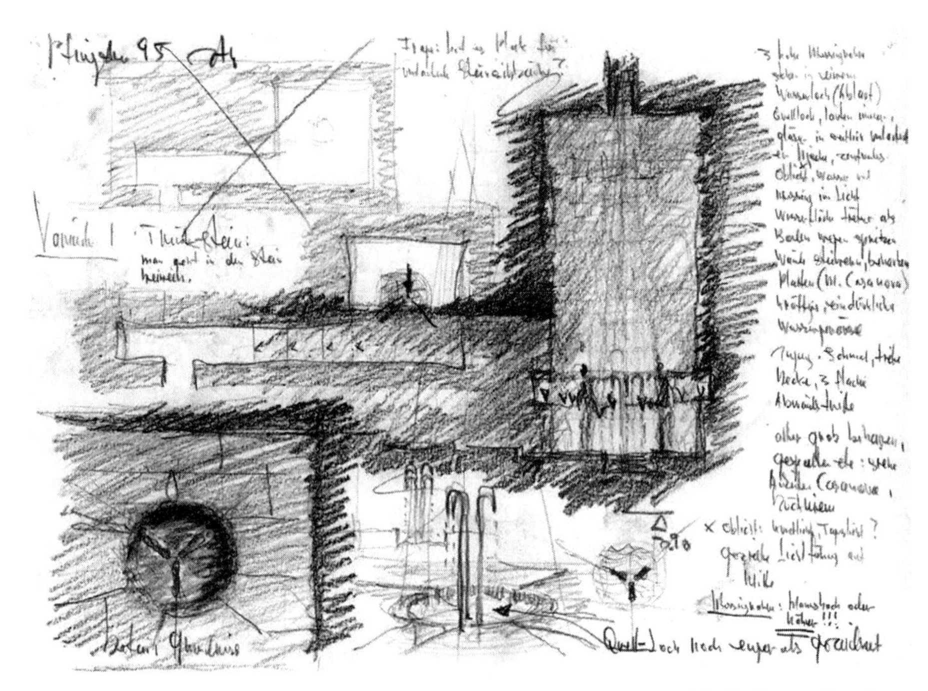

图5-10　瓦尔斯温泉浴场剖面草图（资料来源：JAISER S, ZUMTHOR P. Peter Zumthor: Therme Vals [M]. Zurich: Scheidegger & Spiess, 2007: 83. ）

5.2.1.2　形式

正如皮埃隆图式①的被否决：一个给定的刺激的颜色值不仅仅取决于整体的颜色结构，还取决于它的空间结构②。整合和协调的概念可以用来确定某些固定的组构，一些局部活动借助它们互相依赖，所以联想的意识被无意识地接收为“自动性”（automatisme）③。有了身体在空间中定位的启动，自动性便得以显现。协调不仅是元素相互连接在一起，而且还通过它们之间的联合构成一个整体，这一整体有其自身的规律性，而且只要环境给予了一部分基本“刺激”元素，观者就会按照认知结构补充几近全部的图像。在对颜色、材料、空间位置的知觉过程中，结果都是临时性的，因为形式是在知觉的时刻被刺激而

① 亨利·皮埃隆（Henri Piéron），法国科学心理学的奠基人之一。

② 莫里斯·梅洛-庞蒂. 行为的结构［M］. 杨大春，张尧均，译. 北京：商务印书馆，2005：130.

③ 同上：135.

临时组构的。因此，建筑场具有一种积极而适当的实在性，它不是器官或基质存在的简单后果。[①]行为结构形成是一种不可分解的统一，它不是由各个局部过程综合构成的。知觉建筑的行为场，不单独取决于建筑的刺激元素，还依存于个体的意识结构先验。所以说，并不是实在的世界直接构成了被知觉的世界。[②]由此，可以将行为的结构以最终实现的涌现主题分为三类：混沌形式、可变动形式和象征形式。[③]

（1）混沌形式　是指行为常常与情景某些抽象方面联系在一起，但是还会偶尔受制于具有刺激目的的特定情节。行为总是需要束缚在自然环境下，并且不断接受各种情景的暗示，即使是意外遭遇的情景，观者也会将其与其他的情节打包在一起理解，认为是规定的呈现。比如在寒冷地区生活的人，因为生存的本能，人的自身生理结构对寒冷存在着抵御的调节倾向，那么一次突如其来的暴雪、温度骤降，或是临入夏的反季降雪等便成为认知基础上的突发刺激，都会使人产生御寒的加强行为。这种对于寒冷气候的拒绝意识，是人动物性的本能激发，当环境发生更加寒冷的刺激，人就会产生应激的紧迫感。在建筑场中，如遇突然的环境转折，比如两个空间之间夹着某个室外空间，人会对从室内走向室外作额外的心理预期和行为预演。

（2）可变动形式　属于前一范畴的那些行为自然包含着对各种关系的参考。但它们仍然被限定在某些具体情景材料之内。一旦人在行为历史中观察到不由本能配备所决定的信号出现，就可以推定，这些行为是以相对独立于它们在其中得以实现的那些材料的结构作为基础的。

（3）象征形式　在动物行为中，符号始终停留为信号而永远不会成为象征。符号的使用要求它不再是一个时间或一种预兆，以便成为某种趋向于表达它的活动的特有主题。这种类型的活动已经在某些运动习惯中习得。

---

① BERNDT H, LORENZER A, HORN K. Architektur als ideologie [M]. Frankfurt am Main: Suhrkamp Verlag, 1968: 51.

② 同上: 138.

③ 梅洛-庞蒂认为，一般行为分为简单行为和复杂行为，但是如此一来，行为的结构被淹没在内容中，因为会根据内容建立一种二元对应的关系，反而忽视了结构自身。

5.2.1.3 印象

由以上可知，在行为场的结构中，行为可分为接受刺激的整体反应以及局部的单调运动。所以，当人尝试回忆某个建筑的形象或调取相关意识时，在大脑中会形成具有场景性的建筑场轮廓，并且这个轮廓是通过在场中行为的不同视点的互相代替、交叠、印证所形成的视角的综合。其中一部分信息是由多种视角彼此佐证后更为立体的图像，另一部分信息视角较少，但是可以通过其他事物图像加以映衬，并服从建筑场整体。这一结果是根据行为结构自然产生的，并且由此构成了大脑中对建筑场的“印象”。这种印象在现代主义运动思潮中，曾作为现代建筑的第二个阶段，一度被简化般理解为地域主义——赋予建筑物和场所独特性[①]。于是，建筑设计开始发生聚焦于建筑与周围环境的关系，这种精心的“布局”也符合观者对建筑意识形态把握的过程。不论是阿尔托的1939年纽约世博会的芬兰馆，还是麻省理工学院的学生宿舍，所流露出的直白的地域主义，就像赖特曾宣称的建筑“渴望真实”的宣言一般，得到了建筑界的共鸣。但是，这种粗浅的对印象的再印象，只是从概念上出发，将印象作为一个业已成熟的素材文本，并通过从众多建筑图像材料中收集以实现。显然，这已经离开印象的结构太远。

柯布西耶自朗香教堂（图5–11）重返观者建筑意识的建筑场，并将其导向

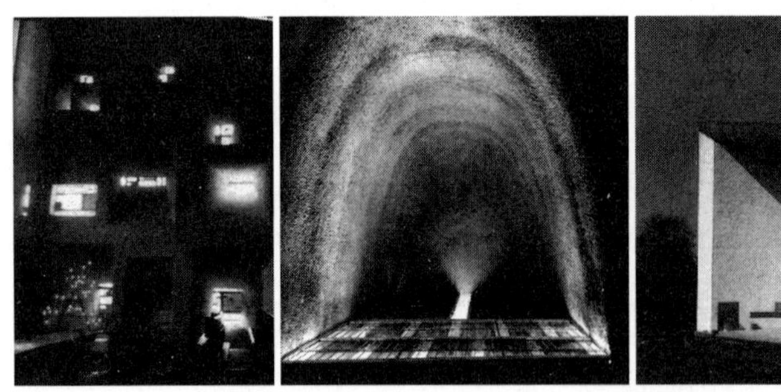

图5–11　朗香教堂（资料来源：丹尼尔·保利. 朗香教堂［M］. 张宇，译. 北京：中国建筑工业出版社，2006：22，119，17.）

① 诺伯舒兹. 场所精神：迈向建筑现象学［M］. 施植明，译. 武汉：华中科技大学出版社，2010：192.

一个充盈着印象的行为场描述——“一条非常全神贯注、静默沉思的船”。该描述放弃了传统的图像材料如砖石、形态、光影，而是跨越了图像与联想的结构，直接给出了意识的综合。斯卡利[①]将其评价为：有意义的真实中心和一个“集结力量”[②]。当建筑师开始用印象的方式来组构行为场时，设计意识与观者的建筑意识合二为一的终极时刻便可期了。路易斯·康曾在发问建筑物是什么时谈及自己的建筑观道：“我想将废墟缠绕于建筑物四周”。这是因为在康看来，某处建设的同时意味着旁处的衰落，具体建筑的意识离不开更加庞大的建筑场，二者是无法更不能剥离分清的。人在建筑场的经历，成为彼此建筑意识中的素材。人于房间、建筑、街道城市之中，产生了社会的彼此关联。不同场的印象是各不相同又彼此映射的：可以是心灵的场所；可以是社会的房间；还可以是场所的集合。

建筑场的建立过程中，印象不仅会包含观者在整个建筑以及场地发生真实行为下带来的认知，还包括建筑行为本身所带来的印象，例如建筑所在的区域、城市、国家的人、社会环境、经济状态、历史等，都会纳入行为印象的一部分。在中国典型的寒冷城市哈尔滨，会有一些“欧式建筑”作为一种复刻历史的形式而存在，一方面成为城市发展中需要的特色，另一方面也阻碍了城市面貌的更新。但是在历史更为悠久，纬度、气候等条件相似的欧洲国家，也有新建的“复刻”建筑，却没有突兀感。建筑意识的构建，其实也是人对世界系统认知的一个部分，并无法孤立存在。所以，即使都是在寒地城市，人所形成的场印象却是截然不同的，都成为结构中多种角度的整体和少数视角的局部。建筑印象，在过往的建筑行为中曾因过于孤立，而揭开了建筑的现代主义运动。那么此时的寒地建筑是不是也需要一场“运动”来帮助建筑师看清表面关联、内里孤立的现状？

---

① 文森特·斯卡利（Vincent Scully），美国著名的建筑史学家、理论家和评论家。

② SCULLY J V. Modern architecture and other essays [M]. New York: Princeton University, 1961: 45.

5.2.2 空间的秩序

5.2.2.1 秩序

反射学认为，“地理环境”和“行为环境”不能完全等同起来。在行为组织系统的等级中，每一个等级的各种有效关系规定了该种类的一种天性：一种它固有的转化刺激的方式。[①]因此，机体并非所有的行为都存在于实体性之上，而是结构性的独特实在性。[②]当尝试去理解某种行为的时候，理解并非实在的说明，科学并不能够在所有时刻帮人解读一切现象。考夫卡曾说：“说明和理解不是对待人之对象的不同方式，它们根本不是同一回事。这就意味着，因果联系并不是可以被记录到记忆中的一个单纯的事实顺序，而是一种可以理解的联系。”这一观点在寒地行为场中可以理解为：行为具有复杂的组织，其本身动机可以是多元的，并非与寒地环境条件构成一一对应的二元触发机制；整个行为场系统看起来也不是脉络清晰的，但是不能被科学包容并不意味着不能够被感知（图5-12）。在此，本书并非想要讨论心理学与实在论共设的哲学问题，而是试图用从图像到意识的认知方式去促进理解一个关于寒地建筑的实体世界背后更显本质的抽象世界。

动机 ——→ 意向 ——→ 活动 ——→ 目的

图5-12 本质问题的复杂组织[③]

行为场中空间组织的秩序，是指行为发生所在的系统就像存在论中的模式“黑盒”。有了对于行为的根基及其最终的效应，建筑师有望能够提供更为确切的建筑实体以满足观者对于空间的潜在行为期待，使观者的思绪在时间中的绵延和意识的回响都可以得到加长。毕竟只有在纯粹形式的领域才有机会放弃实体概念的哲学。[④]伴随着宇宙各种现象间的协调关系对人理解空间的增进效应，

① 库尔特·考夫卡．格式塔心理学［M］．北京：北京大学出版社，2010：28.

② 莫里斯·梅洛-庞蒂．行为的结构［M］．杨大春，张尧均，译．北京：商务印书馆，2005：197.

③ 萨特．存在与虚无［M］．陈宜良，译．北京：三联书店．2007：531.

④ 此为梅洛-庞蒂的核心哲学观点，在其著作中均明确提出，是对考夫卡关于心理行为理论的继承。

先前现象与同时现象施于某一给定现象的那些影响，将随着距离的增加而成比例地减弱。对于物理行为，并非局限于建筑场中知觉建筑层面才被讨论。因为知觉建筑是在经验及在场刺激的引导下完成的，且该引导包裹着认知行为与预设内部可能性的偏移。社会学家威廉·怀特（Willam Whyte）是第一批尝试讨论行为秩序对空间认知影响的人之一。他提出一个“三角化”的方案：建议城市规划者通过公共空间中物体与建筑的布局促使人在身体上更为接近，更进一步通过步行激发彼此接触。这一想法1975年在纽约洛克菲勒中心地下空间设计中实践：怀特的同事并未按照原计划排布令人生畏的长钉，而是在紫杉树旁放置了长椅，由此改变了人对洛克菲勒中心的使用习惯。这种通过改变空间中物理行为秩序实现改变人认知行为的逻辑，目的是改变人对洛克菲勒中心的固有建筑认知。挪威建筑事务所Snøhetta将花岗岩长椅引入纽约时代广场的改造设计也是这个原理：使曾经拥堵得水泄不通的街道，变成了如今步行休息的落脚地。[①]建筑意识下的行为场与行为的秩序有显著关系，且建立在一种潜在的意识激发状态下。

在寒地建筑行为场的形成中，主要依靠观者在已经确定的自然语境中去寻求与建筑互动的方式和秩序，以达到自身与环境间的“平衡感”。这种建筑知觉方式与卒姆托在《一种观察事物的方式》[②]中的观点一致：最终，建筑需要以一种实在的方式在生活的世界中落脚。这是建筑宣扬自我存在的方式。而建筑的行为体验，更像是探索尚未发觉的在真实世界的声音。

5.2.2.2 视野

建筑场内的所有活动都无法脱离行为和在行为点上获得的建筑图像。图像产生的意识联想激发了下一个行为的发生，行为点上收集的所有可引发建筑意识的图像构成了场域中的视野。在卒姆托那里，建筑场的视野是建筑材料的互相作用[③]；阿尔多·凡·艾克则认为建筑场的视野需要根据身体的经验感知获

---

① BOND M. The hidden way that architecture affects how you feel [DB/OL].（2017-06-06）. https://www.bbc.com/future/article/20170605-the-psychology-behind-your-citys-design.

② 《一种观察事物的方式》，是《思考建筑》（*Thinking Architecture*）的第一章。

③ 彼得·卒姆托．建筑氛围［M］．张宇，译．北京：中国工业出版社．2010：13.

得，他认为建筑场不是抽象的概念，是作为“为了场合的场所”，是此在的、具有图像意识的集合，强调作为“场合”的时间与契机所潜在的东西。[①]图像（材料）是一切的初始，“所见”的视野来自于“日常体验带来预知”的行为结构，行为场激发了意识场。意识场中，以行为场为参考系的图像场构成了视野。观者的体验在不同场间穿越，不断迭代出建筑场与人和世界的“非功能”关系，空间由于行为场，发生了时间轴向上的视野叠合。

观者在建筑场中的视野是带有预知图像的，不是单一的图像材料。人一般都有这种经验：建筑场中的“此在”是一种预知。像周围的事物一样，构成了人拥有的世界，虽然对它的感知是通过体验获得的，但那是大量的基本结构存在于先验之中，并组成理解环境和场所的刺激。[②]所以，这种复合的体验使人实现“感知原点”——不是事物的物理规律，而是它的真实相貌。诺伯格-舒尔茨在任奥斯陆大学建筑学院院长期间，其论著统一充斥着对于场所中视觉、体验和思想意识的呼唤。在他的研究中，行为场的视野也像所有的其他存在方式一样，不是静态的原型，而是开放的、没有束缚的，是人在彼此的场中、视野中，“相同”而又“不同一”的“镜像”[③]。在谈到具体自然气候时，舒尔茨认为环境的统一性是通过建筑展现的“生活世界”的存在基础。于是，建筑场景观的统一性得到了有形的体现，自然场所需要表现出可被理解的格式塔特性。如果愿意承认，任何一个自然场所被赋予的边界，即完全自身的特征性轮廓。自然场所的视野，天然就能够被体验为丰富的特征和意义。那么，建筑和大地就可以成为彼此的镜像，在“同一”中的“不同”。随即，人可以在建筑视野中获得关于环境场的“感知原点”。菲利普·约翰逊在20世纪40年代设计了一座和范斯沃斯住宅异曲同工的自宅——玻璃屋（Glass House），自建成，这里就成为建筑师和建筑商集会的地方，大家各抒己见。直到2005年他98岁高龄离世前都居住于此。即使在约翰逊离世之后，也有很多建筑师纷至沓来，通

① 日本建筑学会．建筑论与大师思想［M］．徐苏宁，冯瑶，吕飞，译．北京：中国建筑工业出版社．2012：111.

② 克里斯蒂安·诺伯格-舒尔茨．建筑：存在、语言和场所［M］．刘念熊，吴梦姗，译．北京：中国建筑工业出版社，2013：70.

③ 海德格尔认为，现象学的目标是对存在方式的理解，并作为一种展现，不同事物是彼此的“镜像”。

过与这片场所“对话”，实现与建筑师约翰逊的交流。弗兰姆普敦在参观中说道：“一个建筑作品，不仅是一个工程，更是一个建筑师对于建筑场的视野，你所看到、你所触摸到的都是建筑师在回答‘建筑是什么’的问题”。[①]很多人提到这栋玻璃屋时，都将其和场地中的其他建筑作品和小品进行联动观赏，甚至与范斯沃斯住宅对比。在此，玻璃屋的自然环境没有发生变化，但是行为场的视野却产生了交叠，与更广泛的场所范围、与其他时空的影像有了交叠，进而建筑的图像和场都有了多重的更新。所以，即使在相同的场所游走，观者会获得不同的建筑场视野也就不奇怪了。最后，弗兰姆普敦提到，他曾多次来到这座玻璃屋，包括冬天的时候：场所四处都被积雪覆盖，雪将所有环境中出现的景观“压”了下去。此时，玻璃屋便被凸显出来了。但是夏天的情况则是截然的：玻璃屋在浓郁的自然景观中消隐了（图5-13）。寒地建筑由于自然条件使然，会存在由于季节更迭所产生的关于时空更为丰富的场域视野的可能，使建筑图像伴随着建筑行为场发生着不断地对比联觉，是寒地建筑丰富性和必然性的所在。

图5-13　夏季，菲利普·约翰逊在他的玻璃屋中（资料来源：PETIT E. Philip Johnson: The constancy of change [M]. New Haven: Yale University Press. 2009: 54.）

5.2.2.3　活动

所有关于“想”的知觉和建构人与世界的联系大都通过无意识活动。这些活动是感官和情绪的具身呈现，是一切艺术及创作的本原。赫伯特·里德（Herbert Read）回忆1990年的叙事中曾写到拉什迪[②]指出：在真实世界与个体之间最为模糊柔性的边界在于艺术家和观者的经验。换句话说，艺术家所有的肢体语言及作品与观者的感知是否能够真实地“对话”以及“对话”的程度是

---

① FRAMPTON K. The glass house: conversation in context [DB/OL].（2012-11-24）. https://www.archdaily.com/297621/the-glass-house-conversations-in-context.

② 萨尔曼·拉什迪（Salman Rushdie），英国文学家，剑桥大学国王学院历史系毕业。

不确定的。这需要基于广义的行为的经验。所以，艺术家的创造活动需要透视双重视角：一边要着眼于世界，一边要关注于个体。建筑，不仅是人身体的掩蔽体（shelter），还是人意识与思想的“轮廓线”：既是人由城市、社会、工具、材料搭建起来用于承载活动的实体世界的一部分，也是与个体的精神匹配，包括麻木的高楼大厦与竖立的纪念碑投射到人内心的抽象印象。人的日常行为中的大量活动是在潜意识中进行的，并非全都可以被分离出来并得到对应的理性解释。对于这类活动的分析，虽然可以通过巴普洛夫的反射研究尝试探究其生成结构，但却无法回答引发行为的机理。如，当人在一道石墙前驻留，物理行为的层次是先看到石墙，继而引发驻留。但实际上，人看到石墙后，从石墙作为感知图像引发的建筑联想，到获取的建筑意识综合，再到停留的行为结构，都是人的活动。活动是丰富的、综合的，并且是基于建筑场的。因为石墙无法从场地剥离开去独立显现或是被理解，那么驻留也无法从整个建筑场中独立出去。失去了环境（context）的场所（place）是不存在的。所以，同一建筑场无法确保可引发拥有不同寒地意识的人的一致活动，但是，可能产生相同的行为。此时，建筑师在建筑设计中的双重任务，从“真实世界”和“独立自我”的实现转变成了激发对寒地意识的共鸣。所以，对寒地认知有限的人开启对作为背景的寒地的“好奇”，并引发对于寒地建筑意识重构的活动在寒地建筑设计中是极其重要的。在此，意识建筑的过程是自我认同或发现新自我的过程。

活动和场的关系其实是模糊的，因为场是观者自我建立的世界，而建立的依据不受限于建筑所在的场地。当个体的认知经验足够丰富时，人可以通过少量的材料进行意识的充实并完成认知。不可否认的是，即使是相同的观者，由于经验信息的不同，通过间接的信息与身体在场的空间建立所得到的建筑意识至少会有系统丰富层次上的差异。如，在寒冷的冬季，对于被积雪覆盖的冰面托起的蝴蝶顶小屋（图5-14），小屋主人玛丽·卡兰茨（Mary Kalantzis）描述道：“小屋从某些角度看起来像是在天上飞。”而对于作为小屋“背景”的室外空间，认为其“看起来模糊，像雪松的墙壁”，充满抽象的想象和环境联想。该项目的设计者杰弗里·波斯（Jeffery Poss）的描述则更显诗意：“冬季的小屋坐落在雪的上方，而非漂浮，保护着整个场所的宁静，但同时也充满生

图5-14　蝴蝶顶小屋（资料来源：ROKE R. Nanotecture: Tiny built things [M]. Austria: Phaidon Press, 2016.）

机。”在此，寒地建筑认知活动是动态的、充满联想的，有时是隐而不现的，有时是模糊难明的，都只是自我对所在环境的注解，并由此启发具体的场所行为。于是，个体对寒地环境的经验与理解赋予空间活动的组织方式，也蕴含了对于寒冷的解构和对温暖的重构，是行为结构重要的展开线索。

5.2.3　意识的流动

5.2.3.1　地理

在传统认知体系中，地理是“地理区域内的客观地理知识”，而对于人本主义地理学者而言，地理是“地理区域的客观地理知识的地理感”。建筑图像在客观世界中被定位，就意味着其必然具有自我的地理信息及对应的地理知识，人的行为使建筑图像得以呈现并带有地理标记。综合成的建筑意识是依存于个体（观者）主观评价的选择而呈现出非必然性及必要性。[①]地理感需要人基于过往的知觉经验而对感官主动调动，继而获得一种对比判断。在这过程中，会产生一种自发的对象边界感，作为对环境的回应。地理感具有显著的流动性，随着人与环境的不断互构而改变。虽然地理感具有显著的“人性”特征，使不同观者对于同一地区的感性回应具有敞开性，但不可否认，任何回应都是有其理性意义的。所以，观者的建筑场各不相同，意识的领受随着行为变化而不断延展，地理感被不断丰富。所以，地理感是人知觉的感官对环境产生意义的思考，反映了场所层面的物与物之间的实在外联和文脉内联。段义孚将地理感定义为一个综合性的词汇，可从空间感和地方感两个方面讨论。人文主义地理学中的“空间”是人存在的首要原理，只要人存在于大地，在地表上有所活动，就会产生以身体为奠基的空间。这一理念基本上是由“存在现象学地理”（existential phenomenological geography）所强调的“主体性空间”（subjective geography）建构而成，并以“存在空间”（existential space）命名。该空间的基本结构由距离和关系所决定。[②]随着身体在空间中发生位置的变化，相对应的所在点和其他点的意识随之发生改变，观者在意识综合的流变中获得了空间感。同时，观者在与环境互动中，对某个地方产生各种形式的情感联结和态度与行为的忠诚，被称为地方感。乔根森[③]等提出，地方感维度包括地方依恋（place attachment）、地方依赖（place dependence）和地方认同（place identity）。此外，人无法脱离时间要素去谈论地方感和空间感，对时间所产生的历史感是“广义的地理感”的一部分。

无论如何，地理感作为一种理性的感性，用于描述人与环境互动关系的意识，会被个体建筑场所涵盖。显然，地理感不是狭隘的地域主义，但是可以佐

---

① TUAN Y. Space and place: The perspective of experience [M]. Minneapolis: University of Minnesota Press, 20017: 7.

② 季铁男. 建筑现象学导论［M］. 台北：桂冠图书股份有限公司，1992：334.

③ 乔根森（Bradley Jorgensen），拉筹伯大学应用社会心理学家、首席研究员。

证建筑的地域性。卡尼泽诺[①]曾就建筑地域性这一话题发出感慨，认为在目前的广泛讨论中，人总是尝试只研究那些差异化的内容，将区域建筑理论展示出彼此不可调和的对立姿态。但实际上，每个地方的建筑都应该是对于所处环境的参与的可能性呈现，都是一种平衡、调和的面貌。不同地区地理知识的差异会引发不同的地理感，但是地理感形成的结构相似性源自人共同的认知模式。寒地建筑与热带建筑的地理感的差别化是表象结果的差异，但是图像意识的构造上的区别是有限的。在这样的前提下，才能解释如何串联起四季变化对同一场所的统一意识建构。

意识必定被定义在复杂的自然地理信息中并流动。即使在夏季里，人对建筑的意识生成也无法摆脱对其所在地冬季风貌的印象。这种地理时空性成为自我的知觉映射，会混杂于此在的行为场中，使行为有了地理感。这也是人认知构造中“重返于物”（return to things）的需求体现——认知不会满足也不会停留于当下。在特拉克的《冬夜》中（详见2.1.2.3），即使直接描述环境，也没有让每个物体都透出寒意，所有的物体都在暗示此时的地理信息是冬季寒冷的夜。当观者一旦掌握该信息，就会在接下来的描述中自动叠加对寒冷环境的联想。因为此时，整首诗的场域已经锚定在一个寒冬飘雪的夜晚。地理情境也具有特殊性和一般性，内部性和外部性。所以，将物体“安置”于客观地理信息中时，不论是构造了空间还是成就了活动，都会得到抽象与具象相互裹挟的意境，最后意识离开既有的物的地理性，返回到观者的精神的地理性，从而实现人此在“安居”。

5.2.3.2　背景

在建筑被建立在场地之上的一刻，建筑和场地便成为一个系统，无论看起来和谐与否。建筑会逐渐将自己与潜在的背景分离，这种潜在的背景是建筑在设计过程中被赋予的背景，然后会愈发配合实在的所在，一并构成由自己价值

---

① 卡尼泽诺（Vincent B. Canizaro），圣安东尼堪萨斯大学建筑学院教授，主要研究方向为建筑地域主义、建筑可持续发展理论。

体系所调配的系统背景。[①]此时的建筑已经脱离了建造工程，具有独立、自主的面貌，并以这样的姿态融入整个场，成为场的一部分。可以理解为观者对于建筑的图像意识，随着时间的推移不断发生着改变，在理解时，每一个被理解的材料都无法孤立地被领受，需要置于背景下，融为系统的一部分才被呈现出来，从而实现建筑场意识的自洽。帕拉斯玛对此解释为，建筑形式和建筑“被体验”的关系并非一成不变的：在建筑师眼中，建筑的形式更像是一场图像视觉游戏，但是体验的过程和角度是完全不一样的。人总是错误地认为理解一个建筑就是去感受建筑的形式，而不去尝试深入探索建筑形式背后更为深刻、本原的象征或是意义，那才是建筑所要表达的“真实”。对于帕拉斯玛的这个观点，可以解读为建筑师用形式去表达建筑，但是建筑之所以被感知是因为形式在背景里，当建筑形式从背景中剥离出来，形式的意义便消失了。建筑形式和背景所构成的场给予人对建筑系统的总体认知。人所有在世的意识都是源自被动的感官体悟以及主动的具象化存在。

事实上，传统社会的认知是根据感觉留存下来的——并非在文字或者砖石中，而是在字里行间的情绪以及砖石的沧桑触感里。尝试将建筑割裂般地肢解，犹如将文字从鸿篇巨著中择取出来一样，不具备完整的背景信息和叙事框架，只能窥得常识化的零星语义。从建筑生成的角度来看，是人对环境背景的刺激将感受赋予具象形式。从建筑认知的角度来看，是观者感知建筑图像并形成认知的过程，需要将形式内化再投射到环境背景里。当一片空旷的场地“建造”出一个新建筑时，可以说原有的场被“破坏”了，固有的背景关系就此瓦解。但是被新建筑割裂的同时，场地的系统性就此被重新梳理，与新建筑一道成为下次被“入侵”的背景。建筑所在的物质场地只是背景的一个部分，因为建筑场作为系统还包含观者以及观者与物质之间具象及抽象的关联。那么建筑意识的背景就应该是观者的日常生活：感官天生具有个体差异，习惯会影响对建筑“审度”的动态流线，以及获取建筑图像的节奏，从而左右综合意识的结构。如果剔除观者的背景去讨论建筑意识的形成，显然是不恰当的。每一簇“寒地感”都必要穿越当地春夏秋才能获得完整体验，四季看似表面上从时

① PALLASMAA J. The geometry of feeling: A look at the phenomenology of architecture [J]. Phenomenology, 2013: 448-454.

间维度上独立，内里的意识却是彼此影响的，总是一并综合为某一具体时间的建筑意识。列维纳斯在《在他处存在》“存在于其他”的章节中写道：“生活中经常有透明的东西，我们通过水看到水里的鱼，我们通过玻璃看到室内的陈设，但是没有鱼怎么会意识到有水，没有室内陈设的宁静如何辨识玻璃的存在”。[①]认知与存在都需要背景作为其他辅助说明客体，多个客体的信息由此同时向观者涌来。在客体与背景的分析及关系构造中，观者的目标客体清晰了，也更接近于客体自身。

5.2.3.3　记忆

在认知建筑的过程中，人不断与建筑、环境交互，以尝试将建筑元素从一众图像中分离出来，再把元素整合进一个系统的建筑场中，从而赋予其作为建筑的意义。彼得・埃森曼认为，城市里历史终止之时正是记忆开始之刻[②]；卒姆托认为，记忆包含了所知道的最深的建筑体验，它们是建筑师试图在工作中探索建筑氛围和形象的丰富源泉；帕拉斯玛认为，人用身体衡量世界，那么记忆就是身体的避难所，其包含着身体与世界相互关联的经验。就像人将自我意识分解到环境中，再根据环境重构综合出一个完整的自我一样，建筑意识的在场映射，就是观者身体的记忆。人具有记忆和想象建筑场的内在能力。

记忆并不记录具体的时间，人不可能重复已经不复存在的时空，但是人可以对其进行想象和反思。所以，记忆的原初是停滞的，就定格在发生的那时那地，随即便成为记忆。但是记忆也是永恒的，因为记忆无法被真正地改变。当记忆作为信息在人的构思中被提取时，与此刻时间相隔越久，回响与印象越发显现。在建筑图像意识过程中，从图像感知到联想再到意识的回溯，都避免不了与记忆互动。沈克宁在《建筑现象学》中指出：建筑经验是由与记忆互动的遭遇和面对组合的。胡塞尔认为在记忆中，过去变形为行为，与那种被与身体分离而保留在思想和大脑中的思想相对，记忆成为为完成某种人物所需要的活

---

① LEVINAS E. Otherwise than being or beyond essence [M]. Lingis A, trans. Pennsylvania: Duquesne University Press, 1997: 4.

② ROSSI A. The architecture of the city [M]. Ghirardo D, Ockman J, trans. Cambridge, Mass.: MIT Press, 1982: 11.

动中一种活跃和积极的要素。于是，记忆在无数意识建构中的回响里成为人潜意识中的一种期待，并与时间意识有显著关联——成为过去的记忆，期待成为未来，在与此在的建筑意识联想中成为现在。由此，记忆和意识都有了时间标记。约翰·杜威曾经概括：建筑不仅影响未来，更记录并传送着过去。就这样，建筑立义被赋予了时间的锚定，同时时间也被立义“定位”了，被给予了当下的记忆与期待。时间由此成为具象的概念，可以被回忆归结，并存在于意识流中。建筑意识的“最终”目的是源自多重记忆与期待地知觉建筑，从而固化时间。

记忆与期待是无法分开的，在场中与感知不断相互作用，场与环境的记忆总是与身体感知无法脱离。埃森曼将建筑的永恒看作是在克服建筑的存在：因为永恒，所以记忆与期待与此在在时间轴上实现了重合，时间的具象化成就了无数个此在。在埃森曼的建筑世界里，建筑也是人身体世界的一部分。所以正如前文所说，历史过后，人开启了自己的经验，才有了真正的回忆。对于寒地建筑的记忆，是人将多次、多处的寒冷记忆拼接、叠合，形成丰富寒冷体验的同时对寒冷的认知更为多元、具身。由此，人对寒地建筑的描述不再局限于抽象、笼统的建筑意象，转而以叙述雪的厚度、出行的困难、天空昏暗的程度等感知性描述，实现将回忆、期待与此在比较，与地理、背景一道，使寒地建筑意识脱坯于此，更还原于此。

5.3 延伸寒地意象的意识场

建筑作为艺术作品是人经验凝结成的实体“作品”（work），是人与世界互动体验的具象存在。建筑造型是这种艺术活动过程的副产品。柯布西耶称帕特农神庙是人类历史上最为完美的艺术品，是建筑艺术史上“再也无法返回的高峰”[①]。不可言说的生活世界经验通过建筑作品的方式获得了相比其他艺术形式

① 勒·柯布西耶在《走向新建筑》中总结建筑变迁中提到帕特农神庙的历史意义时如是说。

更为直观和更具延展性的诠释。由此，建筑需要一种柔滑的人性处理，使其对人的心智和精神都能产生积极影响。建筑的实现也许是机械的，但是建筑不只用于表达机械。建筑的表达过程，是艺术性融入所处的场域的过程，并在环境中延伸出建筑的整体意象。

5.3.1　行为的基础

人的行为可以看作是场的某种结果，行为在场中有它的根基和最终效应。[①]行为的形式是由机体应对外部条件刺激的模式化呈现。这种模式从生物学上被划分为条件反射和高级行为，置于人—世界的系统中，体现的是物理秩序、生命秩序和人类秩序，物质、生命和精神必须非均衡地参与到模式的本性中，并代表了不同层面，最后构成一个可以不断获得进一步实现的个体性。在此，寒地建筑可以被视为一个事件，寒地建筑场中的行为必定会被各种呈现和意识中介化，使生命和意志能被理解为从一个实在平面到另一个实在平面，意识便成为补充那些不确定、不充分的要素的模式条件。并且，行为也是一种刺激模式（图5–15），通过不断调整身体，将作为客体的身体投入寒地建筑场中。于是，身体行为成了寒地建筑主题化的一类经验。在此，行为的秩序内含不同行为的秩序层面。

5.3.1.1　生活的世界

生活世界在前科学里，是具体的、理性的和直观的。其境遇性和相对真理性提出了图像意识过程中主观第一人称视角的必要性。[②]生活世界中的对象是以相对的、近似的和角度的给予性为特征，是在人的身体性和世界实践性的相互作用中寻求世界是如何的知识。海德格尔惯以将生活世界投射到“黑森林”（Schwarzwald）中，提出建筑让天、地、人、神进入物的浑然整一的状态。[③]这种于哲学基质中脱坯而出的建筑原型旨在重申对环境伦理的关切，认为建筑

① 梅洛–庞蒂. 行为的结构［M］. 杨大春，张尧均，译. 北京：商务印书馆，2005：235.
② 丹・扎哈维. 胡塞尔现象学［M］. 李忠伟，译. 上海：上海译文出版社，2007：137.
③ 彭怒，支文军，戴春. 现象学与建筑的对话［M］. 上海：同济大学出版社，2009：134.

图5-15 1986年斯蒂芬·霍尔在米兰维多利亚门地区的规划方案中希望通过放大每个节点以营造一个“静止”的片段场景[①]，构建城市场景的诞生，希望人能在虚实、轻重中来回穿梭，感受环境场所的不断切换变迁（资料来源：POLO A Z. A conversation with Steven Holl [J]. ELcroquis, 1996(78): 22, 23.）

需要在设计上呈现出自足的力量——对文化、地景、材料的综合与包容。佩雷兹-戈麦兹在《建筑与现代科学的危机》中提出，对工具性的过度关注是当下以技术理性和消费文化为主导的“贫瘠时代”的表征。并且，人对生活世界的理解不可能见物不见人，现实生活世界（the world-as-lived）是意

① 米兰维多利亚门地区（Milan Porta Vittoria）规划项目最后并没有实现，但是却成了斯蒂芬·霍尔场所现象学建筑观的最好的实践案例。现在该项目的手稿已经被美国当代艺术博物馆MoMA永久收藏。

义的第一来源。[①] 在法国20世纪50年代末出现的“情境主义国际”（Situation International），强调对日常生活世界偶发的、生成性的、交往性的、情感性的氛围和场的建构（constructed situation）。不论是《为了一种情境的建筑》[②] 还是《地方与无地方》（*Place and Placeness*）都详述了人对世界认知如何建立在对日常周遭的情境描述基础之上。建筑，应该是按照人自身特点去实现对“生活情境”（situations）的回馈，而生活本身的建立依靠包括建筑的环境。居伊·德波[③] 曾提出，城市的目标是制造各种新的“情境”场，如果没有体贴入微的感受与流畅的描述是无法理解生活的。正如其在《景观社会》中概括：“情境是一种高度自由、流动性的和交往语境的生活状态。生活世界不应该被表征化为景观或工具，这是精神世界空虚的表现。”[④] 意欲探索建筑本原，人需要从现实的生活世界入手，获得的意识应充满生活的体验。如此获得的意识和意义并不是永恒的或绝对整体的，而是主观的、暂时的、易变的、含混的。所以，在此框架之下，寒地建筑的本原的意识场认知必然存在由行为引发的开敞性，从而构成的认知框架也具有一定流动性，并形成一个寒地的生活世界。在此，行为将生活世界分解为片段和偶然，并与环境的一小部分发生关联，建筑意识在其碎片上漂流。

5.3.1.2　内在的体验

内在体验不仅提供了物质堆砌的空间，它作为“情景”演绎的载体，还在空间行为中获得呈现。[⑤] 内在体验不能从一个教条（一种道德态度）、一种科学（知识既不能是它的目标，也不能是它的起源）或一种对充实状态的追寻（一种实验的、审美的态度）中获得它的原则。除了它自身外，它不能有其他任何

---

① 王群．意义的探究——克里斯蒂安·诺伯格-舒尔茨建筑理论评述［J］．世界建筑，1997（4）：73-77.

② 《一种情境的建筑》，作者康斯坦特·纽文惠斯（Constant Nieuwenhuys），1953.

③ 居伊·恩斯特·德波（Guy Ernest Debord），当代法国著名思想家、实验主义电影艺术大师、当代西方激进文化思潮和组织——情境主义国际的创始人。

④ 居伊·德波．景观社会［M］．张新木，译．南京：南京大学出版社，2017：1-41.

⑤ 陈洁萍．场地书写——当代建筑、城市、景观设计中扩展领域的地形学研究［M］．南京：东南大学出版社，2011：82.

的关注或目标。[①] 内在体验像一场旅行，走向了人之可能性的尽头。对内在体验发生的承认是对建筑除工具性外其他意义的接纳，是开启场所精神意义的钥匙，是探索本原的必由之路。体验的产生是连续的，但当被描述出来的时候已经被撕成了碎片，从而引向了其存在与否的巨大不安。内在体验深刻揭示了身体与行为的在地关系的复杂性：行为无法具备地方由于物质实体所拥有的稳定和永恒，但是却也并不是完全失去了地方的约束。地方是物体占据的处所。人的身体塑造了行为，同时行为所带来的内在体验揭示了人自身的多重存在。通过对自我存在的认知，行为也在不断地改变中使认知最后无限逼近真实。在这种身体与地方的本体化契合过程里，主体的内在体验与行为场的塑造有直接的关系。[②]

在寒地建筑场中，寒冷会引发一系列人的个体化活动，从而形成逻辑上彼此独立的内在行为体验。内在体验自身会返回到外在环境，综合反馈为寒冷意识，并沉淀成具有比较性的、经验般的基本认知。在此，行为和经验的直接关联实际上是环境的具身体现——寒地意识是一种寒地居民身体的此在意识。寒地建筑设计中存在通过对寒地建筑场中行为的激发去引导寒地意识从建筑室外延伸到建筑室内，实现连续的意识场建构。环境的连续性成为空间认知连续性的基石，该连续性需要身体去层层穿透各个情景的界面。如，当寒地的界面和身体界面发生交互时，身体通过手真实地感应到了寒冷的存在，建筑的门成为环境与身体互通的界面。于是，人推门的体验，既是对建筑的也是对环境的，并且生成的寒冷感知始于皮肤最终穿透皮肤，内化为对于环境的体验，最后再从身体内部投射到外部环境，抽象为一系列对于寒地的意识性概括，完成了情境般的内在体验。很多北欧建筑都注重建筑门把手的设计（图5-16），体现了身体的肌肤对于建筑与环境的中介性，以及中介的源对象为环境的观念。

5.3.1.3 空间的意识

空间性是身体的基本属性，身体是人所能感知到的最原始的空间。寒地

① 乔治·巴塔耶. 内在体验［M］. 尉光吉，译. 桂林：广西师范大学出版社，2016：13.

② 布尔迪厄的结构主义解释了这种关系的本质。

图5-16　阿尔瓦·阿尔托在玛利亚别墅中的门把手设计（资料来源：QUANTRILL M. Alvar Aalto: A ctitical study [M]. New York: New Amsterdam Books, 1989: 162, 184.）

建筑行为场的空间性是在身体—空间的关系中建构起来的。所以行为场的建立需要此在的发生。海德格尔认为，此在内含方位，并且这种方位与人身体机制首要相关，既是行为的起点又是行为发生所基于的动物本性。同时，空间可以理解为观者行为能力和行为轨迹的记录，行为是“对象物和地方”之间的动向或被排斥的现象。那么空间可通过建筑场中的地理感获得，即对象物和地方的相对位置。所以，此时建筑场中的空间可被看作是以身体出发的、行为为经验方式的，物与物之间距离的联系或分隔。空间意识的本质是身体对刺激回馈以行为的经验综合。建筑环境作为建筑本原的在地始基，对建筑意识的形成具有不可抗拒的力量。科林·圣约翰·威尔逊曾这样解释：“我仿佛被一些潜意识的代号所操纵，我无法把它翻译成文字，它直接操纵着我的中枢神经系统和想象力。在同一时间，生动的空间体验又把这个暗示的意义打乱，它们仿佛是一回事。我相信，该代号之所以会对我们产生如此直接、活跃的影响，是因为它对我们来说是如此熟悉，它实际上是我们学会的第一种语言，它的诞生远远早于文字的出现。通过艺术，我们能够重新回忆起它的存在，艺术是使之复活的关键。"[①] 人能够从生物生存的角度来理解对某个空间实体的氛围或者整个情境氛围全面掌握的存在价值。显然，如果一种生物能够即刻区分出它面对的是一个潜在危险的环境，或者，是一个安全的、能够提供食物和营养的环境，它就拥有进化上的优势。源自动物性的本能召唤人对自然不断认知的发展。空间是人基于这种动物性创造出的从身体皮肤到自然环境之间的"过渡"。这种过渡是为了实现由身体到自然、从"我"到"世界"的递进，既是一种阻隔也是一种联系。从感官到寒地，与其他地域环境对比，人需要穿过温度、湿度、风阻等障碍；需要思忖热量、植被、色彩等缺位；需要实现安全、温暖、栖居等诗意状态。寒地建筑场空间意识的建立，是身体通过行为分解寒地从外部环境到身体再返回外部环境之间的流向。在此，应先悬置建筑的存在，继而去主动建立真实的"我在"与环境。

5.3.2 联觉的展开

建筑知觉是由多种感觉混合而成的，是身体不同感官相互综合作用，而非感觉的直接叠加。在知觉过程中，建筑体验强化了人的存在于世的感受，而体验自身也得到了强化。这本质上反映了一种沉淀（sedimentation）[②]，是人对某一处环境、某一座建筑长期的理解和预期并逐渐建立起来并影响后来的经验，是一种一定包含着过去和不在场的此时此在。人通过身体的感官，与建筑场和身体不断相互定义、相互改变并相互适应，从而理解建筑、理解环境。寒地建筑是寒地人工环境向自然环境的众多延伸之一，反映了寒地居民理解寒地环境的方式，同时也为居民感知、体验提供了场所。寒地建筑通过意识场，将人对寒地的理解引向更为广阔的世界，并赋予源发于身体的认知

① 威尔逊. 关于建筑的思考：探索建筑的哲学与实践［M］. 吴家琦，译. 武汉：华中科技大学出版社，2014：9.

② 胡塞尔在探讨时间意识如何构造出事物的意识这一问题时，使用了"沉淀"一词，即意识专注于一个状态，使边缘域以此为轴心而凝聚，成为流动状态之外的相对静止的、有确定意义范围的意向对象。

方式，最后回到建筑场的认知与自知中，综合当下的拥有以透视整体寒地建筑场。

5.3.2.1　身体的营建

空间是建筑的本质，形成这一本质的本质，是对“身体”的营建。这一过程在帕拉斯玛的言说中可分为两个阶段：物质实体营建的阶段和精神身体的构造阶段。帕拉斯玛认为：“身体不仅仅是物质实体；它被过去和未来、记忆和梦想所丰富”。[①]观者通过伸展身体与环境发生感知交互，在体验空间的同时，也将肉身置于建筑场中。自古希腊时期，就有使用人体描述建筑尺度的习惯——表达量度的数字是建筑具身的结果。这正如大多数持现象学观点的建筑师所认同的：空间是一个抽象的概念，而“我的空间”则是具体的[②]。空间和身体是在“我”在场的体验过程里所建立的。身体在场的互动决定了观者对建筑的认知程度和深度，“肉身”实际上表明的是建筑意志一隅。如果建筑的存在形式被认为是客观的，即使这种客观是通过主观方式获得的，那么，在身体那里建筑场的主观和客观融合为一体。建筑和场的在世是需要通过感知后的主观判断达成的。判断的同时，人得到了软、硬、冷、暖等身体内化的知觉，构建的意识场跟随肉身在其间反复穿梭、激荡及嬗变。此时建筑意识源自建筑场并终将超越建筑场，且这种意识不能完整地独立。那么，显然，离开此时此地的场，建筑意识会变化。所以身体意识与建筑场共同拥有人的身体，不仅因为某些特殊的行为才能共同拥有全部并得到完整[③]，甚至这种完整是必须包含在建筑场之内的。建筑和场此时是身体意识构造必不可少的一部分。如果没有场，是无法认知到“我在”之所在的。所以完整的“身体图式”[④]构造是身体的实体与身体的精神共同被构造的整体。这种构造虽然是身体在场“此在”实现的，但是却深刻受到身体各个部分融合的经验影响。如，过往的四肢经验可

---

① 尤哈尼·帕拉斯玛. 碰撞与冲突：帕拉斯玛建筑随笔录［M］. 美霞·乔丹，译. 方海，校. 南京：东南大学出版社，2014.

② 沈克宁. 建筑现象学［M］. 北京：中国建筑工业出版社，2016：128.

③ 梅洛-庞蒂认为，身体的各个部分以一种独特的方式相互联系在一起：它们不是一个部分展现在其他部分的旁边，而是某些部分包含在另一些部分之中。

④ 身体图式是梅洛-庞蒂为了更好地理解身体这一概念而引入的概念。

以唤起视觉的，同样的视觉体验也可以影响身体的反馈。所以身体图式并非是在场“体验中”对各项感知的直接叠加过程，也不存在身体的“整体意识”[①]。身体的空间性不只是身体实体在场的定位结果，还包裹着身体“处境”的空间性。于是，身体在场中同步构建与身体感知关联的系列空间，构造了建筑意识。所以，建筑的图像意识是身体构造成果的一部分。

此外，在身体上空间和时间得到了统一。感觉间的统一性或身体的感知—行为的统一性表明，这种统一不局限于在观者体验中实际的和偶然的联合在一起的内容。诗人诺埃尔·阿尔诺（Noel Arnaud）对此声称：“我在哪里，哪里就是我的空间”[②]。感觉的世界，是对身体的觉悟。在此，并无意展开讨论具身完形的格式塔心理学，而是尝试建立或者说强调身体在场获取的经验的系统性——并非自圆其说的系统，而是把自身“嵌”入场的系统。虽然这里看似有些许矛盾，因为场是身体的结果，身体的经验和场是彼此激发的，结果都并非静止的，甚至会形成“回忆”。在寒冷之地建筑场建立中，人的身体意识营建必会奠基于寒冷之地的特征及相关的回忆：寒风通过身体建立起寒冷和温暖的温度感知，同时指向了对温暖向往的身体意向。在建筑—场所—身体的互构关系里，三个客观此在的客体，也只有在客观上整合相关才会在意识构造时实现统一。

5.3.2.2 时间的延异

胡塞尔认为，在图像意识建构中，客观时间的存在应被悬置，而转向被经验涉及或体验到的时间。并且，人的意识方式具有典型的时间延展性，即意识的凝结并不局限于某个时刻所意识到的内容，而是具有存续性：意识包含比当下被给予的更多的东西[③]。在人感知当下图像的时候，必然也会感知到已经不再存在者或者将要发生者。对于不在场的感知并非纯粹想象的，因为信息会在时间维度上延异（la différance），增加在场的宽度（width of presence）。在场的图像并非只是一个瞬间的信息，而是多个瞬间的，时间在图像意识的过程中具有延展性，其本原可能在延展中发生变化（图5–17）。据此，建筑图像意识的

---

① 莫里斯·梅洛–庞蒂. 知觉现象学［M］. 姜志辉，译. 北京：商务印书馆，2001：137.
② 加斯东·巴什拉. 空间的诗学［M］. 张逸婧，译. 上海：上海译文出版社，2009.
③ 丹·扎哈维. 胡塞尔现象学［M］. 李忠伟，译. 上海：上海译文出版社，2007：137.

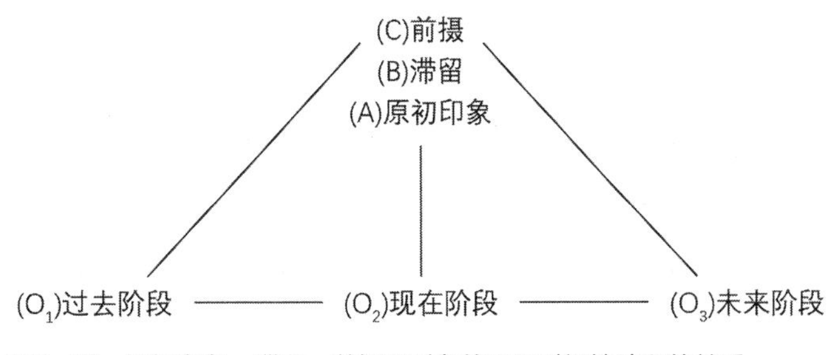

图5-17　原初印象—滞留—前摄和对象的不同时间性阶段的关系

结构可以从时间上分三个阶段理解：①首先，图像作为仅仅指向建筑的材料，是观者对其原初印象（primal impression），作为并不能单独显现的行为的一个抽象；②继而，被滞留（retention）伴随，其意向提供给观者对象客体刚发生阶段的意识；③同时，它也被前摄（protention）伴随，并开始跟随当下的图像或行为信息发生无法确定的意向。胡塞尔认为这是人对将要发生的时间的一种期待，并且其依据经历过的事实部分。需要注意的是，前摄和滞留并不是过去阶段或未来阶段，而是始终与原初印象同时的。每个意识的显示阶段都包括原初印象（A）、滞留（B）和前摄（C），这种三合一的沉浸中心的结构相关物是对象的现在阶段（O_2）、过去阶段（O_1）和未来阶段（O_3）。[①]

依此，当人体验到当下的寒地建筑图像时，被作为原初印象所意向。当其被接下来的建筑图像跟随时，接下来的建筑图像在作为原初印象的建筑图像中被给予。而作为原初印象的建筑图像现在被滞留所保留，而当随着行为的变化新的建筑图像呈现时，它在原初意向里取代了之前的建筑图像，并被滞留所保留。虽然原初印象（A）和滞留（B）是同步发生的，但是意识到东西是不同时的。胡塞尔认为，人对这些对象的知觉自身也是被时间性构成的。人的经验自身也具有经过产生、持续、消亡的时间的统一性。人对建筑的体验是连续的、不间断的延异，每一个当下都被滞留所保留，但是这种保留对未来的影响是有限的。对于那些紧密相连的建筑图像、建筑空间、建筑场，意识的建构往往会由于意向明确而关联度更高。

① 加斯东·巴什拉. 空间的诗学［M］. 张逸婧，译. 上海：上海译文出版社，2009.

5.3.2.3 知觉的流动

当人的身体进入到某个建筑场时，这个建筑场也进入到了身体。第一个身体指的是身体的实体，第二个身体是身体的思想，所以说体验是客体与表现对象之间的交流和融合。无论产生建筑意识的客体对象是一个环境、一座建筑还是一个房间，人对其描述总离不开总体的感知、印象以及情绪，这种“遭遇”的呈现都具有一种统一的、连贯的特性。这正是体验情境的“共同点”“着色”或者“感觉”。人关于建筑意识中所有细节的判断都统一在知觉的大背景下，这种精神上的一致性悬浮于被感知的客体与表象之间。[①]知觉使人对建筑场的意识可以在身体的实体和精神中来回穿梭并不断上升。如果说意识是一条经验流，多样的、不同的知觉都被“我”体验，那么这些不同的体验中都暗含了“我”的意识结构，是这种独属于“我”的意识结构使这些不同的知觉经验实现统一。

当“我的”身体在建筑场中的此在得到确认后，“我”会有全方位的包围感。这种瞬时的包围感是一种特定的知觉方式，是无意识的、分散的周边感知。这些在世界的真实图景中并不存在，仅仅是人类感觉器官的一些特征。所以当人试图去系统描述一个建筑场时，其中的逻辑往往是加工过的，因为获得的体验总是零敲碎打的。人的场意识就是不断将这些碎片信息整合成一个相对完整的场，并融合过往的经验，达到那些天然分离的知觉的创造性融合和诠释，实现从视觉转向非视觉的想象。此时，“我”的肉体在现实的场所，但是身体的精神——肉身，却从整个场抽离而出，去体验超越环境的情绪，如孤寂、温暖、柔和等，就像塞尚、莫奈的风景绘画（图5-18、图5-19），以及游离于无数个观者之间的无数的建筑和场。即使是创造性的活动也呼唤一种不聚焦、未分化的潜意识视觉模式，一种融为一体的触觉体验。在此，创造性行为的对象，不仅需要承受眼睛和触摸的探索，它也必须能够转入内向可升华，以得到人的自身以及生存体验的认同。因为，事实上，在思想的深处，聚焦的视觉会受到阻碍；思想，与心不在焉的目光一齐神游。在创造性的活动中，艺术家经历着身体的、生存和氛围的体验，而不是沉迷于对外在逻辑问题的思考之中。当人

① 尤哈尼·帕拉斯玛. 碰撞与冲突：帕拉斯玛建筑随笔录［M］. 美霞·乔丹，译. 方海，校. 南京：东南大学出版社，2014：205.

图5-18　塞尚，枫丹白露的融雪，1880（资料来源：ANKELE D. Paul Cézanne: 1839—1906 [M]. Ankele Publishing, LLC, 2014: 197.）

图5-19　莫奈，喜鹊，1867（资料来源：MONET C, RUSSEL P. Claude Monet [M]. East Sussex: Delph Classics, 2018: 435.）

处于建筑之中通过知觉凝结出真正的建筑意识时，看似源头般的建筑图像已经成为普通的众多信息之一，而非起决定作用的要素活跃于整个知觉流向。

所以，建筑是一种以身体为中心的艺术，充满了人性的复杂性与矛盾性。如，理解住宅时，需将其视为犹如身体的场，集聚了具有感情特点的记忆，而不仅仅是数据或者图像。如果说进入场所和离开场所的分界是建筑的界面或者将其认为是空间的意义所在，那么去准确感知这些变化的就是所有感官的知觉体验。并且，这种通由体验获得的感知一定杂糅了记忆的再现。查尔斯·摩尔曾深刻地讨论在知觉过程中体验与记忆的关系。他认为人将自己的内在世界注入自己一生中的外部世界所感受道德、人、场所和事件，并且将这些事件与感情联系起来。[①]此外，在寒地建筑场的知觉流动中，除了流动所历经的结构外，流动还具有显著的节奏性。如与热带建筑场不同，由于人难以在寒冷环境中长时间体验和感受，并且怀有与时间成正比的对温暖舒适的向往感，寒地室外环境的知觉暗含意向性的压缩倾向和相对室内环境的延长倾向。这反映在寒地居民喜爱在某一个舒适的室内条件中放慢运动节奏以强化室内的知觉体验，并形成深刻记忆用以“抵御”下一次将身体暴露在寒地室外环境中的身体反射。也因此，随着寒地建筑室内环境舒适度的逐年提高，寒地居民对寒冷体验愈发抗拒，寒地意识也愈发模糊。

5.3.3 想象的再现

图像意识是二阶的意识构造活动，需要从呈现和再现的角度为始于图像的建筑意义正名。[②]建筑图像的再现是想象，寒地建筑场的再现是人对与现实之物相似的寒地和建筑体验之间的相似性结果。在该过程中，分为发生在观者身体内的感知的想象和想象的想象。其中感知的想象是感知的反思，反思的是作为对象的行为；由此引发了行为的意向，是由于想象中回忆与当下产生的对于行为的判断；最后想象的想象是想象的存续，是意识的一种倒退，人通过抽象中的再抽象使建筑场的意义集中并显现出来。

5.3.3.1 感知的反思

为除去对建筑意识的统一性的遮蔽，人需要将建筑物看似独立的一种性质

---

① 肯特·C. 布鲁姆，查尔斯·W. 摩尔．身体记忆与建筑：建筑设计的基本原则和基本原理［M］．成朝晖，译．杭州：中国美术学院出版社，2008：48.

② 张正清．图像转向中的图像问题——从技术现象学的角度再看图像意识［J］．科学技术哲学研究，2019（36）：80.

都反思为一种情感意谓（une significantion affective），这会将性质与其他感官的情感意谓连结起来。正如房间的颜色会氤氲出抽象的情绪氛围，定义了内部的物体具有忧郁或明快、阴沉或昂扬的"属性"。同时这种情绪也会影响出现在这个建筑中除视觉图像外的声音图像和触觉图像。是人的经验赋予了性质某种情感意谓，所以一旦把一个性质放回到人的经验之中，那么这个性质就能在反思中与其他看似无关联的性质发生关联。[①]其本质是对身体空间性的反思，解释了很多经验脱离了感知变得毫无意义的原因。于是，如果接受这种感知路径，那么每种建筑图像被感知的性质则都为通往其他感官性质。在认知结构中，感知并不像其他结构中一个节点直接指向意识的下一个阶段，而是出现一种反思——感知的想象，以获得建筑意识这一阶段的总体把握。

在寒地建筑场的感知中，如果从对寒地建筑的总体把握来回溯，感知的结果必然包含人对建筑、寒地的总体把握，并把所有环境、建筑物的意识作为背景，以明确此时此地的寒地、建筑的边界和轮廓。所以，对身体空间的感知暗含着对处境空间性的反思——感知的第一阶段集中在信息通过感官的主动及被动的接收并直给到观者，后一个阶段的反思是将直给的信息投回逐层扩大般的背景中，以得到当下认知对象的基本轮廓。作为阶段结果般的对寒地建筑的描述中包含着看似是直给的信息，实际上却难以摆脱基于背景的对当下寒地建筑描边般的归类。华莱士·史蒂文斯曾将其总结为："我是我周围的一切"[②]。这种将新事物与过去经验对比和类比后混融为一体的认知方式，是人得以迅速把握当前建筑的一般途径。对当下的这个寒地建筑认知中必暗含过去寒地环境的相关经验以及建筑的相关体验领受，这种暗含的方式是对比和类比。继而，认知离当下的客体主题又进了一步。

5.3.3.2　行为的意向

行为场的方位和作为行为场能力的身体本身的意识之间，有一种直接的相等关系。人与建筑之间的联系是行为场中的遭遇式体验，人接近并面对建筑，

---

① 莫里斯·梅洛-庞蒂．知觉的世界［M］．王士盛，周子悦，译．王恒，校．南京：江苏人民出版社，2019.

② STEVENS W. The collected poems of Wallace Stevens [M]. New York: Vintage Books, 1990: 86.

从而产生建筑与环境在人身体上的联系。[①] 面对空间的边界，人在驻足及改变路径等无意识行为间会惯性切换。在此，大体基于根据经验而不断丰富的行为机理，但是行为目的都趋于靠近“行为的场所”（place of action）。对观者而言，“行为的场所”还可以是相互作用的场，是意识创造出来的。实际上，只有行为得到反馈，才能激发个体构建“场”的意识。场所不同，行为的反馈就会不同。当某种特定行为对于外物反馈时，即各个现象或者活动激发了事件的“占据场所”（take place）。场的建构是体验的目标或焦点，是使观者可以实现自身定位并用身体掌握环境并内化信息的起点。这个掌握是行为对建筑场的不断发现所发起的。由于场所的复杂性，建筑场的范围会随着行为多维拓扑变化，一个场中会包含着多个小场——使行为可以在不同的场所环境中彼此影响和启发。由此，建筑的意识场在行为的“穿梭”下不断流动、变化。诺伯格-舒尔茨曾指出：认识结构化的环境，需要依靠不移动的、比较稳定的场所。但是人是无法保持静态的，建筑图像也是不断变化的，所以从根本上无法形成稳定的行为—意识的图式关系。相较之下，认知过程中的行为—意识结构更为基本可辨。

此外，行为在建筑场中受到空间属性的影响。如，当建筑空间足够大时，人会将其定义为公众空间，行为所能开放的域也会宽广很多。一方面，空间此时对于身体，是处于身体“外部”的，发生在公众空间的行为有对外的展示与交流的意义；另一方面，小的空间界面离身体皮肤“界面”更近，更易给人以私密感。根据爱德华·霍尔（Edward Hall）[②] 的研究，小空间有助于划定势力范围，人的行为更倾向于去保卫自己的土地。

在寒地建筑场中，行为的意向更多体现的是受到个体经验的综合影响。比如在我国北方严寒城市冬季，气候特征除低温外普遍还伴随着大雪、强风及路面结冰等现象。短期行为参与者和长期行为参与者的冰雪经验影响了他们对于进入一个冰面或建筑的时间和距离的判断，以及身体的姿态，使人可以敏锐地划定行为场所中的行为安全框架，并确立了行为范围与时间路径，保证自身与外部环境的必要距离。

---

① 沈克宁. 建筑现象学［M］. 北京：中国建筑工业出版社，2016：96.

② 爱德华·霍尔，美国人类学家，被称为系统地研究跨文化传播活动的第一人。

5.3.3.3　意象的存续

意象是具有意向的形象，在意识建构中不断叠合，使经验在当下延异。“过去并不是因为它是已经过去的事实，而是因为它在当今所具有的价值……正是这一点才使人最清晰地意识到自己在时间长河里所处的位置和他自己的时代。”[①]经验主义哲学家考虑某个正在感知的主体时，往往力图描述所发生的事情，有作为主体的存在状态或方式的各种感觉，有真正的心理的东西，那么，有感觉能力的主体是这些心理的东西的场所。哲学家认为这种感觉和感觉的基础是意识的持续性。存在是空间性的，显然也是时间性的，时间既不是外部对象，也不是内部经验。人在时间中不停建构、迭代自我意识，面对当下可以快速抽取过去的形象，使当下的行为具有意向性，继而获得意象。在此，个体意识结构成为一种认知范式，使信息不断交互，从而激发起一系列连续的、内部与外部共存的行为。

存在被定义存在，并非因为物真的存在于此，而是因为意识存在于物，才有了存在被发现、被定位、被定义。胡塞尔曾谈道：“当我面对一棵树，观察它，我形成了一棵树的思维，包括某种看的思维和某种对树木的思维。虽然最后我没有碰到这棵树，但是我又不只是面对它，而是因为在面对我的这个存在物中，我重新发现了我主动地对它形成的概念的某种物质。”依此，建筑场是人意识中想象的感知能力的主体，是与人作为观者获得的图像材料的一致性再现。人常说观察的视角，但是实际上，视角并不存在建筑场之中，但却是建筑场形成的原因。意识虽然无法和行为一致，存在于从一点到另一点的轨迹中，但是却比行为对于观者形成建筑意识更为真实。灵魂如何能认识本身不是作为符号被构成的符号的意义。意识成为人理解世界的介质，它可以脱离肉体游走于不同的物质、不同的距离、不同的场所范围；甚至可以穿越时间，去提取经验场景。意识包裹在实体身体之外，“充满”个体与世界的间隙。就像寒地居民即使在夏天也可以描绘雪天；还可以站在雪地去遥望判断一个冰建筑的质感及光滑度。寒地的意象在不断地被唤起中被强化。虽然表象的寒冷总是让人感

① 在一篇题为“历史感”的文章中，圣约翰·威尔逊引述了艾略特（T. S. Eliot）1919年说过的这段话。

到更真实，但如果没有人通过寒冷表象对自身的建构，真正的寒地意识也无从谈起了。人的判断依靠意识去完成，意识是身体的精神建构中的结构。随着时间推移，某种意识会发生减淡，一些细节变得模糊，但其实意识还在那个空间里。寒冷不在他处，就在寒地居民的骨骼和肌肉的记忆里。

5.4 本章小结

寒地建筑场的建构过程中包含了无数个经验场，其被认知都具有典型的“图像—背景”方式，并且作为建筑的客体图像和作为背景的寒地环境在经验场叠合中也被不断地分别叠合及综合叠合，使观者的认知更为丰富、立体，同时也并不完全清晰。因为在反思的过程中，发生的叠合被激发的机制可以被探寻，但是被激发的诱因过于多元，所以叠合的顺序是不可厘清的。正是由于其中种种不确定性和差异性，不同的观者对于相同的寒地建筑即使拥有类似的寒地环境经验和建筑体验，所获得的感知轮廓也是多元且共振的。

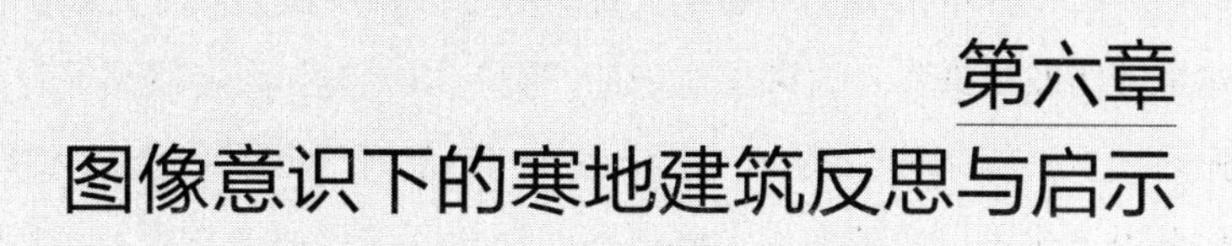

第六章 图像意识下的寒地建筑反思与启示

伯纳德·屈米（Bernard Tschumi）曾经概括他对建筑意义的理解道："我从未对建筑本身（per se）表现出浓厚兴趣，但曾经也享受解构它的过程。"[①]这句话所属背景是20世纪80年代解构主义运动，是表面上建筑师最接近于建筑的原子论虚无主义的一次。但是该"解"由于不受原理逻辑的束缚，结果使建筑支离破碎，重构的过程更是无迹可寻，并且反而促成了之后的拼贴主义推动建筑的图像化进程。这种无意识的"解"与"构"为之后建筑自身本原的结构追问埋下了深刻的伏笔——无法追溯，虽然在当时看起来是无关紧要的事情，却在当下成了思考破败的诟病所在。即使有"形而上学家"[②]的努力，解构主义者们无非是促进了形式和一些具体问题的关联，增强了维特鲁威[③]时期强调的建筑形式推导原理。但这种模式实际上很奇怪：人对周围环境的理解不是基于某种固定的类型认知，而是基于整体性的意义。虽然有时候通过大量的案例似乎可以推导出一种看起来被持续效仿的模式，但永远无法到达对建筑本原问题解析的起点。

诺伯格–舒尔茨曾发出质疑："难道建筑的工作是图像？"伽达默尔认为建筑图像如同一种可以理解的形式，它让统一性得到了表现，并将其定义为"最清楚和最绝妙的属于修饰丰富的文脉的艺术形式"。无疑，解构主义源头是为了更好地理解建筑的本质。分解时总需要一个角度、一种方法，但是同时应该保证分解过程源于事物本我的全然外显，而非只包含视觉图像。同时，解构主义后期的无序分解致使建筑本我的追寻并未在该运动中得到沉思或洞见，只留下了形式感的阴影，但同时也投射出关于建筑本原的思考尚待到来。

我国寒地建筑总是给人以厚重、朴实、低技的印象。但实际上，世界上的寒冷城市聚集了超一流的建筑师和建筑，并孕育了当下最先进的建筑思潮：挪威、芬兰、荷兰、德国、瑞典……说现代主义源自寒地略有牵强，但毋庸置疑的是，寒冷给了生活在这里的人更为广阔、细腻的环境感知的灵感源泉，他们会对温度、阳光、风有着比在四季气象平稳地方的人对气候变化更为敏锐的意

---

① 克里斯蒂安·诺伯格–舒尔茨．建筑：存在、语言和场所［M］．刘念熊，吴梦姗，译．北京：中国建筑工业出版社，2013：108.

② 美国建筑师约翰·拉斯金：建筑师都是形而上学家。

③ 这里指维特鲁威在《建筑十书》中确立了多种情况下的建筑柱、廊、基础、墙体等构造方式。

识。在建筑技术已经发达到超越一般想象的今天，人已经消解了建筑室内空间在时间轴及地理轴上的差异性。同时，人与自然环境和社会环境的双重连接正在被技术弱化，游离感和疏离性的相应增强对人类发展是具有显著威胁的。此时，对寒地建筑与非寒地建筑的差异性反思更显必要。那么，摆在建筑师面前的核心建筑伦理问题是：建筑作为人与环境的中介应如何反映人的在地本源性。对于寒地建筑的“分解”，在前文中形成了一系列观点和结论，本章将对这些因素进行当下“重构”。

对建筑的理解除了一般“物”的层面，显然还具有“事”的属性。事物带来了近人的世界：神庙包括了神秘的形象，可以让人通过柱廊的开口进入神圣的围合空间以表明借助了柱廊，甚至“神庙还展示了‘石材基础的自然支撑’，用于建造的磨光石材以‘表现白昼的光线、天穹、夜晚的漆黑’”，还以更多的“树木和草地、雄鹰和公牛、蛇与蚱蜢、一切以自己存在的方式表现自己”。事物的本质是一系列因素的叠合，因素像是“事物”被积分，也就是说任何事物集合于一个世界。如果将建筑按照“事物”去理解[①]，建筑作为事物的因素，不仅组成了自己，更集合了一系列完整的环境，承载它作为一个栖居的景观，亲近于人。当试图把握所有建筑因素时，最重要的是还原事物的整体，否则将走上解构主义的老路。

6.1　基于感知的材料体验

6.1.1　寒冷触觉的反思与理解

触觉，也被称为身之觉，是一种通过“近身”的方式将“自我”融入世界体验的感官模式，是身体记忆我们是谁、告诉我们身在世界何处的知觉通道，并由此确认了身体才是我们认知世界的中心和方式，使人坦然地接受个体可以

① 海德格尔将所有的他指，概括为“事物”。

用自己的方式解释周围的一切。它不是“远距离”的中心透视里视觉灭点的感知，而是人参考、记忆、想象和整合真正发生的场所。同时，切身是肌肤组织意识时的特有的感知方式——所有亲密的感官体验都源自触摸，当视觉在内的其他知觉模式“产生”切身感时，也是触觉的延伸。因此，人通过包围周身的皮膜的特殊“性能”与世界接触，且这种接触发生在自我（与世界）的边界。

建筑最重要的精神任务是实现人身体的安居与肉身的融合，也是建筑本原的栖身所在。显然，一并肩负“推进生活”[①]的建筑需要同时关注所有感觉，将人的自我形象融入对世界的体验中并反射为世界本身。此外，人通过触觉也将自身尺度感和秩序感的自洽性以建筑的形式投入到无限意义的自然环境中。由此，触觉强化了人在寒地建筑体验中对存在和现实的感念，使人确信自己与世界正在真实相连。

6.1.1.1 肌肤之目

在寒地建筑体验中，触觉总是与热量紧密相连：光滑的表面容易带走热量，粗糙的表面反之。随即，金属、玻璃、冰都成为寒冷触觉的材料符号，进而这些材料的旁观、远离与反射下的图像湮灭常与虚无相伴。在寒冷触觉引发的建筑材料反思中，具身与近距离的感知代替了视觉中人工塑造的图像或形式，成为建筑材料的第一属性。这正如帕拉斯玛关于门把手设计意义的观点：冬季里金属把手使人产生犹豫感和拒绝感，冰冷和坚硬的材质触感穿越肌肤成为人对该建筑的初体验。帕拉斯玛认为粗糙比光滑更容易让人感到亲切，所以他设计的作为寒地建筑问候的门把手，即使不使用木质等材料，也会用皮料或编织的方法，增加表面的粗糙度，使“握手的触感更为扎实、有力”[②]（图6–1），具有更易接近感。形状也并非停留在源自视觉的评判：起伏可以通过触觉传递对亲密、温柔抑或刚毅、坚决等不同情感的“召唤”（图6–2）。在此，是寒地气候加强了观者对环境的敏感度，以恶劣天气为认知“背景”的寒

① 冯·歌德（Johann von Goethe）在《浮士德》中提出：品味和审美的调整都会推进生活真正的意义。

② PALLASMAA J. The eyes of the skin: Architecture and the senses [M]. 3rd ed. London: John Wiley & Sons, 2012: 89.

图6-1　阿尔瓦·阿尔托设计的门把手（资料来源：BEARBEITUNG R. Alvar Aalto: The Complete Work [M]. Basel: Birkhäuser Architecture, 2014: 246.）

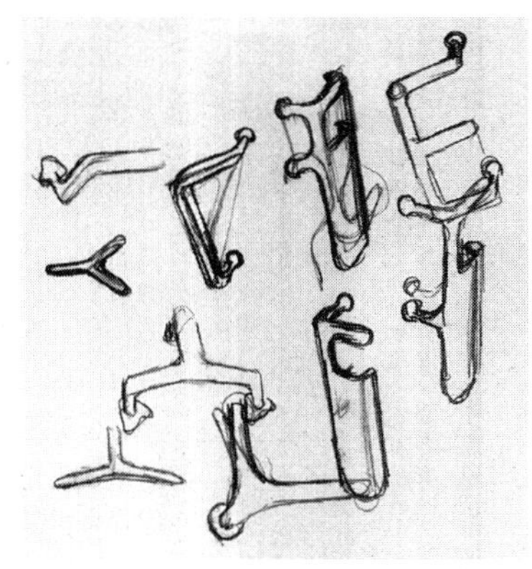

图6-2　帕拉斯玛的门把手草图（资料来源：迈克尔·魏尼-艾利斯．感官性极少主义［M］．焦怡雪，译．北京：中国建筑工业出版社．2002：37.）

地建筑也更能突出其原始“庇护所”的概念：庇护的起点是强大与渺小、拒绝与包容、恶劣与舒适的逃离与拥抱。但是在当代社会语境下，这些始于建筑自身的底色已经逐渐在科技理性外衣下的形式主义的隐匿复辟中逐渐消退。就像柏拉图所言，建筑意味着通过将一切“生成”看作“制造”，从而与“生成”构成对抗的姿态，而他把这样的哲学家比作建筑师。①

将触觉作为身体与环境连接点的建筑师不止来自赫尔辛基的帕拉斯玛，在瑞士巴塞尔出生的卒姆托的建筑论著和设计作品中也多次强调和践行材料触觉对于表达建筑在地性以及触发观者建筑体验并形成建筑印象的重要性。受到《没有建筑师的建筑》②及《无名建筑中的自然风采》③的影响，卒姆托对材料的触觉体验有着自己深刻的见解：他会尝试通过设计去加强此在的体验，使人通过印象建筑加强地方的感受度和认知度。在圣本笃教堂中，从设计层面，不论是沿用当地原有教堂的材料，还是应用传统砖砌墙的建造方式，都在实现文化

① 柄谷行人．作为隐喻的建筑［M］．应杰，译．北京：中央编译出版社，2010.

② 《没有建筑师的建筑》由伯纳德·鲁道夫于1964年出版完成，内容基于MoMA同名展览，提供了具有丰富艺术、功能、风俗的乡土建筑（vernacular architecture）。

③ 《无名建筑中的自然风采》由西比尔·莫霍利纳吉于1957年出版完成，用126张照片记录了一系列“无名的建筑”，从建筑历史的背景、质料的使用及建筑的使用功能出发去深度挖掘建筑本身的细节。

（a）教堂的木瓦黑砖

（b）室内的高窗、木柱、银灰墙

图6-3 圣本笃教堂，瑞士（资料来源：ZUMTHOR P, BINET H. Peter Zumthor Häuser, 1979—1997[M]. Verlag Lars Müller, 1998: 52, 53.）

传承的同时，强调这种建筑语言本身就是当地居民对于一年四季雨、雪的自然气候的应对（图6-3-a）；从体验层面，观者步入教堂后从顶部天窗泻下的亮光配以室内的银灰色照明（图6-3-b），力求实现在感官和精神上的双重"在地的亲近"，让人产生可触摸感。即使是非在地生活的人，首次来到这样一座建筑——表达在地关系的作品，也能"触摸"得到当地人对环境的思考和理解：颜色的、质料的、历史的、传承的……材料、空间、场域在图像下能够综合成完整的建筑意识。这样的建筑才能是对"人的在地关系"的回应。

6.1.1.2 思考之手

在瑞士，由于气候所带来的传统因素，长久以来氛围被奉为建筑表达的重要方向。瑞士建筑师菲利浦·拉姆（Philippe Rahm）认为建筑应该是气候的建筑，气候的表达则需要依托于形式和功能。建筑师们认为设计应超越记忆、参照或是类比的范畴，未来更倾向于研究气味、波长、湿度的直接感官。所以，氛围的视觉和语义方面并不是设计作品中最重要的部分，而是其生理或是气象方面的因素。[①]卒姆托认为："当我在做一个设计的时候，我让自己被我的记忆中能与我探索建筑相联系的图像（image）和心境（mood）所指引"[②]，人对建筑的体验和思考并不总是同步的，需要从触觉等生理感知出发，综合所有的信息，发掘潜在的建筑氛围，用以承载真正建筑意识的实指。毕竟，所有的建筑能指都是需要"氛围"作为语境的。

建筑的目标绝非一个扁平化的空间，人并没有在瑞士享受巴黎的湿度、在塔希提岛上有春天的诉求。建筑通过记忆、参数以及类比或许可以得到一个理想的"盒子"，但是这种与世隔绝只会造成人与在世的割裂以及定位的混乱。海德格尔在《存在与时间》中用"在世界之中存在"来描述人与世界的关系，有别于以笛卡儿为代表的主客二分关系。人无法从世界上抽离，以一个孤立的主体姿态自立或被认知，而世界也无法被真切地具体描述。人是无法离开感知去描述世界、理解世界，建筑亦然。在建立建筑意识的过程中，"感觉"是"我们"收集有效数据的第一渠道。"感觉"依靠的是一系列看似松散、没有严密联系的理论，但全部都是日常认知的基础，根植并隐含在"常识"之中。语言、工具、教育、交流等作为一种图像，都是认知体系的始基，内在反映了人对世界的"处理"方式，在方式中含有地方性的、特有的思考。建筑作为物，其工具性体现在人通过建筑"使用"所在的环境。由此，就不难理解那么多建筑师对设计门把手的情有独钟了：除了质感与温度的感官图像外，门把手也承载了一种开启的途径。门的旋转、推、拉、滑动……不同的行为方式内含不同的意识目标。在开始"使用"建筑——即伸出双手的一瞬间，人的建筑意识就被真实地带入一边发生、一边形成的建筑场中。无人能确信从身体之外获得的世界信息是真实的世界。但那一定是可以反映人存在于世的方式。"好的建筑师是不断地增加双手和双脚对于环境空间的互动交换，从而得到关于所在之地

---

① SOYLU F, BRADY C, HOLBERT N. The thinking hand: Embodiment of tool use, social cognition and metaphorical thinking and implications for learning design [J]. Philadelphia: AERA Annual Meeting (SIG: Brain, Neurosciences, and Education), 2014(4).

② 彼得·卒姆托. 思考建筑［M］. 张宇，译. 北京：中国建筑工业出版社，2010：10-11.

图6-4 人类意识是具象的，通过感官和世界相关联。这么说来，双手以及整个身体都拥有独立而又具体的技能和智慧（资料来源：PALLASMAA J. The thinking hand: Existential and embodied wisdom in architecture [M]. London: John Wiley & Sons Ltd, 2014: 6.）

图6-5 加斯东·巴什拉曾描述阿尔瓦罗·西扎如下：他的手，有自己的假象和憧憬（资料来源：PALLASMAA J. The thinking hand: Existential and embodied wisdom in architecture [M]. London: John Wiley & Sons Ltd, 2014: 8.）

的信息"①（图6-4）。人是通过身体与世界的互动来获得真实的体验和建构对环境认知的体系的。

从建筑生成的过程中，建筑师习惯"使用"双手去模仿建筑建成之后所能带来的"工具感"，将使用融入场景体验。"使用"的场景由此成为一幅真正的"图像"（image）。此时，手成为建筑师的设计思想与设计本身之间的桥梁；而建成的"图像"又是建筑参与者与建筑师、建筑、环境的桥梁。加斯东·巴什拉曾写道："手有着自己的憧憬与设想，它们帮助我们去理解事物深层次的意义"②（图6-5）。比如我们熟悉的雕塑艺术，不正是创作的时候通过双手，然后观众通过触摸实现与设计者的对话吗？任何人工产品都存在双重精神构造：模

① PALLASMAA J. The thinking hand: Existential and embodied wisdom in architecture [M]. London: John Wiley & Sons, 2014: 6.

② BACHELARD G. Water and dreams: An essay on the imagination of matter [M]. Dallas: Texas, 1982: 107.

仿自身在世的存在形式以及反映自我内心的意识形态。

除了门把手外，窗扇开启的方式，差异材料所引起的建筑参与者的抚触愿望，都是设计者通过手的模拟，实现了与“其他”的信息交融。而“工具”使用方式的依据，自然应源于场所的在地体现。寒冷的冬季，为参与者提供了独特的雪冰触觉体验：当双脚踩在厚厚的雪面上会由于观者的体重而发生身体下陷，同时伴随着脚踩雪的声音，脚下的雪会被压实，并能通过脚底感受到雪密度的变化；当人在冰面上行走时，则会因为摩擦感降低而使身体产生失去平衡的不稳定感。这些是与在非冰雪的常规路面或草地、沙漠等介质上行走经验有显著差异的。此外，在人捧起雪的瞬间，部分雪因为手掌的温度而融化，手掌会感到热量随着融化的雪水被带走……通过双手或双脚的传递，这些源于自然材料的在地的信息得以传递，都是寒地建筑意识建立的宝贵前提，是寒地感知的始基，但是往往在寒地建筑设计中被视而不见。

6.1.1.3　具身之象

建筑细部在寒地建筑作品中担当着重要的角色，为建筑整体提供尺度感的同时，亦与人体尺度关涉，以便能够营造出一个合乎寒地居民生活的综合环境。寒地建筑细部应该被置于整体之中来考虑，一方面细部连接于整体之中以达到整体的一致性，另一方面整体的概念又预设了细部的概念，所以细部与整体两者互为依存，互为关涉。那么，从环境整体出发，建筑是环境的细部，建筑场是一个完备的建筑作品；从建筑整体出发，建筑拥有自为的细部，并且其与人体通过尺度相关联。吉贡和古耶事务所（Gigon & Guyer Architects）的吉贡主张：“建筑不能只经得住具有辨别力的专业眼光，还必须能够经得起未经思考的平凡的目光。但当再次审视时，建筑也应该使人愉悦”。[①]这种思想使他们的作品呈现了一种“多样的极少主义”——通过建筑细部体现出对于环境具体性、简洁中略带不规则形式空间、微妙变化及多元构造的关注。霍尔在《锚固》中提出：“建筑与处境有密切关系”，并且建筑坚实地植根和锚固于其独特的场地之中是“建筑与它所存在的特定场所的经验交织在一起的”。在卡夫卡

① 马克·安吉利尔，乔治·希默尔赖希．建筑对话［M］．张贺，译．桂林：广西师范大学出版社，2015：222.

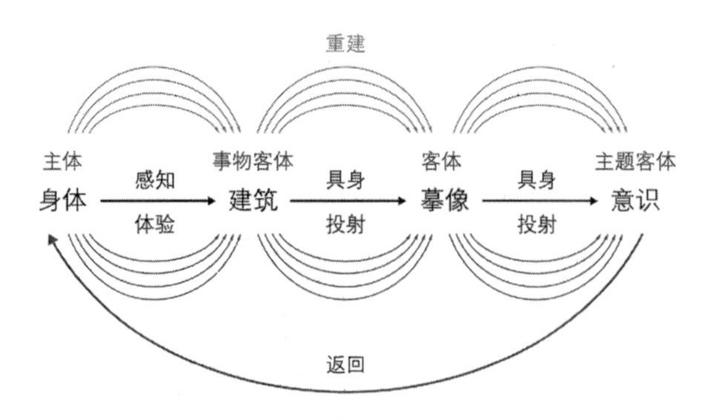

图6-6 心理意识与物质意识的具身关系

作品中，门、窗是内外联系的前提。其空间感知都与安全感及私密性有关：四壁是墙的空间，门和窗则意味着突围的希望。在他的小说中，人物的出现总是从门说起，《变形记》电影版开篇，就是一扇虚掩的门。主人公格里格尔的房间分别有三扇门，暗示了格里格尔处于一种被父亲、妹妹时刻监督的高度紧张状态。这与卡夫卡“存在的不安”的在世体验直接相关。在《美国》中，卡夫卡还设计了玻璃门房，表达的同样是对隐私的忧虑。个体对所有的建筑材料的理解，反映的是个体的情感投射。建筑意识形成过程的本质是观者通过实体的建筑空间去建构一个虚指的自我空间（图6-6）。建筑和身体都成为意识呈现的载体和中介，像是使不可见变为可见的幕布，由此，意识可以被描述，使建筑从设计层面成为具身之象成为可能。

对于在寒地环境生活的人，所需求的情感投射应该是反推材料“采样”的重要考虑因素。此时，所有实体评价只是寒地建筑观者内心投射的具身，从外界事物的摹像中，通过寻求相似性而活的此在的安全感和认同感。

6.1.2 寒冷身体的空间与时间

身体是人感知世界的主体及方法，外部世界的建筑图像信息均在身体内部形成映射，进而综合为建筑意识。如卡斯滕和休–琼斯（Janet Carsten and

Stephen Hugh-Jones）所言[①]，身体和建筑建成形式之间难以分离，不可轻易说身体结束的地方就是建成形式开始的方式，身体和建筑意识之间具有原初和创造的相互关联（interactive）。[②]这一观点暗含了身体作为建筑意义、经验的优先场所，与建筑形式的交织解读是社会环境与自然环境伴随性呈现的所在。在此，身体和建筑的认知是同步的、互关的，以及彼此建构的，体现的是一系列观念的问题。其中最重要的是空间感、时间感以及二者之间的联系。在寒地建筑意识建构中，空间感的基质是环境与地方、寒地气候与地理条件通过身体与建筑的引导随即被观者领受，是从身体与建筑的空间扩散或积聚到脱离其二者包裹的体验；时间感是身体的体验构建的，通过寒冷中的等待、期盼或希望获得，并在被动和主动的情绪切换中被不断拉伸或压缩。

6.1.2.1　空间与空间感

（1）空间的多义　一般而言，描述空间的方法不外乎偏向客观描述的数据罗列，再到偏向主观思维的个体形式感受。对寒地建筑空间感的领受，既无法单一依靠数据，也不能纯粹依赖形式体验，其中还需超越二者的对比。对比是难以拒绝的思考过程。之所以用难以拒绝来形容，是因为对比的存在无需他证，是自明的。对比是联想的开端也是联想的终结，是直觉本身的存在。对空间多义的探讨，并非在功能层面，而是在直觉层面。如，看到寒冬冰面的图像，就可以判断出“滑”的空间感（从身体的维度，“滑”描述的是身体空间的变化）。在此，依靠经验和对比联想就能形成直觉判断。人对生活世界的经验积累实现认知世界，该过程可以脱离具体、精准的数据，却无法摆脱具身的对比。事实上，数学本身也脱坯于对比。对比是构成人认知的基础环节。同时，也因为对比发生的“无法避免”使其在寒地建筑设计及理论中都具有重要意义。

基于以上共识，可以明确联想对比是寒地建筑的空间感知的基础，继而所得的判断其实是与个体过往的空间经历相对比所得。建筑师除了满足基本功能外，所需要营建的空间氛围是需要“努力”思索的。因为洞悉每位观者的经

---

① 卡斯滕和休-琼斯编著的1995年出版的论文集《关于家屋：列维-斯特劳斯和对列维-斯特劳斯的超越》（*About the House: Levi-Strauss and Beyond*）是居住空间研究基础文献。

② 维克托·布克利. 建筑人类学［M］. 潘曦，李耕，译. 北京：中国建筑工业出版社，2018：98.

验差异是几乎不可能的，遂对空间直觉的理性建构奠基成为真正需要营造的，而不是聚焦在个别情况或单一空间的细节。此外，唤起联想对比的刺激点应该适当放低，毕竟不是每个人都读得懂蒙娜丽莎的微笑。立足于突出在地性的寒地建筑，已知的是观者在进入建筑室内空间之前已经获取了室外寒冷的环境信息，提供了对比联想的基础。这种对比的强化的并不止于当下的空间感，还同步衬托出被比较的空间感。所以在寒地建筑中，将空间序列性作为设计思路，就有机会获得更为丰富多义的空间感启示。

图6-7　冬季的赫尔辛基当代艺术博物馆（资料来源：POLO A Z. Steven Holl 1986—2007 [J]. ELcroquis, 2003: 259.）

在赫尔辛基当代艺术博物馆项目里（图6-7），霍尔以“Kiasma”[①]为口号，设计理念尊重了地域建筑特色的同时也强化了人对空间连续性的感知，充分考虑了到达赫尔辛基当代艺术博物馆必然会经过的周围几个标志性历史建筑，从而建立起空间叙事背景：划定轴线关系的芬兰会堂与图罗湾公园湖岸线，以及相隔不远的老沙里宁设计的赫尔辛基火车站、议会大厦和芬兰大厦等。当代艺术博物馆与其他建筑保持了轴线上首尾对应、对位关系，增益了景观公园空间感的连续性。霍尔沿用了厚重的体量风格体现寒冷地区居民对温暖偏爱的同时，也像其他非寒地设建筑师一样，建筑外立面使用了看起来焕然一新的金属板，这使该博物馆在冬季冰雪环境中看起来冷清、不突出。这种空间环境的“负荷”使作为艺术空间的当代艺术博物馆显得矛盾。于是，矛盾、另类及与周围的若即若离，成为对其的第一空间感受。建筑的室内空间则像是一场洗刷式的洗礼，将西装革履般的室外空间印象绞碎，采用了视觉粗糙的混凝

① 一个表达梅洛-庞蒂空间概念“交错搭接”的芬兰语词汇。

土界面和不断交错的空间以塑造空间包裹感，将观者簇拥般引入抑或柔美、抑或离奇、抑或优雅、抑或困惑的空间情绪。最后，尾厅用三扇天窗引入的天空作为所有空间感受，所有的感受与艺术均来源于自然，并终将回归自然，仰望寂静是最后的静默的艺术。[①]

（2）空间的彼此 空间是建筑的一种存在，也是人客体自在的投射。否定建筑空间的神性的同时也是在否认人自身的神性。这种神性所描述的内容与物质性相对应，存放了感性差异。如果感性消失，那么空间的本质差异也会消失。所以建筑空间扁平化设计因其对感性差异的简化，风靡了一段时间也就湮没了。正是由于感性差异，观者面对同一个空间图像可以看到无数不同空间感的空间。失去了感性，人便失去了对这类物质的发散与提炼的能力；没有差异，也就漠视了共性的存在。直觉无法在比较中绵延，获得的只会是停滞。这也揭示了建筑空间过度聚焦于功能而产生大批量一致性所带来的机械感和无力感的原罪。人的思想和情绪需要在空间中不断绵延，而绵延只有在差异中才会发生。同时这种差异暗示了一种时间关系：这种比较是存在出现的先后的，因为比较是从回溯到并置再当下化的过程，并使空间感中也包含了动态感。对空间不同形式的概念始于童年，记忆的基础使人可以描述一个球体变成一个点的过程，即使未曾真实见过这一过程，也可以用记忆去创造记忆，从而实现确定性的描述。[②]变换过程的每一帧都是一个空间图像，连续使空间获得了动态感，由此视觉和感性在空间图像的切换中得到绵延。绵延的结果并不是一个个排列好的时刻，而是一种陆续的出现。

寒冷的感性认知，也需要相应的空间差异来盛放视觉和情绪的绵延。在寒地建筑中，人当下总是无意识地把身体所处的每一个时刻置于空间的一点上，并认为只有如此，抽象单位才能构成一个综合。但是在事后的回忆中发现，观者无疑可以离开空间点而觉察出时间的先后各时刻。若把以前各种时刻加载到现在这一时刻上去，如同把各单位综合起来所做的那样，则被涉及的就不是这些时刻自身，而这些是时刻经过空间时好像留在那里的持久余迹。诚然，人在一般情况下用不到这个图像。但是，一旦为了开启前置的空间想象而利用了这

---

① 帕拉斯玛在自己多部著作中提出：建筑最终会回归静默。

② 伯格森. 时间与自由意志［M］. 吴士栋，译. 北京：商务印书馆，1989：52.

个时刻的图像，就需要持续借助该图像来描述和记录这个空间包括之后动态中获得的一系列变化的空间及空间感，从而构成了观者脑海中持续的、彼此相关的空间图像。也只有连续的图像才有彼此关系，才有空间的彼此性。某个时刻空间感就这样建立在一系列的空间感之中。所以，寒地建筑的室内的空间感总是需要和室外的空间感关联。即使已经感觉不到寒冷，但是依旧可以感受寒冷，实现寒冷的感性认知。

（3）空间的众多 人从来不用同一标准去评判空间，因为不同人进入相同的空间，即使看到相同的图像，其产生的意识也是彼此相异且为数众多。显然，通过不同的眼睛输入同一个空间，输出的是众多的空间。空间的众多是激发思想绵延的结果，因为人感知空间的过程存在必然的超越空间自身。在过往对心中的图像研究时（指除视觉、触觉所形成的图像以外的图像），个体目标不再呈现于空间，除非通过某种代现，否则几乎无法数出它们。事实上，如果只是讨论一个明显源于某种空间的感觉时，则人是能很清楚地察觉到这种代现的。所以，当听到街上脚步声音时，人模糊感到有一个人正在走着，并且把先后听到的每个声音都放在路人可能经过空间的一个个点上，同时把产生感觉的那些可捉摸的原因并置于空间，并在空间中综合这些感觉。观者会以同样的方式去理解从远处传来的阵阵寒风的声音，他们会想象寒风从远处来到自己的身边，裹挟自己的身体、带走周身的热量又回到远处。这一过程的领受只需要当下位置的空间图像就够了，接下来的位置都会有图像自然地发生与衔接。但是大多数人的思想并不是这样的，他们会把声音排列在一个想象空间中，然后认为他们是在绵延之中综合一个声音的变化。但在上面两种情况中必有一种成立。或者在心中保持每个时刻陆续出现的感觉，以便把它跟其他感觉信息调配联动起来，形成一个可以使人感到熟悉的空间感。或者有意逐一考察它们，把它们在某纯一空间分开。但是被剥去寒风的综合性质后，寒风将变得空无所有，并在出现之后留下绝对相同的余迹。

6.1.2.2 时间与时间感

人对建筑的理解一定程度上反映了对于时间的反思（图6-8）。建筑空间的讨论中心从关于时间静止化的研究到现在更为动态地跟随，并且关于时间性的

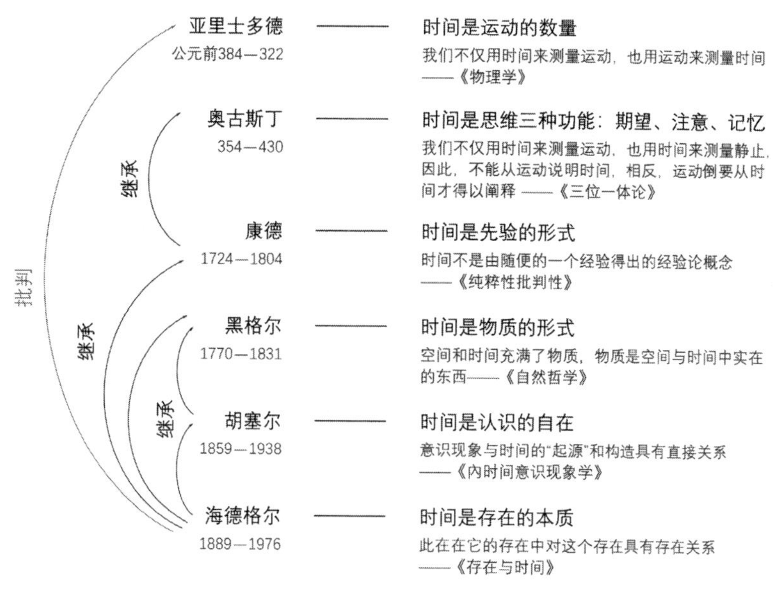

图6-8　对时间的认知的发展

建筑表达实验与实践的步伐在不断加速。是建筑师不停地尝试寻找时间中更小的缝隙，实现对从点到线更为精准的表达。但是随着间隔的下降，看似是计算精度的提升，但是却将过去这一重要的时间概念变模糊，强调面对下一秒的同时，我们已经放弃了上一秒。[①]时刻使时间变得更为精细，也使时间变得无法实现深远。[②]这也是建筑图像时代的悲哀所在。诚如，人对时间是什么的不断思考，不仅是去"无形"抽象且存在的概念，更多源自基于自身的关注。如果接受了时间的基本现象是将来和本真时间的四维性，即曾在、当前、将来和规定间相互传达，那么这种达到意味着时间是归属人的，没有人就没有时间。人是时间的主体，那么在时间中得到绵延的显然是人的时间感。

寒冷感的时间间隔来自于人感受寒冷的情绪与身体节奏，所以寒冷的时间感是在寒地体验过程中被建构，并在等待、期盼或希望中得到了绵延。当人在冥思时或期待被启发时的等待是平静的，但是当置身一些具体需求时，等待让人产生压力，因为它让观者变得被动、消极。希望是对未来的定向想象，大多

① PALLASMAA J. Inhabiting time [M]. London: John Wiley & Sons, 2016: 56.
② 埃德蒙德·胡塞尔．逻辑研究［M］．倪梁康，译．上海：上海译文出版社，2006．

被主动、积极的情绪引导。时间感在寒冷和温暖间、被动和主动间、消极与积极间的压缩和拉伸中徘徊。寒冷的时间感也可能被体验为身体的节奏：呼吸，清醒和昏睡的交替，精力与疲惫的交替，可以被理解为身体有节奏的运动。由此，时间随着身体行为获得了纯粹的方向感。这些对时间的体验是常见的，但只有当寒冷的环境和文化同时被关注时，才会被感知。在冰面上行走时，人总是依靠小碎步获得更大的摩擦力来保持平衡。这样一来，人需要更长的时间通过相同的距离。这种时间感总是被人忽视。并且，寒地城市四季分明，季节变化较赤道地区强烈得多。从人着装的周期性中便能了解寒冷的时间感——人的穿着并不完全取决于物理温度，还需要考虑所在的季节特征。同时，刘易斯·芒福德确信，建筑让时间可见。[①]寒地建筑由于四季气候变化而具有差异化明显的呈现，从冬季冰雪对建筑的叠印与覆盖，到初春冰雪消融时屋檐下凝结的冰凌，再到夏季水面反射到屋面的波光粼粼（图6-9）。无论时间是否被意识到，时间都在流逝。建筑体现了建筑师通过对时间的控制以明确规则、约束未来，限制时间感的开放性和不确定性。

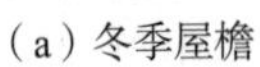

（a）冬季屋檐

（b）夏季屋檐

图6-9　蝴蝶顶小屋（资料来源：ROKE R. Nanotecture: Tiny built things [M]. Austria: Phaidon Press, 2016.）

① 段义孚. 人文主义地理学：对于意义的个体追寻［M］. 宋秀葵，陈金凤，张盼盼，译. 上海：上海译文出版社，2020：155-170.

6.1.2.3 空间与时间

人对时间的经验和认知的变化小到难以察觉，即便如此，也已经改变建筑之多犹如其对日常生活观念的影响。在19世纪的古典小说中，时间是权威的、缓慢的，是耐心的体现，然而没过多久，时间加速并且支离破碎成独立的图像和实体并在新方法下重构，比如立体主义视觉图像。依从年代的叙事被时间经验的表现化操作所代替——减速、加速、蹒跚、回转。随着立体主义和当代艺术的发展，建筑也接受了吉迪恩提出的著名新物理学中空间—时间连续的观点。时间的加速也似乎导致记忆总是被忽视。诚如之前所说的时间和空间的高度主观性再现。米兰·昆德拉对此发表了相当惊人的言论："缓慢的程度与记忆强度直接成比例，加速的程度与遗忘强度直接成比例。"① 在20世纪早年，进步的艺术家摒弃了具象、静止的世界，用一种再现的角度、线条的叙事及在场的动力重现角度和意识，并不断地交织现实与梦境、现在与未来，就如同弗洛伊德所预言的那样。传奇的时间与记忆观察者马塞尔·普鲁斯特（Marcel Proust）② 曾声称："空间中存在几何学的同时便有了心理学。" 后现代哲学家如大卫·哈维（David Harvey）③ 认为"空间是一种美学的范畴"，弗雷德瑞克·杰姆逊（Fredric Jameson）已经确认了人对于空间和时间的知觉和理解力最近已经发生进一步变化。他们都指出两种物理维度奇妙的融合：空间的时间化和时间的空间化。这些融合在当下已经通过时间单位丈量空间距离这样的事实所具体化。建筑师可以从众多文本中汲取经验，使建筑和城市生动地为存在叙事。丹尼尔·贝尔（Daniel Bell）④ 指出，空间已经取代时间成为艺术的核心思想："空间已经像时间一样，成为20世纪中期文化主要的美学问题，是21世纪第一个百年的主要美学话题"。建筑空间与时间正在从经验及精神角度尝试性地描述一个正在改变的世界。

对理论发展更为关注的北欧建筑师在认识到时间和空间之所以在多次叠

---

① KUNDERA M. Slowness [M]. Asher L, trans. New York: Harper Collins, 1996: 39.

② 马赛尔·普鲁斯特，20世纪法国最伟大的小说家之一，意识流文学先驱与大师，代表作《追忆似水年华》。

③ 大卫·哈维，地理学家、社会学家、哲学家，代表作《空间观察》。

④ 丹尼尔·贝尔，当代美国学者和思想家，曾位居十大影响学者，代表作《意识形态的终结》。

图6-10 建筑装置：空间积分[①]（资料来源：VALLBUENA P. Superbe vidéo quadrature par Pablo Valbuena [DB/OL]. (2011-03-23). https://www.journal-du-design.fr/architecture/superbe-video-quadratura-par-pablo-valbuena-15915/.）

合后体现出高度趋同的意识表象背后是人的意识的加载结果后，开始积极展开多种实验方式去探讨，以期更为直观地说明这一目标的存在性。柯布西耶就此阐释过："建筑被我们的双眸所见，绕颈所览，双腿所走。建筑，从来不是瞬间的现象，而是由持续的、彼此连续的相关图像所构成，并依从其所在的时间、空间，就像音乐一般。"巴布埃纳在作品空间积分（Quadratura）中（图6-10），用空间与时间呈现人对建筑知觉认知的再现过程。摒弃过多的元素，用光作为介质画笔，勾勒出建筑剖面线条，并通过数控装置渐进式点亮，呈现了空间的时间图像叠合关系，最后灯光与建筑消失在轴线的尽头，暗示人的空间意识的形成不局限于肉眼所"识别"的物质空间，而是在更为长远的、理性呈现有止境但实际无尽的意识中。由此使观者"看清"空间意识的形成过程。彼得·埃森曼也曾在《图解日记》中提出建筑图像必定包含时间因素的观点，即使不需要建筑空间自身去实现这种图像语言转化，人也会通过亲身参与建筑而实现这种图像意识的转化与形成。所以，建筑空间在时间维度上拥有可持续生长的再现性。虽然建筑空间或建筑意识都不是建筑，但更接近建筑的本原。这种超越实体的时间—空间建筑观在其设计的欧洲被害犹太人纪念碑项目中有了更为明确的显现（图6-11）。与用直观图像再现、描述或隐喻以达纪念目的的传统纪念碑不同，埃森曼直接用空间描述，以时间的方式解读。当人穿梭在倾斜地面上高低错落的混凝土碑丛中时，不得不依靠个人经验、习惯的判断进入和走出这个纪念碑迷宫。在这个场景中，没有明确的开始亦没有明确的结束，时间在身体行为中延伸，同时伴随着空间的

① 该装置的作者为著名的西班牙装置艺术家保罗·巴布埃纳（Pablo Valbuena），他的建筑学背景使其装置作品多为对建筑问题的思考与对大众共鸣的呼唤。

图6-11　欧洲被害犹太人纪念碑（资料来源：SCAGNETTI G. The inside diagram [DB/OL]. (2008-09-10). http://densitydesign.org/2008/09/the-inside-diagram/.）

拓扑。以身体为中心的时间—空间发生为了空间意识并形成了纪念感。

对于寒地建筑，面对特殊的气候条件，时间与空间更是难以逾越的。在此，作为建筑意识本身的时间—空间，意识主体的身体对温度的感知和反馈相较温带和热带地区更为敏感，使寒地建筑的时空观变得更为复杂。此时，由于本能支配的对温暖和安全感的靠近与需求等身体行为前置于一般建筑行为，所以温暖和安全成为寒地建筑意识发展中的原点，而时间和空间成为指向原点的双重维度。

6.1.3　寒冷行为的叙事与场所

6.1.3.1　直观的灵活

在当下大量“材料”蔓延的时代，建筑阅读的丰富度有了跨越式的演进。如果说教堂里宏伟的雕塑和精美的壁画体现的是中世纪世界性“阅读”的需求，反映了当时人内心迫切的渴望，那么如今点缀着笔直、冰冷玻璃的钢筋混凝土森林应该也能够“合情合理”地体现着我们的“此在”。值得注意的是，人的“阅读”技巧在阅读变迁间也发生了极大的变化：随着建筑理论研究不断拓展、深入，阅读的经验得以极大扩容，建筑的意识和反思活动也开始显现。此时，作为感知具身的建筑表观图像，从承载生活行为的容器更多转向作以阅读为目的的思想介质。于是在从广泛到广袤的当代建筑读图浪潮中，一些建筑以图像媒体的方式成为某个区域、某个时间或某个建筑师的标签，并以各种主义、运动、流派的时尚形式所标记，具身的广度与外延的不断拓展也成为建筑图像“泛滥”的佐证之一。冗长的阅读会让人失去耐心，社会对“美”与“丑”的标准正在失去共识。这也正契合了雨果在《巴黎圣母院》中关于建筑末日的预言："十五世纪，人发现一种比建筑更为亘古、简单并且容易的方式去呈现自身，就像古腾堡[①]的印刷术超越俄耳甫斯[②]的石头书一般，建筑将被面临废黜。"

无论是狭义的艺术作品、文学作品还是建筑作品，实际上都是将人的需求以及创作者的思忖通过具身的"物"所传达（呈现）出来，再通过观者的"阅读"返回到对作品、对世界的认识中。显然，一切传递—反馈的过程都需要图像的出现。[③]英国诗人查理斯·汤姆林森（Charles Tomlinson）曾指出，不论是诗歌还是其他形式的艺术作品，都是对自身既有经验的一种再体会："绘画唤起了手部肌肉的记忆，你身体的感觉通过手来对外传达。诗歌也如是，你的情绪在字里行间奔驰，又在每个逗号中休憩，诗歌也是将整个人自我的感觉及感情具体化的呈现方式[④]。"梅洛-庞蒂在其随笔《眼睛与心灵》（*Eyes and Mind*）中也明确表达了关于艺术作品直观的具身："质感、光、颜色、深度，这些能够呈现在我们眼前，是因为图像唤起了我们身体的回响，并且，不得不承认，对此，我们的感官与思想是欣然接受的……事物在我中自在的方式，能够唤起我内在的欲望方式[⑤]。"图像既是建筑师表达自我意识的手段，又是观者理解建筑从而建构世界意识的界面。在此，建筑图像成为思想的具身。由于奠基在个体经验上，观者对建筑图像的获取过程是自由的、开放的以及直观的。就像绘画与手部肌肉的唤起关系中读取和绘制的彼此，建筑空间的尺度、温度、钝感、经验、流程、节奏以及身体感受到的压力都是通过图像得以激发：图像是建筑行为的邀请信[⑥]——水平的楼板是对游览的邀请；门是对进入或离开建

---

① 约翰·古腾堡（Johannes Gensflesiion zur Laden zum Gutenberg），1400—1468，德国发明家，西方活字印刷术的发明人，他的发明导致了一次媒体革命，迅速推动了西方科学和社会的发展。

② 俄耳甫斯（Orpheus），古希腊传说中太阳、畜牧、音乐之神阿波罗和文艺女神卡里俄帕的儿子，不仅具有极高的音乐天赋，更是具有能将一切生物变成石头的能力。在文中，将生物变成石头意味着将生活凝固成永恒以记录。

③ PALLASMAA J. The embodied image: Imagination and imagery in architecture [M]. London: John Wiley & Sons, 2011: 41.

④ TOMLINSON C. Eden: Graphic and poetry [M]. Bristol: Redcliffe Press, 1985: 10.

⑤ WILD J, EDIE J. The primacy of perception [M]. Evanston: Northwestern University Press, 1964: 164.

⑥ 同上：43.

图6-12　挪威野生驯鹿瞭望亭（资料来源：Snøhetta建筑师事务所）

图6-13　哈尔滨森林酒店（资料来源：众维知行设计工作室）

图6-14　北海道真驹内泷野陵园（资料来源：殷莺 摄）

筑的邀请；窗是对远眺的邀请；桌子是对围坐活动的邀请。那么，在寒地建筑中，就应有基于寒地行为邀请的直观图像：公共空间中的火炉，是对围聚取暖的邀请（图6-12）；柔软织物的界面，是对亲切抚摸的邀请（图6-13）；纯净恢宏的空间，是对寂静沉思的邀请（图6-14）。从直观到联想，对于寒地居民是不言自明的——不需要过多的阅读，也不需要过多材料的铺陈，只需要人与环境在日常生活世界积累并通过行为达成彼此。

6.1.3.2 想象的彼此

在一个事物之间无法独立、必须相互构成的存在观念里，人和世界的含义同时发生了深刻的变化——从传统的“主体”与“所有对象的集合”之间的外在关系转变为相互缘起、在根本处分不清你我界限的构成域式的“关系”。任何事物都拥有自我的世界，二者并非如表观上所示的孤立、静态，而是在内里展示出联合、动态。帕拉斯玛认为建筑在基础层面上影响着人在时空上的存在，并且具体展现了人“在世界之中的存在”（being-in-world）。诺伯格-舒尔茨在谈论建筑现象学时亦重申：“存在的意义有深远的根源，这些意义取决于我们‘在世界之中存在’的结构。”在彼此观念下，建筑或建筑细部不再被视为一个客体来看待。建筑和人也有着极为本质的关系，并且人与建筑的关系应以建筑本质的彰显为主。事实上，人在建筑场中存在，建筑场亦属于人。如果对建筑场认知主体的人视而不见，建筑场就无从谈起。从这个角度来看，建筑意识不是科学分析性的观点，而是贴近生活的观点，这亦是从现象学的态度去研究建筑时的出发点。建筑意识的形成，本源就建立在人基于生活想象的彼此上。加斯东·巴什拉曾提出：“所有伟大且简单的图像都揭示了一幅心理图景。”这意味着，面对相同的建筑，寒地居民和非寒地居民所领受的图像是不一样的，因为居住环境的差异导致对环境感知的差异及心理活动的差异。其实对于绝大多数寒地建筑的观者，包括寒地居民和非寒地居民，不曾考虑过多的建筑参数，建筑意识只是凭借一种外部刺激引发的内在判断所综合而成的“感觉”，并且综合过程中的判断只是基于经验映射到当下，是认知个体对于图像隐喻的实现。所以说，个体的意识潜藏在基于图像想象的彼此中，而建筑提供了想象的素材。人很难去单独地想象冰、想象雪，而是需要将冰雪置于一个具体的场景：覆盖厚重积雪的屋面、清透晶莹的冰雕、冰雪消融的泥泞地面……被想象的对象需要附着在建筑载体上。如果没有“想象的空间”，那么这就是一个不能引起观者共同意识的图像，难以形成该建筑的建筑意识。也就是说，观者对该建筑的自我投射越多，该建筑图像意识越深切而具体。

并且，想象的彼此还体现在想象这一动作是具有方向的。虽然个体的先验并不相同，但想象从来不是漫无目的地延伸，大体都需要符合基本的“动物

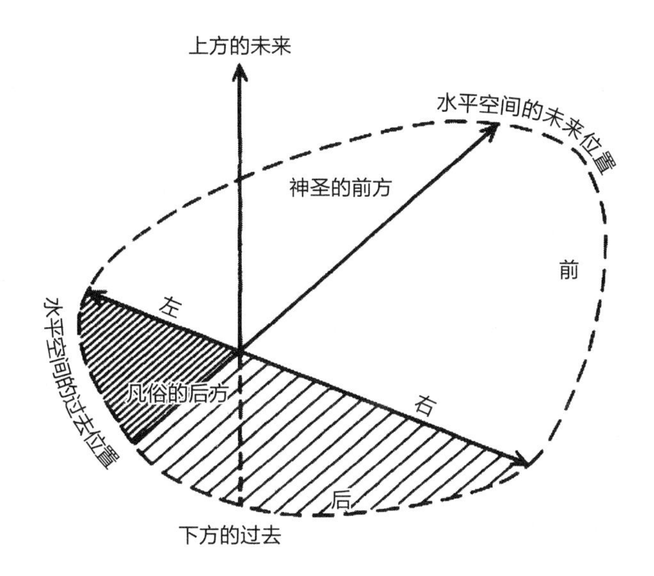

图6-15　人的身体、空间、时间感知坐标图。由身体投射出的空间偏向于前方和右侧。将来有向上的感觉，过去则给人的印象是向后和向下的（资料来源：TUAN Y. Space and Place: The Perspective of Experience [M]. Minneapolis: University of Minnesota Press, 2001: 35.）

性”。在段义孚的研究中，已经论证空间与时间对于人身体是存在方向感的。并且这种方向感是人自身的认知，是可以脱离空间和时间的（图6-15）。对于想具有方向性这一结论其实早在1768年康德就提到过：“我们对宇宙的想象是我们自身意识的副产品。所有的思想都是以自我为坐标的原点……当我们能描述出来一个片段时，其实大脑中已经想象出所有的场景。”[①]看似约定俗成的或者是形而上学的结论，都根植于人的动物性行为规则中。正是这些规则使人在想象的路上能够寻迹而行，是建筑师通过建筑语言实现意识共鸣的基础。在寒地建筑体验中，观者的想象基于严酷气候下生物的趋利避害本能，具有典型的时间性和空间性：面对寒冷空间会向往温暖空间，面对寒地图像会联想夏季图像。人的精神总是习惯于向着更为安逸、舒适的时间和场景靠近。与此同时，

① KANT I. Kant’s Inaugural Dissertation and Early Writing on Space [M]. HANDYSIDE J, trans. Chicago: Open Court, 1929: 22–23.

寒地居民还会在寒地生活中孕育出一种面对寒地时的坦然、沉寂的精神状态。在寒地建筑意识的想象过程中，即使再喧嚣的建筑形式都会归于寂静。

6.1.3.3 意识的在地

在当下读图时代，图像不仅成为领受建筑意识的方式，也日渐成为意识本身。但是图像的狂欢在长期的高潮战役中并未给人带来任何精神上的满足感，反而逼促了内心匮乏感的加重，进而产生了对视觉极致刺激的一味追求。由此，设计中盲目地将貌似抽象的意识和经验具象成图像时，建筑也正逐步丧失它们的地域和人的属性。这无疑要归咎于隐含在建筑行为中的那些文化因素，它们支配着文明中的价值、思维和行动方式。但是这些往往是建筑师极少关注，或者热衷实践者所不屑谈论的。

建筑真的能够脱离在地文化而存在吗？物质层面的存在是可以实现的，但是随之而来的千城一面会导致人对环境的认同感无处安放。这种想法无疑是妄图将物质和精神进行完全的切割。但事实上这是无法实现的，因为物质世界虽然是实在世界，却是精神在世的具身。没有精神的投射，那么具身也就无从谈起了。帕拉斯玛认为维护地方感的建筑就是在维护人类自身，是“情境的建筑或者文化特性的建筑”①；诺伯格–舒尔茨称建筑这种地方感的具身并非狭隘的“地域主义”，而是“深入探究空间根源必要性”的方式；而马克卡特（Robert McCarter）直接指出：“栖居的先验是唯一切实评价建筑作品的方式”。寒地建筑的意识，需要源发自地域环境，穿越思想、时空之后，再次返回寒地环境。意识通过图像形成，在此，图像的本质是意识的具身。建筑师通过建筑图像与观者交流，观者通过图像形成建筑意识的同时投射出自我精神的具身。

人类的精神图景在不知不觉中前行，不受外部操控。当建筑依照不同地方区分时，该地区的建筑原型和建筑设计原理必须脱坯于不同的地方人与环境间的行为—意识模式，而并非所谓充满时尚意味的理念和方法。芬兰教授富诺德·史东姆曾经进行过一系列的心理语言研究，研究结果显示，使用芬兰语和瑞典语的人在空间意向与空间的使用方式方面具备十分惊人的差异，这些差异

① 尤哈尼·帕拉斯玛．碰撞与冲突：帕拉斯玛建筑随笔录［M］．美霞·乔丹，译．方海，校．南京：东南大学出版社，2014：56.

毫无疑问也反映在芬兰和瑞典的建筑上。人很难分析在建筑中究竟是什么构成了瑞典性和芬兰性，然而其中的差异却是一目了然的。语言本身也可以创造建筑，除了对芬兰景观的形态学研究，瑞马·皮耶蒂拉（Reima Pietila）认为具有表现力的建筑形式不仅需要灵感，还需要基本的概念，表达概念的图像需要在语言和非语言中转换[①]。他在建筑作品中曾经有意识地尝试表达出芬兰语言的节奏感、复杂性和拓扑性的特质（图6-16）。还有很多芬兰建筑师都将芬兰的树木大量融入建筑设计中，使建筑和环境实现物质层面的融合。阿尔瓦·阿

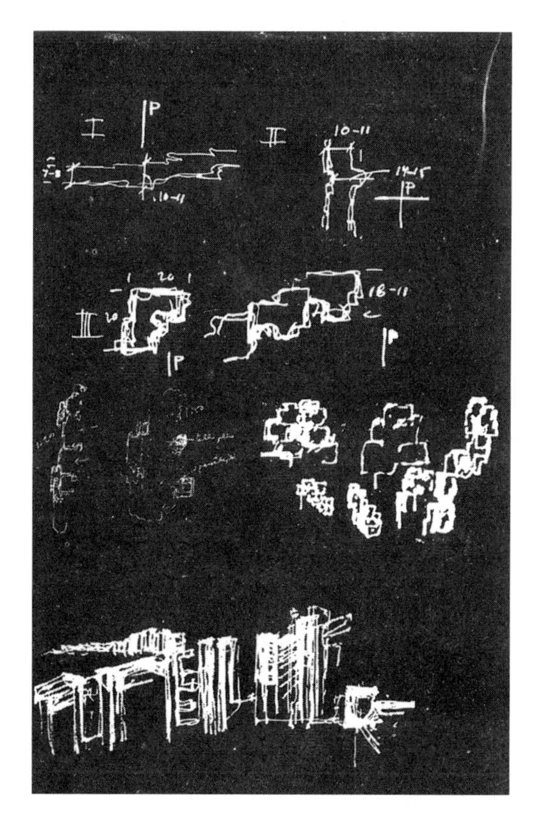

图6-16　Suvikumpu集体住房草图（资料来源：Suvilumpu Collective Housing [DB/OL]. Hidden Architecture, 2018-03-29. https://hiddenarchitecture.net/suvikumpu-collective-housing/.）

① 方海，李雨红．建筑与地域文化——论芬兰大师比尔蒂拉及其设计思想［J］．建筑师．2006（5）：31-43．

图6-17　1939年纽约世博会芬兰馆（资料来源：QUANTRILL M. Alvar Aalto: A ctitical study [M]. New York: New Amsterdam Books, 1989: 172.）

图6-18　马尔默艺术博物馆（资料来源：CECILIA F M. Tham & Videgård 2005—2017 [J]. ELcroquis, 2017: 81.）

尔托在玛利亚别墅及1939年的纽约世博会芬兰馆中都精心运用了森林意象和隐喻的方式（图6-17）。瑞典的现代建筑运动继承了工业主义的严谨，糅合了民族浪漫主义，后走向了对技术性、设计性和社会性的思考（图6-18）。即使在相似的寒地气候下，不同的经济、社会、语言发展，都会凝聚成具有显著差异的寒地行为，映射为和而不同的空间观和建筑意识。

6.2　基于联想的身体启示

如果说现代主义运动的根本性事件是人对图像世界的征服[①]，那么现在人

① 海德格尔. 人，诗意地安居［M］. 郜元宝，译. 上海：上海远东出版社，2013（2）：148.

可以认为，“画图”作为创造“图像”的过程是人对自身的一场描摹，是对自身物质结构和意识建构的探索。从此，外部世界成为“图像”，身体成为“主体”。当这两种决定性事件相交时，也向时代的根本投去了一道亮光。其实，正是人关于世界的学说成就了人自己的学说。对环境的存在自认知伊始，便是一场场源于人类自我的解构与重构。建筑建构以身体为基石，透过从细节到整体的关系暗示了尺寸之外的身体体验。然而，关于建筑更大的联想空间来自于构筑物留白所带来的、面向身体开放的交互信息，并非多种感官的简单叠加，而是身体化的建构，在此过程中体会到独特的事物结构与存在方式。

6.2.1 寒地知觉的刺激与通感

在寒地建筑中，寒冷总是和温暖相连，而身体成为这种感受的载体。寒地建筑的联想往往从建筑图像对身体的刺激开始，进而以通感的方式，使获得的刺激从一个感官传递到另一个感官，形成一种身体综合的感受与判断。就像壁炉作为一个亲切而温暖的个人空间[①]（图6-19），使观者进入房间后有了温暖的感受，并对房间产生了的亲密感，无形增加了空间的参与度。在此，壁炉成为该空间的向心物品，就像建筑的雏形——火堆[②]（图6-20）。在寒地建筑意识建构中，壁炉不再只是整个空间的装饰品或单一的取暖设备，更像是一个空间的定义者，召唤观者靠近它的同时，提供了围坐停留、交流的契机。取暖、聚集、谈话，在这个空间停留安定的联想从观者在走廊瞥见这个壁炉的时刻就开始生长了。就像沙发并非需要人坐下才确定那是一个沙发，亲密的体验是建筑体现存在的终极意义，虽然建筑的时间是被滞留的时间[③]。在寒地建筑的室内创作中，抵御寒冷的设备总是被建筑师当作“装置”或者“设施”，极少被加入空间及其体验所考虑的视野里。逐渐，住居，真的成为“居住的机器”[④]。

---

① 安东尼·高迪（Antonio Gaudi），巴特罗公寓（Casa Batllo），巴塞罗那，1904～1906年。

② 约翰·格拉弗（John Glover, 1767—1849），英裔澳大利亚画家。

③ PALLASMAA J. The eyes of the skin: Architecture and the senses [M]. 3rd ed. London: A John Wiley and Sons, Ltd, Publication, 2012: 62.

④ 柯布西耶于1923年的著作《走向新建筑》中提出“住宅是居住的机器”，常常被人作为是机械主义的箴言。但是原文中下一句是“情感的机器”。

图6-19　壁炉成为亲切温暖的个人空间（资料来源：PALLASMAA J. The eyes of the skin: Architecture and the senses [M]. 3rd ed. London: John Wiley & Sons, 2012: 57. ）

图6-20　范迪曼土地上的狂欢，1840年，约翰 · 格洛弗（资料来源: WikiArt ）

6.2.1.1　质感的重与轻

世界是一个彼此关联的整体，即使看似遥远的“事物”都存在拓扑上的毗邻，使世界可以“整体呈现”。海德格尔在《存在与时间》中讨论物的用具性时指出：“属于用具的存在总是一个用具整体。”[①]从用具的视角，建筑细部之间一向彼此关涉，从而构成一个具有整体质感的全体。寒地建筑的整体质感存在于以冰与雪为背景的自然环境中。人对冰的描述集中在薄、弱、易碎等方面，其中，晶莹剔透形容的是冰的视觉感受。人用漫天飞舞、鹅毛大雪来描述雪的轻盈与在空气中的漂浮感，即使有了厚度上的积累，也被形容成棉花糖这种虚软、轻绵之物。联想对比下，厚重的建筑质料往往会强化视觉感受上源自生物性的安全感。就像在寒地生活的人需要靠更厚实的服饰来保持体温以适应环境。即使有保暖性能更好的轻薄衣物，人也不会选择，因其会带来视觉上的不信任感。这些现象都是寒地的城市图像，是寒地印象的浅层表达。在此基础之上，寒地建筑还应提供人诗意的栖居，也就是地方感。在寒冷中提供可停留的地方，像原始的火堆，像蛮荒时期人身上厚重的兽皮，给人以冬季里的安全

① 周庆华. 建筑细部研究的方法论：从海德格尔的《存在与时间》讨论现象学在建筑细部研究中的启发［M］//彭怒，等. 现象学与建筑的对话. 上海：同济大学出版社，2009：139-146.

感。这个感觉的赋予是基于环境的，更是内心体验的传承。反之，在寒地城市中轻盈的质料使人联想到冷冽、惊奇，就像在穿羽绒服的人群中出现一个穿丝袜的姑娘一样。即使环境没有变化，这种视觉刺激也会使人感到自己比刚刚冷了一些。就像位于奥斯陆港口的歌剧院，造型像一颗闪闪发光的钻石，无法通过视觉的通感带给人可以抵抗冬季寒冷的温暖感，而是剔透且惊奇、冷艳且高贵，像一块“漂浮的大理石”（图6-21）。仿佛这个剧院不是人工环境的一部分，而是寒冷环境的一部分。建筑物的用具性下降了，艺术性随之上升了：远看像冰山一样斜插入海，建筑用其材质和庞大的体量创造出一种梦幻的气氛。在冬季光照下，积雪营造了耀眼的光环境，强化了玻璃的轻盈与视觉的奇妙，使建筑与环境融为一体。大量寒地建筑偏爱木材和砖石材质作为外立面，这种厚重感契合了人对温暖、踏实的心理追求。建筑质料的轻与重直观契合人对气候的联想，使建筑与整个气候形成对话。

单独探讨寒地中质感的轻与重，是对冰雪视觉温度感的聚焦，既可以轻薄又可以厚重：轻薄来自于雪花可以漫天飘浮于空中，同时又可以堆积成冰山、雪山以给人磅礴的距离感；轻薄还可以来自冰的视觉透明性以及北半球寒

图6-21　奥斯陆歌剧院冬季外景（资料来源：An iceberg of marble, glass and metal [N/OL]. Stylepark, 2010-07-19. https://www.stylepark.com/en/news/an-iceberg-of-marble-glass-and-metal.）

冷城市冬季天空的颜色。这种寒地环境自带的质感属性是思考寒地建筑设计的前提。

6.2.1.2 色彩的暖与冷

冬季寒地城市具有天然的同一底色：晴空的淡蓝色、阴天的浅灰色，以及冰雪将一切色彩覆盖后的白色建筑环境。此外，寒地建筑环境的植被、天空颜色等自然图像随着季节变化呈现出显著的周期性特征。寒地建筑常通过调节色彩的方式实现人对环境视觉感知倾向的需求。沙赫特尔认为：人对色彩的经验和其对情感的体验之间有类似的地方。[①]色彩产生的是情感经验，情感并不是理性积极活动起来之后的产物。不管是色彩经验还是情感经验，观者都是外部刺激的被动接受者。[②]马蒂斯（Henri Matisse）则认为线条是诉诸于心灵的，色彩是诉诸于感觉的。对于色彩的情感接受，是位于形状认知之后，并且完全奠基于情感的经验。是形状与色彩的结合给了人关于颜色的具体的联想。[③]所以，在建筑图像意识的建构中，视觉通感带来的知觉意向和情感体验都是通过当下的色彩信息与记忆重合，实现了身体内化的思维活动，从而构成当下化的意识。这一建构过程本身就是一种情感体验。

图6-22 寒冷地区普遍的四季常青针叶林，乌沙（资料来源：宋萌 摄）

在寒地建筑中，对色彩引发温度感是主要的联想意向：红色可以暗示火焰、流血和革命；蓝色超越自身的表现性源

---

① SCHACHTEL E G. On Color and Affect: Contributions to an Understanding of Rorschach's Test. II [J]. Psychiatry, 1943, 6(4): 393–409.

② 鲁道夫·阿恩海姆．艺术与视知觉［M］．滕守尧，朱疆源，译．成都：四川人民出版社，1998：455.

③ 康德曾在《色彩论》中指出："那种能使得轮廓线放射出光彩的色彩，起到刺激作用，它们可以为物体增添引人的色泽，但并不能使物体成为经得住关照审视的美的对象。"

图6-23　蛇行车道，哥本哈根（资料来源：VETTORI M P. The cycling city project: infrastructure strategies and technologies for sustainable mobility: The case of Copenhagen [J]. Techne, 2016(11): 69.）

图6-24　中国木雕博物馆，哈尔滨（资料来源：MAD建筑事务所）

自其能使观者联想到水的冰冷。寒冷地区冬季的主要色彩总是围绕着黑、白、灰。除上文讨论过的冰雪色彩，冬季的昼短夜长、日温更寒，颜色上的从白到灰、高饱和度低可以呈现气温周期变化的联想。此外，寒地城市四季常青树木多为针叶林。与阔叶林不同，针叶林四季颜色都为深绿色，冬季尤甚（图6-22）。寒地居民也惯常通过室外环境的颜色判断温度："暖"的色彩是一种邀请的信号（图6-23），而"冷"的色彩让人敬而远之（图6-24）。阿莱什·德贝尔雅克（Ales Debeljak）就曾经描述过色彩看上去似乎能向观看者移动或离去的例子。他的这个观点与康定斯基关于某些色彩看上去是向外扩张的，另一些色彩看上去是向内收缩的发现是一致的。

以上论述从视觉色彩的角度建立了寒地建筑图像色彩和温度意识的关系。日本建筑师隈研吾曾说："每个建筑都有自己的温度"。该温度是指建筑图像的温度感，是由视神经传导、先验奠基、经验引领、记忆联想等多方面感知与意识的综合。从功能上划分类型的建筑，其设计就应使之具备功能背后隐含的感知与意识。如，纪念建筑需要的是距离感，甚至偶尔萧肃的隔世感；家宅需要的是打动人心、使灵魂可以停泊的温暖感；体育建筑需要的是能使人血脉偾张的热烈感与氛围浓郁的代入感。显然，在以上列举出的情景里，建筑的温度感不只源于色彩，且无法寻求寒地建筑图像与温度感间清晰的一一映射，但是对建筑温度感的关注终需建筑师以色彩回应。

6.2.1.3 触感的粗与细

身体是触觉的接收器，也是人认知世界的中心。具身不是意识的发展轨迹，而是感官实现具身的结构、过程，以及存储了的静默的知识。“我们”全部的在世，是一种感觉上的具身在世。[①]事实上，传统的社会知识都被直接由身体感觉，由肌肉所继承，而非简单塑造为文字或某些概念。如，学习一种操作无法只依靠语言教学，必须通过将语言转变为感官记忆才能够直接控制身体的神经和肌肉，从而达到重复动作序列、实现学习的目的。关于肌肉和思想的关联，精神分析学就设计类学习早就有了断言：知识和技巧的持续交替互促是艺术类学习的核心。[②]建筑设计最为核心的任务之一就是把多维的感知通过具身的图像表达出来：设计者的身体和个性成为思忖建筑问题焦点的坐标。而建筑问题往往看似基础、日常，但远非复杂可以形容——需将虚指的思想具身并为个性化的行为赋予概念标准的理性原则。

海德格尔在早先的著作中描述过手部触觉与思想的关系：“双手的本质从未被定义或解释过，我们只是把它当多可以进行抓、握动作的一个器官……在日常生活中，手所做出的每个动作都是需要通过一定的思考，并将自己置于这种思考之中。”[③]巴什拉甚至认为手能够帮助人理解隐藏最深、最本质的事实。[④]这是因为人通过活动所获得的关于“想”的感觉和结构都和自我意识中

---

① PALLASMAA J. Embodied experience and sensory thought [J]. Philosophy of Education Society of Australasia, 2007: 770.

② 弗洛伊德. 精神分析学引论·新论［M］. 罗生，译. 南昌：百花洲文艺出版社，2009：328.

③ HEIDEGGER M. What calls for thinking [M]. New York: Harper & Row, 1977: 357.

④ BACHELARD G. Water and dreams: An essay on the imagination of matter [M]. Dallas: Texas, 1982: 107.

的世界关联，即使这一事实经常被大众忽略。不论是知觉的还是具身的思考，都是设计及一切创造工作的基石。犹如广为人知的爱因斯坦关于思考过程的视觉和触觉力量角色拥有自我意识的自主性论调："单词和句子作为我们交流的方式，貌似在日常机械思考中并不占有任何显要位置。明确的图式看似才是思考的基础、超越精神的交流，并能自发地重复及重组。以上所谈到的思考基础，在我看来除自然的视觉外，更重要的是肌肉的记忆。惯常的文字和明确的符号只能在相关的肌肉经验训练时，得到二次重复，并在其基础上建立重复存在的本身"。[①] 回过头再看，手部触觉作为思考的基础之一，不只是局限于"抚摸"感知，更重要的是完成触觉和获得感知的肌肉记忆。不论是电影、雕塑、绘画，乃至建筑，核心目的都是唤起观者的共鸣：二次记忆的主体意识视角和关于客体的经验视角重合。如，粗糙的砾石唤起的可能是雕刻记忆，也可能是战争痕迹，还可能是某一地方的记忆；光滑的理石唤起的则可能是开敞的宫殿，也可能是明朗的阳光。看到雪，能够能调动起踩入雪地的体验或者雪的触感经验；看到冰，能够唤起在冰上滑行的经历并且回忆起通过脚掌所传递全身的光滑感。步入某个地方，抚摸某种材质，调动肌肉使回忆再现是实现共鸣的重要途径。这些"常识"自然到人已经忽略其最初的来源和发生的机制，无需辅以看似复杂的论证和实验使人信服。该意识的发生与存在就是人在地认同的过程。

触觉，连接了肌肉和思想，连接了当下与记忆，使意识可以在具体与抽象、时间与空间的不同维度中激荡。就如巴什拉的总结：意识一并审视着我们身体和思想的生物学和无意识领域。因此，艺术是生物学和文化重要的纽带，在基因的沃土和静默的神秘知识中滋长。艺术作品中时间基础的维度并不指向未来，而是过去；艺术的意义从不在于对过去的连根拔起般的创造，而是在于对过去的根基即传统本身[②] 的沉淀、综合。在寒地建筑中触觉设计的意义，并非去探索一种新的方式或者一个从未发生的事件，而是指向过去、叠合经验和

---

① HADAMAR J. An essay on the psychology of invention in the mathematical field [M]. Princeton: Princeton University, 1943.

② William J. Mitchell. 建筑的设计思考：设计、运算、与认知［M］. 刘育东，译. 台北：建筑情报杂志社，1995：17.

寻求记忆。经验既是过去的又是此刻的，使意识可以在寒冷气候、寒冷身体和寒冷文化之间不断地自我延展并迭代。对于寒地居民，环境所致而形成了特殊的身体肌肉记忆，是非寒地居民难以企及的经验意识。若由于寒地建筑的设计忽略而无法唤起生活在这里的人的触觉共鸣，将会产生陌生感和距离感，使在地认同失效。

6.2.2　寒地行为的激发与叠加

6.2.2.1　光线的呈现

建筑中所演绎的现象空间无疑在从物理和心理的双层轴线，不断提升人的经验感受。①光，是转换和创造所有现象空间的缔造者，不仅能够使人更容易注意到实物，还会通过“着色”效用将所照到的实物叠加上一层“光效果”。实际上，人认知建筑与环境的视觉图像大多建立在光的叠加上：昼夜的光让抽象的时间具象地显现出来；即使物理里面对光的颜色会加以严肃的说明，但是在建筑图像中，光却是始终更为实在的呈现。观者可以通过描述光移动的情形以及分享光照在身上的感受将光具身。在寒地冬季，人更倾向于行走在充满光照的区域而非阴影中，不仅因为光的热辐射使人在冷峻的气候中获得一些热量，还因为有光覆盖的空间材料的表面色彩会多一些“暖意”。我国北方寒地城市，冬季空气湿度低，折射率低，太阳高度角低，可以形成的漫反射少，光的直射和折射成为主要的光获取的方式。所以，如果在热带地区，“阴影”需要被重点规划，那么寒冷地区“光”设计也同等重要。

在寒地建筑空间呈现中，光有着奠基意义。首先，光的亮度会影响建筑意识的建构。“光亮是人对光照度的主观印象，通过对比可知光照射在不同面上的区别。”②光所形成的意识全部建立在单一的作为视觉刺激的伽马运

① RUOPOLIM M. Steven Holl: Phenomenology in architectural detailing [M]. San Francisco: William Stout, 2009: 12.

② MICHEL L. Light: The shape of space: designing with space and light [M]. New York: John Wiley & Sons, Inc, 1996: 12.

动[①]上。当观察一个空间的图像时，较明亮的物体看似距离观者更近，这种深度的增强效应会大大影响观者对于自己在场定位的结果。所以，同一空间的光照差异会造成观者空间体验的显著差别。在意识建筑空间过程中，光呈现的多少成为空间的基本要素。尤其在寒地建筑中，光感影响了温度感和空间感。比如昏暗的空间可能被认为是阴郁并且低矮的，相反，明亮的空间会激起愉悦和明快的联想；当室外光渐渐淡去，暗示了环境温度的下降，室外空间感更为空旷。空间中的光影像极了道具，运用得当时会拓展空间感的发生结构，增加空间意识的向度。其次，光的路径暗示了能量的变化。光像一种材料，但又难以被归类，因为光的认知结构全部建立在个体经验上。光像一个介质，可以为空间的其他材料赋以最真实的纹理，包括色彩、色泽以及透明度，使其更接近于在日常生活中积累的材料印象。在此基础之上，光有了路径——与其他材料叠印的路径以及自身传播的方向。由此，看似不相交的空间、材料有了对话感。并且，当光从一个点投向另一个点、从一个界面奔向另一个界面时，能量的衰减标明了光所带来的视觉方向感（图6-25）。空间由于光，还获得了时间的向度。在有光照的空间，光在一天中不断变化着。虽然物质空间没有发生改变，但是图像下的空间意识是动态的，光成为连接时间与空间的静默方式。

6.2.2.2 路径的超验

路径开启了建筑空间的体验，联系着前景、中景和远景，将透视和细节链接到作为背景的空间之中。建筑意识在路径上的“移动”中被不断创造、积累和沉淀。惯常对路径的关注体现在对空间通行以实现可达的探讨。显然，这类描述只是停留在建筑作为用具的层面，并且其中暗含了一种将路径理解为一系列节点与毗邻点连线的累加。实际上，对于建筑体验而言，路径的核心在于过程，其具有多重不可知性：路径自身的随机性以及不同体验个体的认知结构差异性。扁平化展开路径方式，无法与实际建筑意识产生时刻的路径相对应。霍

---

① 伽马运动（Gamma Movement），是指当以高和低照明或亮度的交替模式呈现刺激时，引起的明显移动的形式，具有大约60毫秒的刺激间隔，由在所有维度上扩展和收缩的单个对象产生视错觉。

图6-25　Statoil总部基地，奥斯陆（资料来源：BRODEY I, FONSECA L, a-lab. 挪威国家石油公司地区和国际办公大楼 [J]. 城市环境设计，2013（10）：198-209.）

尔认为，是空间中身体的路径使建筑之间产生关联，路径是阐释空间关系的决定性因素。随着身体的起伏和路径的展开，人可以获得上与下、开与合、明与暗的空间节奏。[①]路径是身体在建筑体验中延续性的抽象，使身体在建筑空间体验中成为无数个身体和无数个空间，暗示了这无数个身体和无数个空间具有内在的同一性和时间上的秩序性，使连续建筑空间获得整体的关联意识。这种关联意识反映了建筑体验中路径的超验，是指自身具有延展性的路径实现了不同空间的彼此穿越。就像观者站在一个空间，通过望向另一个空间，产生基于两个可能彼此关联性并不强的空间甚至可能是不同的建筑物的图像意识的叠印。此刻之前，所有获得的图像意识都被此刻的超验冲刷。建筑师需要用路径调动事件的出场，前一个场景为接下来的场景奠基，转场须在其前面的终结中

① HOLL S. Parallax [M]. New York: Princeton Architectural Press, 2000: 26.

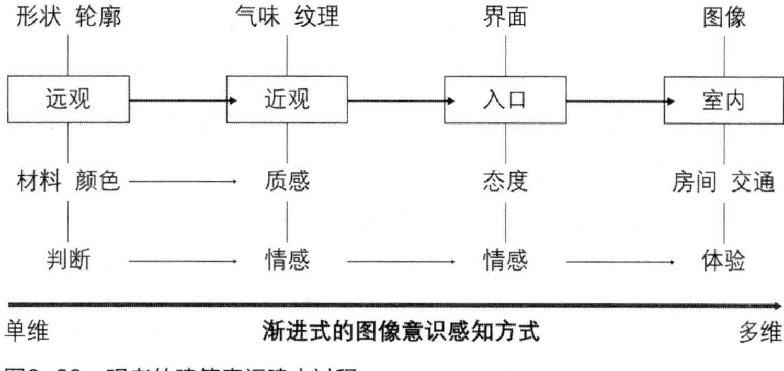

图6-26　观者的建筑意识建立过程

有所体现①，以此回应超验作为意识的现象。

在寒地建筑中，超验往往发生在路径的转折点上。通过对观者的建筑活动过程进行简单的考察（图6-26），不难发现，转折点需要出现一个界面作为中介：从入口步入室内，外墙作为中介，观者发生了空间和温度的穿越；在楼梯的平台，通过路径的转折实现人视野的超验；在穿过房间门的同时，相当于把身后的空间进行挤压，面前即将迎来的空间透过门洞的面积突然得到释放……超验的发生是多样的，都是人基于路径移动、转折而实现的，由此才有了身体—空间。视觉图像脱离路径的综合只是一系列如照片一般的二维信息。当然，当人将自己锚定在场的一点上，也能领受到所在环境的三维空间属性，但实际上是人在转动眼球时实现了多次对焦，获得了空间的深度。所以在路径转折上设置超验，可以获得超越上一个时刻的经验，增加意识的维度。寒地建筑图像意识就是在不断超验中更为深刻。

（1）情感的反刍　冬季寒地居民不仅有御寒的经验，对其他各个温度区的体验与温带和热带地区居民相比有显著差异。四季气候分明地区的居民相较四季气候平稳地区的居民对季节交替有着敏感的回馈：强烈的时间仪式感及与四季相随的情绪。实际上，人对寒地的态度并非只有逃避与排除，单纯对室内温度的调节并无法回应寒地的情感需求。寒地建筑设计还需要对于地域的归属感、认同感及自由感进行深刻的思考。即使寒冷会给人带来生活上的不便利感

① 朗格. 情感与形式［M］. 刘大基，傅志强，周发祥，译. 北京：中国社会科学出版社，1986：126-127.

乃至负面情绪，但还是会基于动物性渴求在地感。就像段义孚所言："为了更好地生活，人应该脚踏实地，而不是逃避。"[①] 只有体会过寒冷、深刻理解了寒冷，才会对温暖有更为丰富的注解。比如从寒冷的室外进入到温暖的室内，外墙上的玻璃窗俨然就是一种对温暖的情感提示：安全感、幸福感和栖居感。此时，观者实现了对冷的超验和对暖的超验。

（2）先验的崩塌 20世纪的学者们提出了逃向自然的文化观，认为久居城市的人对自然有天然的追求，并且环境理论学家广为接受了自然是文化方向的定义产物[②]。维特根斯坦认为，自然是广义的，现在已经被定义或是可被定义的，或是涉及语言和图像范畴的事物，或许只是这个广义自然的一小部分。在当下自然观点十分繁复的语境下，大多数寒地建筑中所阐释的集中在狭义的自然，和人工相对立的自然。这在一定程度上受益于环境保护主义的兴起和蓬勃发展。自然若与人工相左，那其代表的就是一种在人为创造之前或者无需创造就已存在的事物或状态，是人意识形态中最原始的雏形，是一切认知的先验。但是，当自然转变为文化领域的产物时，自然就无法保持其原真的风貌。"文化"本身是一个关于人自我意识的不断自我认识的过程。那自然的先验就会不停发展，与原始的概念渐行渐远。这里的自然，是意识产生下的无意识状态。需要认清的是，是先验的无数次崩塌再比无数次多一次的重建实现了人对事物认知的进化与意义的被丰富。对于寒地建筑，其对寒冷的把握应始于狭隘的自然，走向广义的自然，再从中解构为此在的自然。

6.2.2.3 叙事的抽象

建筑是以激发个人经验的投射为目标，并使真实世界得以呈现。[③] 即以观者身体为主体去创造事实本身的过程是通过建筑活动事件发展建筑意识。这也是图像意识的从生活世界走向个体意识，再返回生活世界的重要方式。这种意识的建构方式，将空间引向叙事任务的必然性上。

叙事是人类本能的表达方式。史诗、小说、剧目，再到带有明显程式化的

---

① 段义孚．逃避主义［M］．周尚意，译．石家庄：河北教育出版社，2005：17．

② 段义孚在《逃避主义》里提出：自然的定义和向自然逃避的根本需求是该书的理论前提。

③ 陈洁萍．一种叙事的建筑——斯蒂芬·霍尔研究系列［J］．建筑师，2004（5）：90．

结构骨架的文本，意识的建立过程需要显然的叙事路径——带有前摄的、环环相扣的铺垫，像是通向某个预设结果的仪式感。所谓预设和相似结构，暗含了布置文字想要达到意识的彼岸需要遵循这一系列的过程，其他意识的建立——文字、艺术、建筑等，都只是意识的手段，“叙事性是经验性的符号再现，经验性则为了过去与当下的连接通道”[①]。索菲亚·普萨拉（Sophia Psarra）[②]在《建筑和叙事——空间与其文化意义的建构》一书中指出，过去对形式与功能的“论战”，大多没有逃离图式语言和图形感官的窠臼，虽然有提到人的先验，也去探讨空间的叙事性，但是却忽视了抽象空间的存在，也就是叙事的目的是什么，意识的建构发展走向哪里。应用叙事手法营造抽象空间的设计思考最早开始于20世纪80年代初。伯纳德·屈米师生率先共同对外展示了建筑与文学、电影互相碰撞的跨学科探索成果，将电影中的时间维度和文学中的逻辑结构转译在建筑空间和城市空间之中。但是在抽象和具象的往复转换中总是难以尽如人意。大多数研究相对封闭、过于具象，也是抽象空间可视化研究的矛盾所在（图6-27）。在建筑设计中将建筑之外的抽象环境融入真实环境中的方式可以通过地域元素的引入以实现。如意大利建筑师卡洛·斯卡帕喜欢在威尼斯的建筑项目中运用水的元素，使水的流动与光影引动空间的流动。这种抽象的叙事联

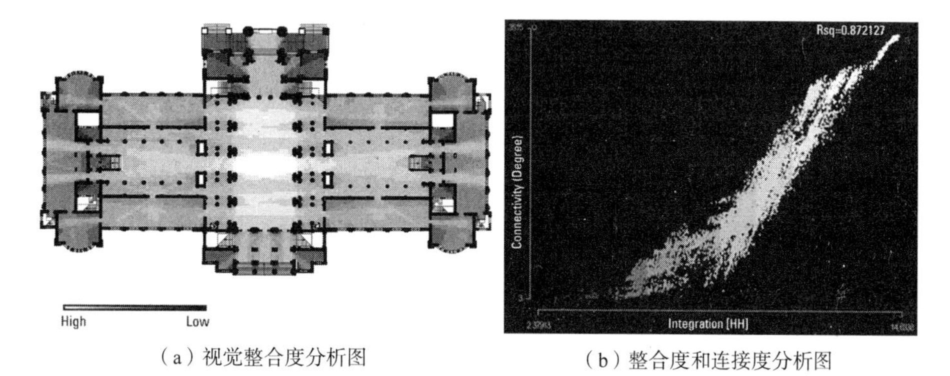

（a）视觉整合度分析图　　（b）整合度和连接度分析图

图6-27　格拉斯哥美术博物馆（资料来源：PSARRA S. Architecture and narrative: The formation of space and cultural meaning[M]. London and New York: Taylor & Francis Group, 2009: 147.）

① 戴卫·赫尔曼. 新叙事学［M］. 马海良，译. 北京：北京大学出版社，2002：89-113.

② 索菲亚·普萨拉，美国密歇根大学建筑学院副教授，主要研究方向：美英两国空间文化与意象。

想，使观者路径有了超时间维度上的延伸，也实现了前文所论述的转折需求进而获得先验的超越。

建筑应该包括理性的建构和戏剧化的效果。建筑的叙事不仅是对行为的激发，更重要的是建筑意识中抽象空间的塑造。同时，图示语言分析抽象空间的失败，一方面是用具象言说抽象空间本身就是矛盾重重；另一方面，叙事需要的抽象的余地，也就是从图像到意识需要联想在路径上不断超验。这一过程类似电影叙事："电影是空间的故事，银幕用仅有的尺度，展现了它的宽阔。一栋建筑、一个阳台、一间书房、一条街巷，甚至一个门把手的特写，都是有力的建筑体验，我们也会把思绪转到建筑之外，跳出作为物质形式的建筑空间，唤起内心的画面和情感"[①]（图6-28～图6-30）。于是，个体的情感、欲望和恐惧都被赋予建筑。隐匿在建筑图像中的暗示和征兆使空间叙事拥有了逻辑感。即使建筑本身缺乏感情，体验建筑的过程会迫使观者将自己的感情交出来并放在其中。比如寒地建筑往往暗示了建筑师面对寒地环境的自我情绪：接受跟随或防护对

图6-28　电影《迷魂记》中的场景

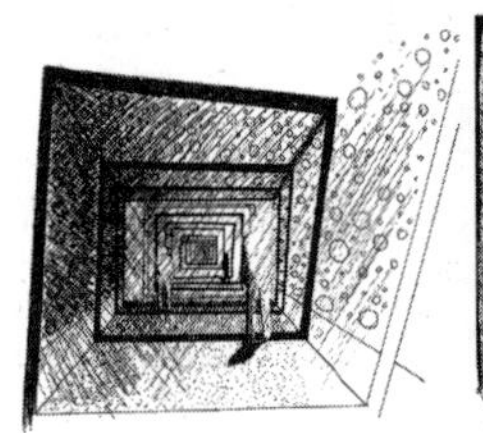

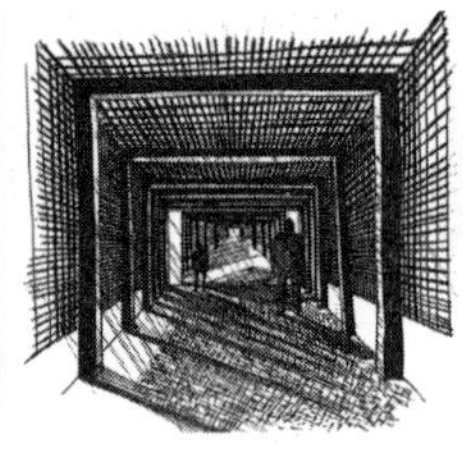

图6-29　在建筑活动中，西班牙加泰罗尼亚国际大学学生从建筑策划的角度分析了希区柯克电影中的摄影，2007（资料来源：PUIGARNAU A, INFIESTA I. The architecture of thrill: How Hitchcock inspires spatial effects [DB/OL]. VALLETTA M, trans. (2015-10-21). https://www.archdaily.com/775637/six-thrillers-seven-strategies-of-architectural-design.）

① 崔骥. 电影·空间·建筑-I-住在电影里［M］. 北京：生活·读书·新知三联书店，2013：8.

图6-30　葡萄牙建筑师Álvaro Fernandes Andrade设计的赛艇运动员训练中心（资料来源：许科. 破浪前行 波西尼奥赛艇运动员训练中心［J］. 室内设计与装修，2014（3）: 35.）

立。从设计的角度来看，前者通过从建筑图像抽象出寒地景观的视觉特征，继而建立寒冷的视觉通感，从而强化了人对寒地自然环境的认知。后者则通过建筑图像对寒冷景观进行视觉特征的补充，营造消解寒冷感受的视觉联想。

在将叙事结合抽象空间的过程的研究中不难发现，叙事的共鸣依靠叙事结构的存在，结构本身强调的是人的社会属性而非个性。所以在建筑叙事的抽象研究里，常以建筑行为作为空间叙事性的外显。因为建筑体验的过程需要用某种逻辑线索作为展开的牵引，这样的空间—意识建构就带有系统性的基因。其中，空间作为建筑叙事学的主体，连接了具象的符号隐喻和潜意识中人对抽象精神的内在需求。①当然，并不是去牵强矫揉地将建筑简化为叙事这唯一抽象概念及观者在物质空间中的体验显示，也不是为叙事而存在，是间接佐证观者对建筑抽象意识的需求以及从图像到意识的建筑认知建构过程的必然性。建筑叙事的根本意义并非在于表观层面的空间的形态塑造或是流线的结构梳理，而是对于社会建构空间在建筑空间上的投射。寒地建筑中叙述性抽象的核心应该是对寒冷的叙述，是在主观、客观和主客一体的视野互动中的寒冷的叙述，使观者可以在寒冷的在场与不在场、寒冷的此在与他在之间获得叙事般的体验。

① 陆邵明. 建筑叙事学的缘起［J］. 同济大学学报（社会科学版），2012（5）: 25-31.

6.2.3 寒地意识的发散与返回

6.2.3.1 寒冷与寂静

即使再喧嚣的建筑形式都会归于寂静。当一座建筑落成之时，建筑便与所在的场所形成一个静默的博物馆[①]，一言不发地去自我呈现在世，成为人类自明与自证的无言森林，将此刻与过往联系起来，将此在与彼在联系起来。过往终究会成为寂静，那也就是说当下的此在过往是寂静，未来也是寂静，此在在寂静的两端徘徊与绵延，从而才能成就一种永恒。人在建筑体验中总能感受到寂静。寂静并非听觉上的无声，而是一种可以屏蔽噪声的深刻的建筑体验[②]：建筑图像在人建筑意识建构中震荡、回响，会跟随行为、感受不断发生变化。最终意识会停留在某一刻，使注意力集中在人真实的存在上，得到了绵延般的永恒，这就是建筑的寂静。因此，建筑的寂静必须书写在时间中。

寒地建筑与生俱来与寂静相连。无垠的白雪覆盖大地，覆盖了一切色彩、轮廓、生机、痕迹……覆盖了嘈杂，强化了对物质、光、空间的知觉体验，同时也强化了人自身的孤独。寒冷的环境更容易使人跳离五光十色的光怪陆离从而获得寂静，因此，寒地建筑离建筑的精神本原最近，使人在寒冷中回归最为真实的在世反思。场所的意义在于使人回归寂静，实现对自身的思考，去出世反思存在自身的孤独与寂静。也因此感到永恒的平静和无限的安宁具有一种强大的力量。寂静使人畏惧，寒地的寂静并非来自人工的塑造，而是自然下极端寂静的状态。走向寒冷，就像人脱去装饰的路途一样。寂静自身对于建筑空间是可以实现个人化亲密性的目的地。寂静的本身就像白纸上的黑点：个人化的也是孤独的，醒目的也是敬畏的。作为原生在寒地挪威的原著民族，萨米人生活形态已经在历史中逐渐消隐。在位于挪威的萨米博物馆项目中，建筑师帕拉斯玛希望呈献给大众的是曾经的定格和一种文化最终成就的孤寂感：雪夜中的萨米博物馆，伴随着材料、光影和清晰的结构关系，仿佛只有自己和建筑共同

---

① PALLASMAA J. The eyes of the skin: Architecture and the senses [M]. 3rd ed. London: John Wiley & Sons, 2012: 55.

② 沈克宁. 建筑现象学［M］. 北京：中国建筑工业出版社，2016：1.

的呼吸声（图6–31）。此时在场域之中，观者获得的是一片孤独感。同时，寂静也并非没有运动，如冬夜悄无声息的大雪、室外狂风呼叫和室内围坐火炉。在流动的时间中更能强化意识的无尽寂静。寂静是身体思想构造的思想成果，在回忆和沉思冥想中，时间失去了线性标记的作用，因为没有了开始和结尾。此时出现的空间和场所现象，以及与此相关的记忆和经验中的情绪与胡塞尔所强调的“纯粹意识现象”有关。肉体和精神的双重构造在场域中不断彼此激发，也形成了时间中无限寂静的交织（图6–32）。

图6–31　萨米博物馆（资料来源：尤尼哈·帕拉斯玛. 肌肤之目：建筑与感官 [M]. 刘星，任丛丛，译. 北京：中国建筑工业出版社，2016: 113.）

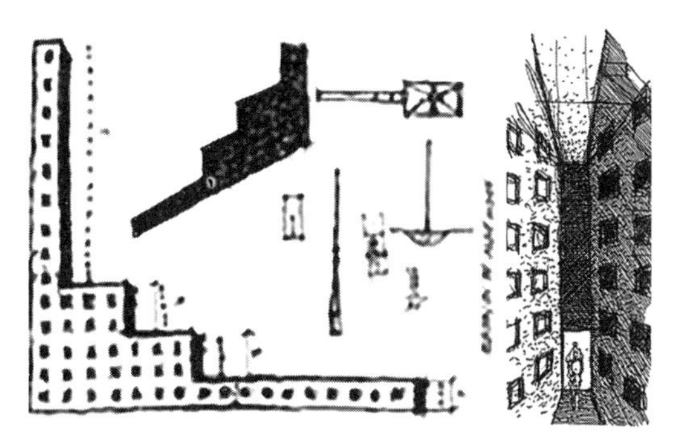

图6–32　约翰·海杜克的《寂静证人的反思》（资料来源：HEJDUK J. Práce [M]. Prague: Obec Architektü, 1991: 48, 49.）

6.2.3.2　寒冷与时间

在文化和社会加速压缩的当代，似乎所有的信息都集结在屏幕或图像中，等待方便之时可供人挑选。人正在失去历史感和时间感，被“对时间的恐惧”那种感觉所威胁。而建筑的永恒性提供了时间的栖息之地，人会在家宅中逐渐释放并体会到缓慢和治愈；在伟大的建筑中体会到滞留与牵绊。德勒兹提出，在电影的时间并不需要按照过去—目前—将来的经验主义，同一个时刻可以属于不同的段落。而现代建筑中的时间也似乎走向了非经验主义的跳跃模式，人开始通过空间的变形、扭曲、肢解制造一种异化的时间体验，正如当下正在发生的支离破碎的媒体信息一般。但人需要的是生活时间，是真实的时间，可以为生活提供衡量的框架，于是，一个特定地方的材料、形式都被“真实的时间”所建构起来，时间便成了生活世界本身。

对于寒地居民，寒冷除了是一种气候，更是一种寒冷感觉。即使不置身于寒冷环境之中，寒冷的时间感可以通过刺激被唤起。寒冷成为记忆，“储存”在经验中，经过先验对比的叠合获得了寒冷意识。我们永远无法去“单纯”地“看待”任何一件事物，包括寒冷。其相关意识会在时间的绵延中不断积累、沉淀并综合。对寒冷的此在意识远非瞬间或者短短几个小时的观者意识的集结，而是从所有先验的初始开始，一切判断都叠合在此在的空间之中。建筑对于观者经验的激发是离散的、不定式的，即使这样，相似的情绪反馈总有机会得到共鸣，继而达到意识的回响。布伦塔诺在其主导思想中提出：如若想要把握诸事表象的一个序列，这些表象必须是一个指涉性知识活动的完全同时的客体，这个知识活动以全然不可分的方式将这些表象总结在一个唯一的和不可分的行为中。简言之，对一条路径、一个过渡、一个疏远的所有包含着对多个因素的比较并表达着它们之间关系的表象，都只能被看作是一个无时间的、总括性的知识产物①。在时间性的图像意识过程中，时间成为坐标，关注在于序列上图像的前后关系，各个图像的感知彼此衔接，继而形成经验，并伴随意识的积累不断更迭，从而生成回忆，然后是次生回忆、再回忆。在原生回忆完结之后，有可能出现一个对那个运动、那个旋律的新回忆。图像、意识和回忆都是流动的，现时的感知是根据作为体现的感觉构造自身的，原生的回忆是根据作为再现、当下化的想象而构造自身的。现在，就像当下化直接与感知相衔接一样，与此完全相同，在不与感知相衔接的情况下，也可以有独立的当下化出现，而这就是次生回忆。②比如在Kettukallio别墅进行建筑体验时，观者在室外走过一片白雪皑皑，黑色的建筑压低了环境的颜色——黑与白、沉稳与轻盈、家宅的现实世界与环境的缥缈感对比成就了室外的轻盈感，家宅和外部环境的冰天雪地被一道墙面划分为两个世界。走出过膝的雪场，室内色调虽轻盈但是却充满温度感。此刻，室内的景象会自动与室外的皑皑冰雪和敦厚的炭黑色交

① 埃德蒙德·胡塞尔. 内时间意识现象学［M］. 倪梁康，译. 北京，商务印书馆，2009：1.
② 同上：68.

（a）室外　　（b）室内

图6–33　冬季的Kettukallio别墅，希文萨尔米（资料来源：SUTTON B. Weekend cabin: Villa Kettukallio, Hirvensalmi, Finland [EB/OL]. Adventure Journal，2014–10–15. https://www.adventure-journal.com/2014/10/weekend-cabin-villa-kettukallio-hirvensalmi-finland/.）

叠在一起（图6–33）。当然，在这个“回忆”的过程中，人的意识会不断地自我修正，所以对意识内容的探讨、发散将显得过于庞杂。在回忆的过程中，曾经某个时刻的图像意识，在此刻又有了多一重的时间摹像。随着时间的累计，寒冷图像不断被修正、被标注，寒冷意识在不断地回忆和当下化中延展。这也解释了不同在地时间的人，为何对同一个场地、同一个建筑场景会建构出不同的建筑意识。

寒地建筑的外部环境具有显著的自然特征，对于有环境经验的观者的图像意识有决定性的影响。在这种情况下，注重“再回忆”的被激发和创造为将此在图像标注更多时间刻度提供了机会，使对此在建筑认知更多地依照当下图像去建构意识，去启发对事物意义层面的思考。另外，减少图像的滞留对当下的影响，可能会促使寒地建筑在不同人群中产生回响。

6.2.3.3　寒冷与记忆

对于寒地居民，寒冷多以回忆的形式出现在意识建构中。当此时此刻发生与寒冷记忆关联的刺激物时，寒冷的记忆仿佛被召唤。召唤而来的寒冷记忆并不一定是曾经的真实，而是被加工过的偏好，一定是过往瞬间知觉的滞留。这个偏好与当下的图像交叠在一起，一同建构了当下的寒冷感知。这整个过程都是感知过程的当下化异变，连同所有相位和阶段，直至各个滞留，但所有这一切都带有再造性变异的标识。

尽管在惯常思维中，由于建筑的工程性，其被描述时往往倾向于物的用具性，但所有的表现形式都应建立在人自我意识的情景再现上。所以，能够看到在当下提到建筑空间时，看似毫无头绪但却显而易见地交织在一起的文化、地理、技术，乃至心理学，最后通过形式语言——图像使前面种种得到暂时的统一。斯蒂芬·霍尔无论是在其早期对场所的“锚固”中，还是后期对知觉的重视上，都在设计中表现和传达了一种沉静和孤独的情境。“建筑师是受地域限制的。一座建筑（不可动的）不像隐喻、绘画、雕塑、电影及文学那样，它总是与某一个地区的回忆，纠缠在一起”。[①]佩雷兹-戈麦兹则总结：“建筑从来不独立、也无法独立存在。说建筑像诗，也不是说建筑可以用文字来翻译，而是说建筑像诗一样，始于文字，终于情景里的个人感受与回忆”。[②]虽然早在维特鲁威就曾反对过“建筑向文学靠拢”，更无从谈起静默的艺术，一些建筑师在任何一个问题上都抱着“给我个理由”的态度，既是令人敬畏的，又是愚蠢的[③]，其结果只会造成情景的“疏离感”。因为在人与环境互构的过程中，人工与自然之间的认同感缺失阻碍了意识集结的过程，因而造成了当下的场所感失效。在寒地建筑中，场所的特点是显著而又庞大的，建筑的情景作为人为场所，是直观且根源的表征。集结的概念意味着自然意义以一种抽离自人类文脉的姿态被理解。[④]在此，自然意义和其他人类文脉一样，成为意识结构中的一个点，并和周围其他点一起综合成新的复杂意义，进而重新建构了自然和人在场所中的关联。“集结”意味着图像的聚合，视野可以从一个场景转换至另一个场景，试一试在转换中实现延伸。这种转换可以由象征或是超验实现，使观者可以在多重意识建构中获得寒冷的认同感，这种寒冷感是多维的、具有翻译或转译般的代现意味，并可以在某个区域内形成一种固化的寒地建筑语言。

---

① 斯蒂芬·霍尔. 锚［M］. 符济湘，译. 天津：天津大学出版社，2010：7.

② HOLL S, PALLASMAA J, Perez-Gomez A. Question of perception: Phenomenology of architecture [M]. San Francisco: William Stout Publishers, 2006: 8.

③ 同上：9.

④ NORBERG-SCHULZ C. Intentions in architecture [M]. Massachusetts: MIT Press, 1968: 74.

6.3　基于意识的场所综合

现代建筑运动的评论家经常以对环境的不满为出发点，同时认为现代建筑没能解决这个问题。他们经常批评建筑师在处理业务时未能考虑建筑行为对社会及未知的“使用者”所产生的后果，是对建筑意义冷漠的体现。实际上对建筑本原的呼唤早在20世纪20年代就已显现——柯布西耶在《走向新建筑》中提出：“我们实在太可怜了，生活在这么烂的房子里，糟蹋了我们的健康和心灵”；赖特从第一个设计开始就提出“渴望真实”，并没有去观察欧洲的共通抽象，而是体验原型的和有意义的“力量”。精神需要超越的仅是物质需求的满足，而实现这一本原目标显然意味着需要一种新的生活方式，或者说思考生活的方式，使人再度“正常化”，也就是让人遵循“人类”生存的有机发展。为了达到这种理想，人需要自身和意识在场所中“自由”与“认同”。①“自由”意味着从巴洛克及其后继者的独裁制度中挣脱出来；而“认同”则指引导人回到物的起源并对物本质进行反思。事实上，现代运动所呼喊的口号“Neue Sachlichkeit”，应该翻译成“回归于物”，而不是“新客观主义”。

6.3.1　寒地知觉场的分解与重建

6.3.1.1　对寒冷的认知

人所处的自然环境一直对人的场所观塑造有着紧密而又深远的影响，因为对场所的认知从来都是相对的。如，美拉尼西亚的Tikopia小岛只有2公里长，岛民完全没有陆地块的概念，他们曾经认为听不到海浪声音的陆地是不存在。②对比在中国传统文化中，充满了对远距离的恐惧感。建立人的寒冷场所观，必须给予在地的寒冷体验：当人尝试描述对寒冷的认知时，是将所有的寒

---

① 诺伯舒兹．场所精神：迈向建筑现象学［M］．施植明，译．武汉：华中科技大学出版社，2010：188．

② 段义孚．人文主义地理学：对于意义的个体追寻［M］．宋秀葵，陈金凤，张盼盼，译．上海：上海译文出版社，2020．

冷场所及其体验进行集结、沉淀再综合。寒地居民惯常用“刀割”般可被“共享”的体悟来形容冬季的北风迎面，同理，在冬季，人会对强金属光泽的建筑立面产生疏离感；会认为深色的冰面行走更易滑倒，而选择厚实的雪地，因为在积雪里可以保持平衡……对寒地生活的认知从来不在干瘪的、枯燥的数据里，而是在鲜活的、生动的场景中。这种基于回忆、感受、经验的描述实际更为真实可靠。感知心理学也正是从认知与意识形成的根源出发。以此为基质之一的建筑现象学更重视人在日常生活中对场所、空间和环境的感知和经验的具身化路径，强调认知需要由在场的知觉过程来建构，并奠基在回忆及经验之上，是人对自我经验的把握综合成了个人知觉场。

在寒地建筑意识建构中，对寒冷的感知推动了对建筑感知的层析。人将寒风分解为风速、风向、温度、湿度，将雪展开为形状、速度、融化程度、厚度……一切认知都是从“主观”感觉开始的，通过层化、比较，将描述“呈现”为可通识的数字，最后实现可被计量的“客观”。里尔克曾言：“世界很大，但它在我们心中深似海。”与其说人生活在客观的世界之中，不如更为“准确”地说，人生活在知觉的世界。不需要丈量世界的广阔，只需要源自自我的经验，就可以在沉思中重新获得由外部世界景观所引起的共鸣。巴什拉认为，人从第一次图像开始就已经产生了意识，想象力从“静观”贯穿到“回忆”，使意识不断迭代。但是当人尝试开始描述“一次”意识时，却永远找不到确切的初始。这因为所有的经验都相互关联，人会在不同的事物中投射过去其他的影像，于他在中描摹此在——“它逃离临近物，并立刻去了远处，别处，在别处的空间里。”[①] 所以，当人尝试通过描述的方式追问寒冷时，首先需要将自己投入到一种广阔、单纯的寒冷图像中，紧接着从现象发散，想象便自行构成、自行固定为完成的形象：人会自主地在其中提炼、捕捉与寒冷相关的信息，继而“加工”为对寒冷的描摹。这就是意识的过程。这解释了，为什么寒冷知觉总看似基于某个经验片段、某个场景画面，总之是带有知觉结构与背景的，无法孤立存在。因此，相较而言，数据化的描述反而是抽象的、模糊的，不能独立用以将寒冷具体化，更无法实现具身，还需要辅以相应的视觉、触觉、听觉

① 加斯东·巴什拉．空间的诗学［M］．张逸婧，译．上海：上海译文出版社，2009：200．

等知觉信息并加诸于人的联想。此外，信息接受者领受到的寒冷也是建立在所描述的现象上的，还需在自身构建的知觉场中体会背景—图像结构下的“寒冷”。正如苏珊·郎格（Susanne Langer）所言，物理世界的本质是由数学抽象所表达的真实世界，而感觉世界是由感官直接参与的抽象所演绎的世界。[①]人只能通过后者理解前者，再经由前者创造后者。图像意识下的寒冷知觉场是复杂的、多重的、具身的。寒地建筑的外部环境体验除了传统的三维空间的“场”，更多的是情绪与感受于此在的绵延及记忆的再现。正视感知在知觉场描述的主导地位，通过对时间绵延的追溯以及作用的反思，才有可能可产生出令人留恋的、经久的、永恒的建筑空间知觉。[②]同时，人与寒地的在地关系，也经此由内向外地产生更为深刻的羁绊。

6.3.1.2　对寒冷的需求

当代人对环境的思考已经日渐呈现出与过去隔阂的明显标记。一段时期内，欧洲景观在社会图像的公共框架内发展出显著的个性化：通常出场混乱并缺乏特征。各种主义的建筑以极为偶发的方式散布，聚居行为失去了连贯性，自然的统一性被打破了，从此达到不可能再被识别为图像化观念的统一体。诺伯格-舒尔茨将这种状况定义为“场所的失去”，这种“失去”有愈发疏离的趋向，并用简·索切克（Jan Soucek）[③]的《桥》（图6-34）来描绘过去与现在之间的对比，进一步展示了一切将世界拟人化理解的消失[④]。存在必须已存在场地之上，建筑风格的发展揭示了以文脉变奏作为参考发挥着的作用，对建筑提示出应具备普遍特征的需求——建筑图像与地方图像不可分割地联系在一起：在乡土建筑中，它们主导了较为稳定的习俗类型，而在城市建筑与纪念性建筑中，一般性特征总是以新的方式、风格在地方文脉下进行解释。[⑤]由此，建筑

---

① LANGER S K. Philosophy in a new key [M]. New York: Mentor Book, 1958: 85.

② 沈克宁．空间感知中的时间与记忆［J］．建筑师，2015（176）：48-55.

③ 简·索切克（1941—2008），捷克著名画家、图形艺术家和插画家。

④ 诺伯格-舒尔茨．诺伯格-舒尔茨：《场所精神——关于建筑的现象学》前言［J］．汪坦，译．世界建筑，1986（6）：68-69.

⑤ 克里斯蒂安·诺伯格-舒尔茨．建筑：存在、语言和场所［M］．刘念熊，吴梦姗，译．北京：中国建筑工业出版社，2013：309.

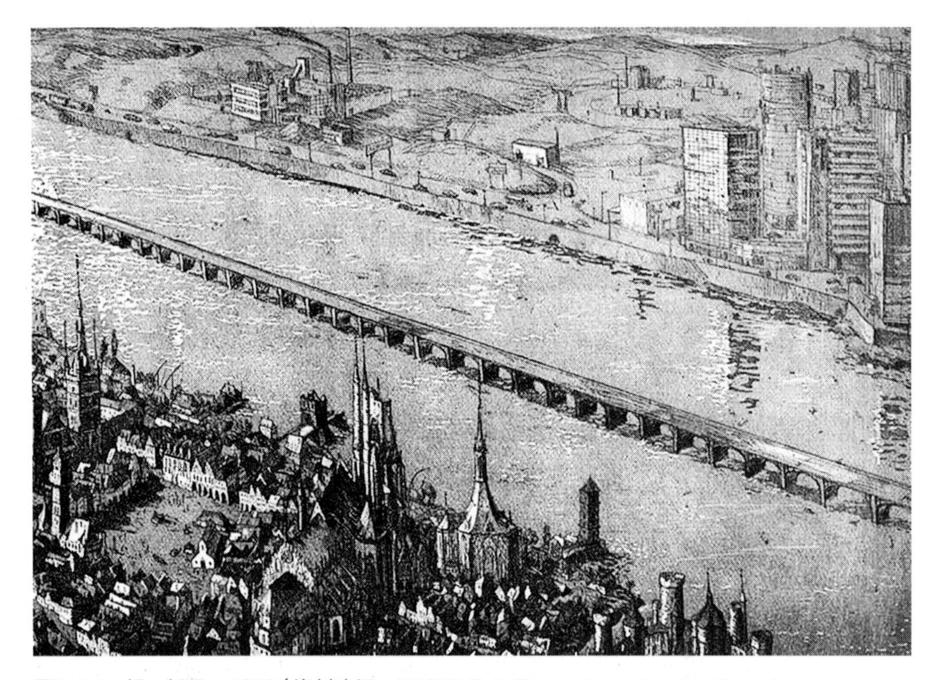

图6-34　桥，版画，1976（资料来源：MICHLE J. Towards understanding visual styles as inventions without expiration dates how the view of architectural history as permanent presence might contribute to reforming education of architects and designers [J]. ARS, 2015(48): 15.）

所在的地方特征成为建筑表现差异的根据，可以溯源、参考地方风格。然而，19世纪以来，在全球化学术的影响下，建筑风格在未参考根源的情况下被任意使用，结果“场所的艺术”失去其与日常生活的本质联系。

在寒地，寒冷是场所核心的特征之一。但当下全球化发展使文脉彻底改变：城市的成长形式发生了巨变，新信息使日常交流走向全面开放。在此，地方性的符号贬值导致了建筑图像难以作为世界性成功的标志。所有这些随之而来的因素、割裂与场所风土联想的因素，导致了寒地建筑具有活力的传统与风格的消失，造成了“场所的失去”。这种转变还引发了思想与感觉的直接隔阂——即使冬季的寒地生活自然而然总归围绕着寒冷展开，但是建筑师却总显露出拒绝承认寒地建筑也如寒地生活般必然与寒冷感知紧密关联。早期笛卡儿就阐述过这种隔阂：自启蒙运动就开始规劝大众行为，为新的存在主义立场作出贡献，在激进的存在重新构建中达到顶峰。当下，思想已明确从存在的统一体的形式中“解放”出来并得以追求自身的目标，将理解的简化看成是转化为唯理性与机会。科学与技术代替了对过去的分享，除作为满足个人需求而开发的“资源”之外，自然被认为一无是处。在对环境与自然的视而不见中，人失去了地方，也无法在相似的城市环境中通过在地文脉寻求到认同感和栖居感。

显然，科学和技术给予人的直接的满足在很多领域带来进步。确实，这种进步观建立了一个理解这些“新时代”的基础。今天，那些理解显得有些过时，于是对理性力量的赞美彰显出的对分享感性基础的失去，以个体自我表达的方式出现了。从当下的社会景观回望，现代主义的人性化是一种虚妄的自以为是。对于科技的过度兴奋，使人与自然协调的设计观念走向借助理性奋力将自然驯服甚至挣脱自然的极端。[①]对此，托马斯·赫兹维克（Thomas Heatherwick）表示：“这样做出来的东西是异常冰冷的，一板一眼缺乏人性的体验只会使人更加疏远。”当下人难以从生活和艺术品中获得感动与共鸣的现状，正是因为基于习俗与风格的日常生活的环境失去了。[②]于是21世纪，针对当前的“孤儿”状况出现了各种各样的反应，包括人尝试重新召唤对自然最朴实的感知。

在生活世界里，地方是一种感觉，伴随着情感的日益丰富，人对地方意义有了叠印般的理解。即使是面对没有生命的物体，将感情投射其中也毫无困难。寒冷对于寒地居民而言，是在时间上与前人的连接、空间上与社会他人共情的羁绊——与气候建立或亲密或疏远的肉身或实体关系，共享相似的身体姿态和心理诉求。于是，寒冷成为寒地居民日常思考的底色，将人与人、人与世界具象地融合在一起，又抽象出更精粹的思想。在寒地建筑中，对寒冷的需求体现在人尝试通过这一“母体”实现时空上的此在与他在的对话机会，渴望建筑可以和身体一般面对寒冷，身体才能在建筑中获得自在。

① 汪民安．现代性［M］．南京：南京大学出版社，2020：126.

② 克里斯蒂安·诺伯格-舒尔茨．建筑：存在、语言和场所［M］．刘念熊，吴梦姗，译．北京：中国建筑工业出版社，2013：310.

6.3.1.3 对寒冷的拥抱

建筑永恒的任务是创造具体的、生活的存在象征，赋予人存在于世的形式与结构，指引人的意识回归生活世界并使自身存在得以感知。其最终意义必不在建筑之上而必是超越建筑的。对于寒地建筑和寒地居民，寒冷绝非一味束缚，不局限于需要面对并亟待解决的生存话题，而是一种源自生活世界的基本约束。事实上，人无法客观消解寒冷，但是建筑可以敦促人尝试通过身体与寒冷连接在一起，进而使人更为深刻地了解寒冷、接受寒冷，最终拥抱寒冷。

当下中国大量的建筑师在进行理论研究时，总是表现出对主观意识讳莫如深，大多采用回避的谨慎态度。但实际上，正是主观意识的差异决定了建筑呈现的多样性，显然并不存在完美的黑盒子。建筑师自身思想的矛盾性将自我意识放在了一个狭隘的位置，在拒绝承认设计中主观行为的同时也失去了对行为场塑造起实际作用的体验和意识。世界图景并非扁平、均质的，也正是生活世界的“异端”激励了人对发展的追求和意义的思辨。显然，寒地建筑意义存在的前提是对寒冷意识的理解，除工具层面的防护外还应避免使人产生在极端环境里对自身生存状态的不安全感及不确定性。意识问题处于建筑设计的边缘已经太久，即使可以瞬时如聚光灯般耀眼也无法改变其经常被轻视的结果。如果只聚焦于如何拒绝寒冷，那么所有技术问题被破解之日就是建筑学被终结之时。显然，建筑师绕过了科学技术以外的问题，而这些问题正是自帕特农神庙始建筑意识的扎根所在。

当下我国寒地居民对寒冷的疏离感一部分源自技术过剩：机动车使人可以完全隔绝室外环境，但同时失去的是对自然的敬畏感和对时间的仪式感。生活的便捷，使人不再去体验寒冷，不再去思考何为栖居。人已然抛弃了寒冷。也许这样的生活是舒适的，不需要被刻意打断。但是，拒绝理解寒冷也就失去了完整理解自然的机会，失去了理解家宅的意义，失去了完整的自我存在。在此倡导的拥抱寒冷，并非强调肉体必须经受严寒的洗礼，而是尝试探讨一种精神上的反思：对环境和人本之间存续关系及彼此定位的反思，而非将技术走向尽头。

6.3.2　寒地行为场的关联与延展

6.3.2.1　寒冷知觉的联动

和辻哲郎指出，建筑的风格与风土是息息相关的。“寒意”并非将意向性“关系”本身的寒冷作为对象的寒气，而是在寒意中可以看到人的自身出现。[①]风土是历史性的，是人本性的，是社会性的，反映的是人本在地的结构。这里的在地不仅是狭义的天气、光照、树木等，更关系到个人与社会的对话。在寒冷地区的人都具备与“寒意”对话的能力。首先，这种能力无法分出高低，适应“对话”需要过程，标准也存在个人经验的差异化；其次，虽然和辻哲郎和贝尔纳（John Desmond Bernal）[②]公开反对海德格尔强调现代的“去世界化”，但并没有重返讨论去“生命化”[③]，先验的意义显然是不容被忽视的，即使补充的关系也是先验内容的一个部分，即彼此先验。显然海德格尔的先验不仅是个体先验，即使是彼此先验，作为以自身为认识中心的个体意识的认知方式，最终还是会被个体先验所吸收。对于寒冷，个体与之关系的确立与认知过程，是个体完成认知自我的在地。所以寒地建筑的知觉图像，都是人自我意识的外界投射，最终的目的是在“他处”重塑一个自我，一个社会的自我，一个与在地建立关联的客观自我。

在寒地建筑体验里，行为都是基于环境的身体反馈，是一种“为了什么的相互关联”。并且，该关联一定是“始于本原之上的人存在的风土规定”[④]。行为关联的结果，必会包含了解个体此在的风土。因此，建立与寒地关联的对象，一定有具有温度的空气，即客观的寒气，以刺激人的感官，并在主观心理上被视为某种心理状态，一并实现完整的环境知觉。如果仅仅如此，那么“寒气”与“我们”应该是各自独立存在的，只有当“寒气”从外界向感官袭来

① 日本建筑学会. 建筑论与大师思想［M］. 徐苏宁，冯瑶，吕飞，译. 北京：中国建筑工业出版社. 2012：50-51.

② 贝尔纳（1901—1971），英国著名物理学家、剑桥大学教授，科学学学科奠基人。1936年发表的《科学的社会功能》是科学学发展史上的一个重要里程碑。

③ 王俊. 重建世界形而上学：从胡塞尔到罗姆巴赫［M］. 杭州：浙江大学出版社，2015：63.

④ 日本建筑学会. 建筑论与大师思想［M］. 徐苏宁，冯瑶，吕飞，译. 北京：中国建筑工业出版社. 2012：52.

时，才会形成“感到寒冷”的知觉意向。显然这并非事实。在原初，人无法确认寒气的客观存在，因为寒气无法被看到或摸到，是靠“感到寒冷”才促使了寒气被发现。那么寒气的“袭来”本身就是种意向误解，因为“袭来”并不是客观发生的。显然，寒冷在被“发现”时，就蕴藏了主观的内在结果性，所以寒冷意识的根部驻扎着某种主观“倾向”。在寒地行为场，“感”到寒冷已然构成了一种关联，该关联的意向性正是有关寒冷的一个主观结构，一个具有“意向体验”的寒地认知根源。[①]形成寒冷文化后，“寒冷”还成为主观体验的一个契机。当人谈及寒冷时，有在寒冷地区生活经验的人自动被圈入一个先前经验的语境。没有寒冷的感知是无法真正谈论寒冷的。此时被“谈论”的寒冷，已不再“封闭”在自身的感受之中，而是超越自身感知的客观存在，成为“共识”般的知觉，并与在风土中的其他共识、与社会有了关联。这种共识性还体现在当寒冷作为客体被描述时，可以是脱离寒冷自身的。如，在夏季，冬季的寒冷也可以被描述。显然，意识不需要绝对的此在也可以被展开。此时寒冷成为一种超验，关联于个体经验的各个角落里。

风土可被用于寻求建筑“普遍性”和“特殊性”的相对差异。理解风土根植于人类本性，因而无论在何处，都有同样的艺术创造力随不同的地域创造出各种不同的艺术来的。[②]寒地不是简单的“风”与“土”，而是自然环境以人的风土性为具体基础并由此蜕化出的实在。在以风土视角凝视生活世界时，生活本身便成了一种客体，该观念在哲思层面上再次诠释了寒地建筑的本原：寒地的人的在场关系。

6.3.2.2 寒冷行为的匹配

人之所以能够感到寒冷，前提是置身寒冷之中。不论是海德格尔还是和辻哲郎，都将“此在”确立为存在的前提。“我们感到冷，也就是我们来到寒冷之中。所以，我们在感到冷中发现此中的自己。”[③]所以“在外界”的不是寒气这类“物质”“对象”，而是“我们”自己的一种意向体验——在此在中发现了

---

① 和辻哲郎. 风土［M］. 陈力卫，译. 北京：商务印书馆，2006：11-15.
② 安藤忠雄. 安藤忠雄论建筑［M］. 白林，译. 北京：中国建筑工业出版社，2003：20.
③ 同上。

寒冷之中的自己。此时，即使个体的寒冷感知有所差异，但是寒冷的存在是寒冷之地的共感，也是获得在寒冷中“此在”的基础——寒冷建立了人的此在关联，同时为寒冷中的行为提供了可追问的方向：个体与寒冷此在的行为匹配以及个体与“我们”群体的行为匹配。

（1）个体与寒冷此在的行为匹配　当自我的此在在寒冷中存在时，身体在寒冷中的变化而非寒冷客体的变化，是个体通过获得寒冷的感觉以及应激寒冷的行为体验到的寒冷。雪夜的寒冷、晴天的寒冷、江风的寒冷……寒冷在环境中的客观性与其在寒冷体验中的主观性之间具有显著差异，寒冷作为一种知觉需要在此在的一系列因素中被建立，并由当下的身体为始基。与此同时，寒冷串联了雪夜、晴天、江风中的自我的此在。同一建筑，不同的场景氛围，建筑行为在差异化的客观条件下，实现了不同的主观体验和在世存在的认同感的叠合，并在寒冷行为的匹配中使寒冷感知在记忆中具象。由此，人实现了在寒冷中发现那个与世界关联的自己。寒地建筑便也获得了寒冷意象下的行为意向，人在对建筑体验时有了期待。

（2）个体与“我们”群体的行为匹配　自我感知的不断延伸会使寒冷中的不同个体产生相同的寒冷行为，进而抽象为一种共感的“客观性”，并且这些感知从不强调或是关注其自身本源的“主观性”。例如当个体处于寒冷环境中，肌肉收缩是寒冷引发的直接行为，延伸行为是从个体到群体的“御寒”行为：增加建筑外墙厚度、减小窗洞尺寸、简化建筑的体型……行为的延伸“创造”出一系列未曾有之的建筑形式以适应个体在寒冷中的需求。在寒地建筑思考、设计、创建、实现、使用、进化的过程中，人实现了在地的自我认知，找到了在寒冷中存在方式，从而发现寒冷中的自我，并非去“记录”寒冷中的主观。行为的延伸锚定了群体的此在方式——寒冷与社会的互构关系。寒地建筑成为这种关系的呈现之一。

人在寒地建筑体验中，从感知寒冷到寒冷意向的建立再到寒冷行为的回馈，行为是感知的结果，同时也是感知的起点。所以人的寒冷行为联系了主观与客观的寒冷与寒冷的此在，反映在寒地建筑上是人的在地自我反思—呈现的意识行为模型。由此，一些方式构成一种秩序，一些设计形成一种风格，寒地建筑设计得以从在地中、感知中和行为中获得建筑原型和建筑理论支撑。寒冷作为一种束缚条件，其敞开处是与寒冷自由地对话，但寒地建筑呈现总是聚焦在受到寒冷限制的收窄处。当然，这种限制，换一个角度，也体现了寒冷的在地行为匹配。

6.3.2.3 寒冷意识的延异

关于“寒冷”的实存，除了建筑，我们还可以在雕塑、绘画、音乐、服饰、宗教、民俗等所有以人为主体的社会存在形式中发现，这些体现必定是内在关联的。寒冷奠基了寒地在世的各个角落，共同成为寒地居民的存在形式。这样一来，建筑师要想真正地呈现寒地的建筑，首先需要理解寒冷存在与寒冷行为的系统性关联。这种关联是沿着时间轴线不断进化的。因为人的综合意识在不断改变着寒冷的在场，而寒冷的在场也改变着人意识再现的形式。如果承认寒冷的“出现”就是非客观的，那么理解寒冷是人发现自我的一种轻而易举的途径。那些简单地将寒冷理解为客观环境并持有改变“寒冷”立场的想法也就不成立了。人的存在既是个体的又是社会全体的，那么体现人在地的寒地建筑也既是个性的，又应该具有群体“风貌”。寒地建筑的个性和风貌在时间轴上的变迁暗含着人的寒冷意识不断发展、进化，并非寒地环境的变化。寒冷意识在积累、沉淀和综合中潜藏着的运动的结构性与建构性成为永恒。

由此而言，寒地建筑具体的设计手法从根本上就是很难去探讨的。即使尝试总结出形态上或材料中普遍的经验规律，但在实际操作中还需要建筑师体现自我特殊的在地寒冷意识。将寒地建筑问题理解为纯粹的功能与形式的问题，显然是对建筑本原的模糊所致的设计误读，忽略了时间、结构、人的彼此存在是互证的这一事实。意识的运动成就了历史，身体的运动创造了空间。对寒冷意识的肯定从不建立在否定身体上，寒冷意识和身体并非绝对的分离或同步，而是存在一个彼此的行为场：时而孤立，时而合一。寒冷的行为场是动态的、不孤立的，始于上一时刻的寒冷，反映并跟随下一时刻的寒冷意识。在身体行为的展开中，形成了寒地的历史和风土。寒冷意识的建立与身体行为关联，源发于身体。所以，将寒地建筑视为独立的“物体”就犹如认为人的肉体与认知二分孤立一般荒诞。寒地的人的“身心”关系蕴含在由人的“身心”建立起的寒地行为场中，可体现于寒地建筑中，并持久地被延异着。所以，寒地建筑设计的核心是触及寒地的历史及空间的运动，并以此探索寒地建筑与人的多维存在形式。构成寒地建筑的不应只是反映寒冷意识终点的物质。

6.3.3 寒地意识场的展望与迷宫

6.3.3.1 寒地意识与技术的共存

在当代建筑理论中，对现代技术的批判与“诗意的栖居”有着深刻的内在关联。在海德格尔看来，人通过技术活动将自然和事物展现为持有物，身处持有物中的人同时也有沦为持有物的危险，这不仅损害了事物也使人远离事物的本原。技术成为对人栖居的“最高的危险”——拒斥人进入并体验原初的展现。[①]实际上，技术作为一种解蔽性的产出，与技艺和艺术都有着基质上的联系。传统技术更接近一种技艺，而现代技术成为当代科学的宣传标语，使人无意间陷入了一种“先进性”促逼[②]状态。不仅将生产方式趋向更高效的方向，还暗示了世界的前进需要不断向上的力量，参与者必须追随世界先进性的步伐，不断地追赶未来、成就当下并否定昨天。一旦这种竞争关系开启，世界就永远陷入喧嚣之中。如果不认同这种标准则会遭遇淘汰的命运[③]。技术的加速式发展好像是自明的和无所逃脱的，但是与之同源的艺术和技艺还有机会逃脱硬性座驾式[④]的促逼，因为其在本原的时间和空间不断延展，而并非永恒指向不可见的未来。由此，艺术在技术无法穿透的时间化之幕中创造了夹缝般的异质留存。“夹缝”是人在世的喘息之机，是社会发展的动力，更是必需品。动态造就了永恒的世界。

我国寒地建筑的跨越式发展中充斥了技术的力量，人渐而忽略了寒地建筑作为人性的容器，与表面看似孤立和分离的其他事物相关联的事实。[⑤]寒地建

---

① 舒红跃．海德格尔“座驾”式技术观探究［J］．文化发展论丛，2017，2（2）：46-61.

② 促逼，德文，常译为挑衅、挑战。这里指将存在展现出来的解蔽方式，迫使自然放弃自身真正的存在，照人的意志为人提供自身能量。

③ 张祥龙．复见天地心：儒家再临的蕴意与道路［M］．北京：东方出版社，2014.

④ 海德格尔认为现代技术中人是被动的，现代技术的本质在“座驾”之中，人听命于“座驾”而“座驾”促逼着人。

⑤ 马丁·海德格尔．海德格尔选集［M］．孙周兴，译．上海：上海三联书店，1996：430-431.

筑的本原在于呈现寒地居民对寒地环境的思考，是寒地意识聚集和物化的形式之一。但是现代技术对于寒地生活世界中各种诗意的存在进行限制和降格，忽略寒地意识远超过于生活世界对人有利和有效的内容，并且暗示人应将材料和能源置于生活本原之上。技术的本质应使互联的生活世界因素更为清晰地展现出来，从而促使人创造性地“多余”式发展。但是技术的中介性致使其无法保持对世界的中立态度，应随着人对自然和世界观念的转变而转变，并始终存在于这种关联中。

寒地建筑技术的本质应脱坯于寒地意识，并以分散的现象始终交织在文化和文明的广泛领域。不应将技术作为一种脱离寒地意识束缚的手段，使寒地建筑受困于单一的技术构造视野中。当下源发自人本主体过度放大的促逼式“座驾”：一边推动发展彰显理性的物质和文脉，一边忽略、矮化代表感性的情感和意义。这种对人类社会发展走向的终极诘问根植于价值观的择取——是全面发展的人还是在某一个向度上高度延异而矮化其他方面。技术，只是生活世界众多展现和解蔽方式中的一种，对寒地生活的深刻理解和拥抱才有可能拥有真实的、可持续发展的寒地建筑。

6.3.3.2 寒地意识与建造的结合

寒地建筑的产出需要奠基在寒地的生活世界之上，其设计理论归结于寒地生活中质朴和直接的观察，被建立在既有的已被生产或制造出来的事物里。人对寒地建筑的考察会自动“站入”此在的在场状态中：投射先前的所有经验要素和场景，并讨论所有已存在者共同在世的状态，于是可以面对建筑时总结出一种“摆置”[①]的前提。一方面，寒地建筑设计理论并不能直接告诉人寒地的生活世界是什么及是如何营建的；另一方面，当下的寒地建筑活动往往陷于一系列貌似永恒沉寂的原则中。从持有物的认知到持有物的创造似乎都趋向于更加空泛的抽象，基本的事实在此被遮蔽了且不自知。虽然，寒地建筑设计理论

① 海德格尔认为存在者有三种时间维度：现在、过去和未来。后两者的研究是支配存在者的，研究存在者的未来时，自然受到“摆置”。这里的“摆置”（stellen），在海德格尔理论中用于对存在者的表象进行说明，从而把存在者带到自身面前，感受存在者的确定性。

并不缺乏结构性的语言，但是却匮乏将语言还原到生活世界的锚点和路径。看似已经成为范式的建造正在漫不经心地抹去那些对于真实世界来说至关重要的问题。寒地意识作为与人内心相关的本真，因此无法被计算和被表象的外观、形状和结构剥离出寒地生活世界的聚集和显现。作为结果，寒地建筑精神就成了高高在上和虚无缥缈的瞬时闪光。

同时，具体的寒地建造也不可能轻而易举地从寒地建筑设计理论的语言结构中获得坚实的意义。由于人在之前的经验技术阶段中已经习惯将其作为重要的实践参考，以至于在当下的现代技术阶段经常会把建筑设计理论所谈到的筑造与具体的建造操作混合起来，仿佛它们是一个东西的不同状态。于是，出现了建筑师安心于基于先前经验的理性和具体经验之谈混杂讨论的现状。在讨论二者转换的过程中，寒地建筑本原问题总是被悬置：一边是对寒地建筑意义的避而不谈，一边是零散的建构障碍。建筑设计理论研究并无法直接地对建造活动产生真实的指导，因为其过程并不能产生真实的建筑。理论只能提供一种建造的指向或提供一种思辨的视野，建筑意识无法从文字或图片中被真正领受，必须通过在场的方式。无论寒地建筑从图像到意识的结构被建构得多么完善，都需要将其凝固在砖石瓦片之中。“作品之为作品的因素，在于它由艺术家所赋予的被创作存在之中。”[①]同理，是建筑师使建筑成为作品，其作品性需要在建造中才能存在，这种作品性需要被观者所理解才能成立。建筑的作品性和建筑师互相缔造的同时，还需要观者对建筑意识建构的真实在场。

建筑意识不仅留存在建筑的图像上，还镌刻在建筑的技艺里，操作技巧决定着建筑的品质。密斯·凡·德·罗称：“建筑始于两块砖仔细地进行叠合之时”[②]。但是技巧本身并不是终点，而是一条途径，可以将建筑师带入建造的具体情境之中，承担并引导了将建筑对象化的措施行为。建筑师之为建筑师，就在于他虽然并非一个工匠人，还需有匠人之心：理解建筑意识建立于可深入的图像微末之间，同时对建筑以外的世界肩负起解蔽的责任。所以，建筑的成

① 马丁·海德格尔. 艺术作品的本源［M］. 孙周兴，译. 上海：上海译文出版社，2004：32.
② 汤凤龙. “匀质”的秩序与“清晰的建造”——密斯·凡·德·罗［M］. 北京：中国建筑工业出版社，2012：6.

立必定是历史性和地方性的，不可能预先、无场所、无背景地自在地出现在一个地方，继而再被摆置于另外的地方。在具体的建造被实施之前，建造不曾存在，建造完成后也不复存在，建造——作品性的诞生是一种需要即刻在场的显现。如此，建筑师的寒地意识和建筑意识通过建造行为留在了寒地建筑里，对寒地建筑意识的内聚和外扩决定了其具体的建造工作，从而使建筑师成为一个永恒的在场者，而并非绝对的旁观者。此外，具体的建造工作会赋予建筑师的寒地意识一个在世的实存，并被观者开启，使建筑师和观者同时在场。于是，一座建筑因为意识对应了一个地域，一个地域与另一个地域之间的区别便通过建造呈现了。寒地建筑因其地域特征激发出特殊的创造与建构活动，因与观者此时此地的共振呈现出寒地建筑的原生光韵。

6.3.3.3 寒地意识与时间的互构

历史证明，人对能够确认的建筑存在时间是极其有限的。大多书籍都将建筑史的开端锁定在五千五百年前的古埃及。令人惊讶的是，人对人类建筑的起源，无论从居住方面、宇宙方面还是宗教仪式方面，都只显示出微弱的兴趣，即使已经考虑到我们可能已经无法找到最早的人类建筑所残留的证据这一事实。能够确认的是，人类大约在七十万年前开始使用火，而火正好是建筑缘起的一个重要因素，它起到了空间的核心、集中和组织作用。最早的建筑理论家，古罗马的维特鲁威在《建筑十书》中承认了该事实。维特鲁威甚至推测，正是火堆周围的聚集促使了人类言谈能力的发展。

当阅读契诃夫的小说《草原》的时候，能够深刻地感受到时间的存在，就好像是一种静止、沉重的液体。这种感觉和人步入一座罗马式的修道院，或徜徉在中世纪的大教堂，或穿越老城区街道时一样，能体验到一种缓慢的、沉厚的时间感。类似的，普鲁斯特描述了贡布雷[①]交通逐步释放出来的时间维度："……所有这一切，让我感到这座教堂和小镇里的其他建筑完全不同，可以这么说，它是占领了思维空间的大建筑。其中的第四个维度就是时间。时间，在

① 贡布雷出现在马赛尔·普鲁斯特的长篇小说《追忆似水年华》第一部，是作者童年经历一切的地方。

这几百年中，在该大教堂的古殿中不停蔓延，从一个分隔间到另外一个分隔间，从一个小教堂到另外一个小教堂，它不仅横跨和征服了一些土壤面积，还征服了其自身赖以生产的相继出现的时代。”

寒地意识在设计之初被贮存在了材料之中，随着有形的建筑跨越时间，甚至超越时间，因为时间能够被感知的只有此下，但是意识却可以在瞬时的时间间隔之间延绵。这致使建筑意识可以超越建筑的形式，跨越不同时代、不同主义，被此时之外的人去领受，并且这种领受有共性的内容也有个性的贡献，并由此重塑了领受这种意识的人。寒地意识由此说来比寒地建筑本身更为久长，有的意识可以隐匿在图片中、渗透在文字里，使寒地建筑获得多维的时空与生命的意义。对寒地意识的深刻领受，正是为了寒地建筑更长久地存在于人的意识中，能激发参与其中的人，使生于环境、立于环境的寒地建筑不仅被封存在红墙青瓦之中，更被建构、展开于寒冷在地的人的意识和思想之中。

6.4　本章小结

对图像意识下寒地建筑本原认知结构的反观，是实现寒地建筑本原的重构。根据认知中心结构，将寒地建筑本原认知分为围绕客体的、围绕主体的和围绕主客一体的三种重构角度，提出了意识—图像的反思范式，继而对建筑和建筑场所的存在与存在方式诘问，应用寒地建筑意识的逆向过程启发寒地建筑设计方法及理论，以期唤起寒地建筑设计师对人本、对意义、对价值的回溯。在此，强调意识跟随材料、返回身体并在场所中游走的身体主体设计观，以避免寒地建筑师们将建筑推往纯粹的经济工具的方向。如此，寒地的解析维度也得到了拓展，对寒地建筑设计实践的启示而言，更多的是提供一种方向、一种观点，激发对寒地建筑原初的深刻思考。这种探讨得出的结论是内部认知结构是关联的，具有相对的清晰度，其外显形式则应该永恒处于开放的、多元的姿态。

结 语

自工业时代，以技术为摹本的物质世界观抬头，寒地建筑的诗学正面临被工具化和审美化的两难境地：前者对功能的过分强调使寒地建筑桎梏于实用性和经济性之中，后者将寒地建筑抽象为可计算、可操作的视觉效果。在计算性科学的不断置喙和感官的超越追求下，寒地建筑师表现出过度关注建筑形式和技术参数的意识焦虑，致使寒地建筑设计渐显一种刻意制造的倾向，在形式悖论裹挟下龃龉前行。与此同时，对寒地建筑意义和价值的探讨长期缺位，导致目前我国寒地建筑的理论系统在科学、哲学、艺术三个层面上出现混乱、迷失，缺乏体系化溯源和深刻反思。本书在本体论和认识论的层面上，对寒地建筑本原是什么进行发问。通过分析认知寒地建筑的过程，建构了寒地建筑意识的结构，提出了结构性是寒地建筑意识延伸的根本。并且通过反观该过程，实现了对寒地建筑创作的反思。对寒地建筑的本原的厘析可以促使其相关理论重新回归生活世界，进而引导设计。

后 记

2006年，扎哈·哈迪德设计的广州大剧院开工对彼时的中国建筑行业的震撼是巨大的。同年，我刚刚迈入大学校园，尝试去了解建筑学。本科阶段的五年，我有幸“见证”了我国建筑行业如火如荼的大基建时代，对新建筑、新理念的“观摩”占据了大半的时光。犹记大三暑假，网络信息尚未发达，我在矶崎新设计的深圳市图书馆购得了自己的第一本建筑理论书籍——《安藤忠雄论建筑》，开始尝试去思考空间、材料与光，彼时在哈尔滨的“土木楼”里，参数化已蔚然成风。一夜之间，学生设计课效仿的对象纷纷从住吉的长屋转向香奈儿博物馆。我也第一时间投身进了这万人簇拥的设计新浪潮中。我的书架也慢慢堆满了我从全国各地购买的建筑类书籍。自2011年跟随梅洪元院士在寒地建筑研究所学习和工作起，我开始参与到实际项目创作中，发现曾经自认为笃定的关于建筑学、建筑师、建筑设计的概念其实都是模糊的，整个硕士阶段都是在一边学设计、一边做设计。同时，我坚持在设计论坛解答建模问题并翻译了零星教程。在那个所谓的数字技术炽热的年代，我曾一度认为自己已经“入门”了。但在2014年，我内心的平衡被一个画面打破了：我坐在研究所里的项目墙前，静静看着满目的渲染图，突然扪心自问，这些建筑和建筑、图和图之间本质的区别是什么？除了表面的功能、空间，我们到底在设计什么？我们通过设计提供给了别人什么？显然，这些问题在技术、软件中都不能找到答案。即使我终有一日可以将技术走到尽头，但面对建筑设计，起笔的那个瞬间，还须从我思中诞生。我转过身，背对那些纷繁的图纸，又重新回到了我的导师梅先生“布置”给我的思考题：退到最后，寒地建筑设计的根本问题是什么？本书自2014年开始构思，于2017年完成初稿，因2017年5月赴意大利都灵理工大学开启新的城市研究而中断，2019年回国后经历较大修改，2020年年末才完成此稿，见证了我作为一名博士研究生在不同求学阶段的思考，也隐现了我的建筑观念从模糊走向清晰的轨迹。

建筑的本质是什么？设计的本质是什么？这些问题需要一个建筑师用自己一生的思考和行动回答。即使“追问”路上注定会有些许反复，但是我并不认为那是“弯路”，因为此刻的“我”是过去所有的“我”的综合，使我可以在一个自洽的语境里思考、设计。

在我建筑观念“塑形”的路上，影响我最深的是我的导师梅院士。老师深耕寒地建筑四十年，除创作出数件作品外，还留给了青年建筑师他对寒地建筑设计无限的沉思和热爱。我作为吾师众多追随者之一也深受教益。在此也深切地希望未来有更多的后继者加入这一我们都深爱的热土和愿一生为之奋斗的事业。

2021年12月8日